应 用 型 服 装 专 业 系 列 教 材

女装
结构设计原理

NÜZHUANG JIEGOU SHEJI YUANLI

主编：闵 悦

副主编：李 凯 殷 磊

参编：刘 妃 冯 霖 刘 惠 史丹娜

東華大學出版社·上海

内容提要

本书为服装类专业结构设计课程教学用书，主要介绍了服装结构的基本知识、女体形态观察及人体测量、服装号型标准，并对下装中的裙装、裤装以及上衣中的衣身、衣领、衣袖的结构种类设计原理及方法进行较深入的分析，力求做到专业理论与制板实际相结合，本书内容形式图文并茂，易于读者学习和理解。

本书既可作为院校服装类专业的教学用书，也可供服装企业技术人员参考阅读。

图书在版编目 (CIP) 数据

女装结构设计原理 / 闵悦主编 . —上海 : 东华大学出版社 , 2020.8
ISBN 978-7-5669-1641-9

Ⅰ. ①女… Ⅱ . ①闵… Ⅲ. ①女服—结构设计 Ⅳ. ① TS941.717

中国版本图书馆 CIP 数据核字 (2020) 第 134673 号

责任编辑　马文娟
封面设计　李　静

女装结构设计原理
NÜZHUANG JIEGOU SHEJI YUANLI

主　编　闵　悦
副主编　李　凯　殷　磊
参　编　刘　妃　冯　霖　刘　惠　史丹娜

出　　版：东华大学出版社 (上海市延安西路 1882 号，200051)
出版社官网：http://dhupress.dhu.edu.cn/
出版社邮箱：dhupress@dhu.edu.cn
发 行 电 话：021-62373056
营 销 中 心：021-62193056　62373056　62379558
印　　刷：上海龙腾印刷有限公司
开　　本：889 mm × 1194 mm　1/16
印　　张：11.5
字　　数：326 千字
版　　次：2020 年 8 月第 1 版
印　　次：2020 年 8 月第 1 次印刷
书　　号：ISBN 978-7-5669-1641-9
定　　价：48.00 元

应用型服装专业系列教材编写委员会

总 序

国以才立，业以才兴。2018年9月10日，习近平总书记在全国教育大会发表重要讲话，他强调：党和国家事业发展对高等教育的需要比以往任何时候都更加迫切，对科学知识和卓越人才的渴求比以往任何时候都更加强烈。他提出要形成高水平人才培养体系，这是当前和今后一个时期我国高等教育改革发展的核心任务。教育部部长陈宝生在新时代全国高等学校本科教育工作会议的讲话中提出：高水平人才培养体系包括学科、教学、教材、管理、思想政治工作五个子体系，而教材体系是高水平人才培养不可或缺的重要内容。

《国家中长期教育改革和发展规划纲要》中明确提出“全面提高高等教育质量”“提高人才培养质量”，要求加大教学投入，加强教材建设，明确指出“充分发挥教材育人功能”，加强教材研究、创新教材呈现方式和话语体系。

本系列教材正是紧密围绕新时代全国高等学校本科教育工作会议中要求人才培养要紧紧围绕全面提高人才培养能力这个核心点，着力培养品行端正、知识丰富、能力过硬的高素质专业人才培养这一落脚点，组织知名行业专家、高校教师编写了这套“应用型服装专业系列教材”的系列教材，将学科研究新进展、产业发展新成果、社会需求新变化及时纳入，并吸收国内外同类教材的优点，力求臻于完美。

本系列教材体现以下几个特点：

1. 体现“业界领先、与时俱进”理念。特邀服装行业专家学者、企业精英对本系列教材进行整体设计，实时更新业界最新知识，力求与新时代发展吻合，尽力反映行业发展现状。

2. 围绕“应用型人才”培养目标。本系列教材力求大胆创新，突出技术应用。根据服装专业应用型人才培养目标，面向课堂教学案例教学改革，注重以学生为中心，以项目为主线，以案例为载体。

3. 突出“能力本位”实践教学。瞄准“能力”核心，突出体现产教融合、校企合作下的教材共建，将传统学科知识与产业实践应用能力相结合，强调教材的实用性、针对性。

4. 实现“系统性、多元化”教材体系。该系列教材以“设计—版型—工艺”为主线，充分利用现代教育技术手段，基于网络教学平台（jwc.jift.edu.cn）建设优质教学资源，开发教学素材库、试题库等多种配套的在线资源。

5. 强调在教材用语上生动活泼，通俗易懂；在编写体例上，力求体系清晰，结构严谨；在内容组织上，体现循序渐进，力争实现理论知识体系向教材体系转化、教材体系向教学体系转化、教学体系向学生的知识体系和价值体系转化。

本系列教材服务于服装类相关专业，适合以培养实践能力为重的应用型高等院校使用，同时对服装产业相关专业亦有很好的参考价值。应用型系列教材编写形式虽属于我们的初次尝试，但我们相信本套教材的出版，对我国纺织服装教育的发展和创新应用型人才的培养将做出积极贡献，必将受到相关院校和广大师生的欢迎。

欢迎广大读者和同仁给予批评指教。

应用型服装专业系列教材编委会

前　言

本教材是服装专业的结构设计课程教学用书。全书依据教学与生产的实际需要，科学、系统地阐述了女装结构设计的原理方法和技巧，重实践，重操作，重应用。

本教材章节安排合理，重点突出，详略得当。书中所展示的图片、结构设计图是用多个电脑设计软件完成的，增强了科学性；本教材知识结构系统、全面、新颖，理论和实践紧密结合，思路清晰，简洁明了，易学易懂，将给读者带来意外惊喜。

本书从三个部分进行系统阐述：第一部分是服装结构设计专业基础知识，包括服装结构概述，裙、裤的结构设计原理及方法；第二部分是女上装及主要部件的结构设计原理及方法；第三部分是结构设计的综合运用。

由于编者水平有限，书中难免有遗漏、错误及不足之处，欢迎专家、各专业院校的师生和广大读者批评指正。

编者

目 录

第一章　绪论

第一节 服装结构设计概述

一、服装结构设计基本概念

服装俗称“衣裳”“衣服”。服装承载着源远流长的人类文化，服装不是独立的个体存在着。今天，宗教、科学、其它艺术都可以成为服装设计的灵感来源。

服装设计是一项系统工程，它包涵三方面的内容：服装款式造型设计、服装结构设计、服装工艺设计。其中，服装结构设计起着承上启下的作用，它既是款式造型设计的再延伸，也是工艺设计的基础。

（一）服装结构

服装各个部位是各层材料中几何形状的组合、处理关系，包括服装各个部位外部轮廓线、内部的结构线以及各层服装材料之间几何形状的组合关系。服装结构由服装的款式造型和穿着功能所决定，见图1–1。

（二）服装结构设计

根据人体的立体形态，结合服装款式造型特点，运用几何学原理，将立体服装造型分解成平面的过程，计算与绘制这种平面结构图的技法即是服装结构制图，又称服装结构设计。

（三）服装结构设计方法

服装结构设计的方法可分为平面结构设计和立体结构设计，实际操作中也可以将两种方法交替结合使用，即二元次结构设计。

服装平面结构设计亦称平面裁剪，是指将服装立体形态的实测或人的思维分析，通过服装把人体的立体三维关系转换成服装纸样的二维关系，并通过定寸或公式绘制出平面的图形（纸样）。平面结构设计方法具有简捷、方便、绘图精确的优点，但由于纸样和服装之间缺乏形象、具体的立体对应关系，影响三维设计到二维设计再到三维成衣的转换关系的准确性，故在实际应用时常使用假缝进行立体检验后再进行补正的方法进行修正，以达到完美的设计效果，见图1–2。

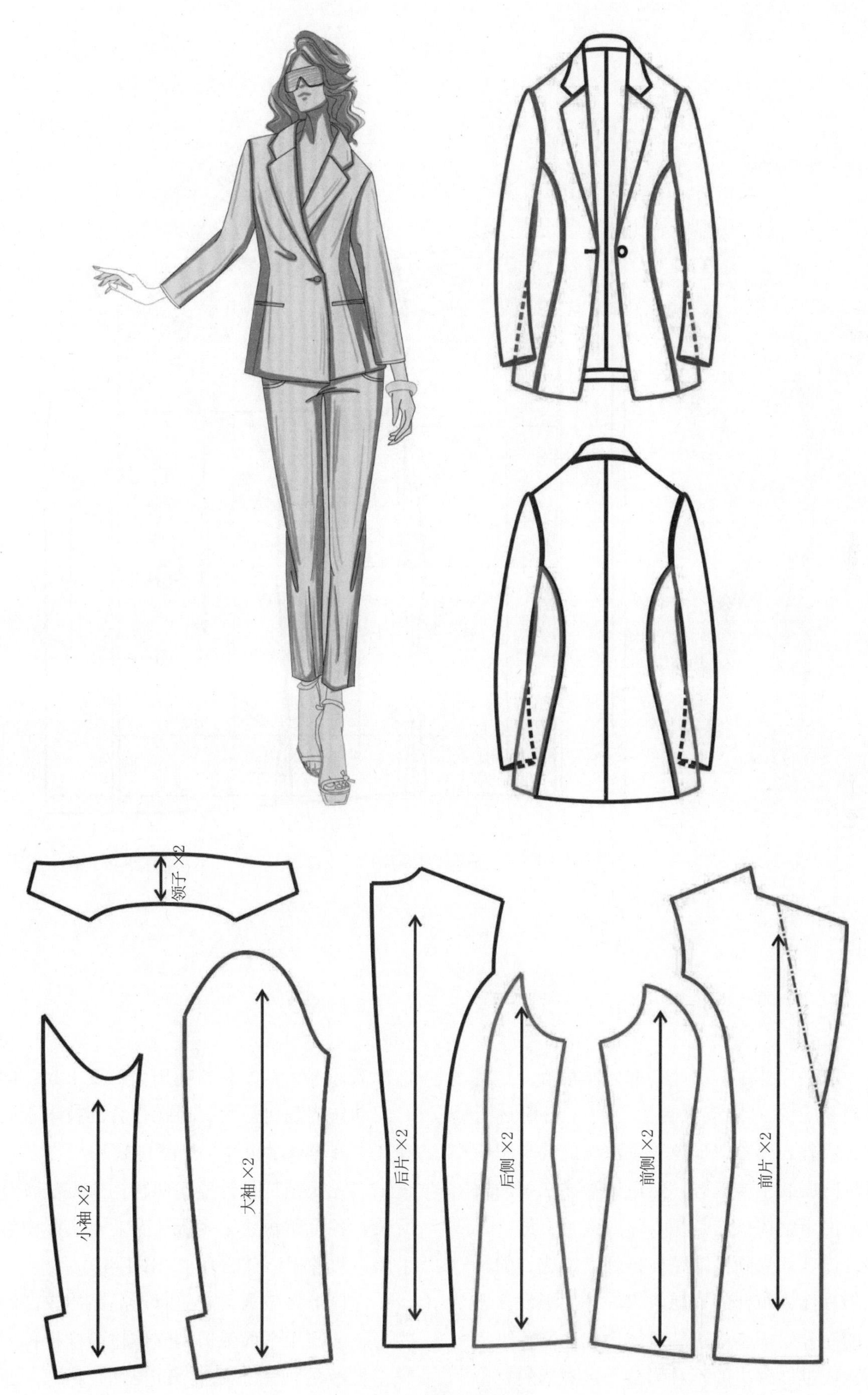

图1-1 服装结构分解图

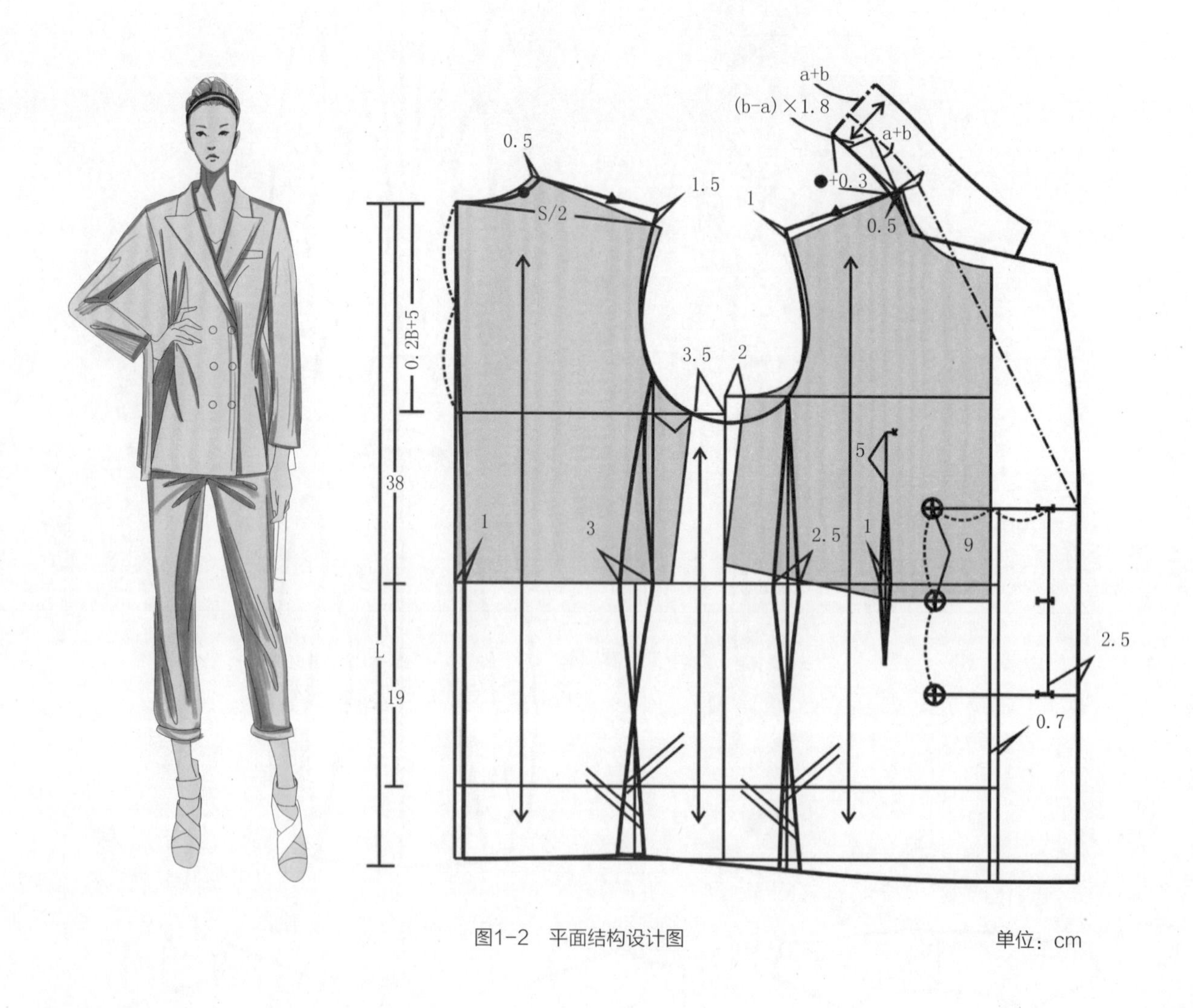

图1-2　平面结构设计图　　单位：cm

服装立体结构设计亦称立体裁剪，是将布料覆合在人体或人台上，将布料通过折叠、收省、聚集、提拉等手法做成效果图所显示的服装主体形态，然后展平成二维的布样。由于整体操作是在人体或人台上进行，三维设计效果到二维布样再到三维成衣的转换很具体，布样的直观效果好，便于设计思想的充分发挥和修正。立体构成还能解决平面构成难以解决的不对称性、多皱褶的复杂造型等。但是缺点也是很明显的，其操作条件（需标准人台，材料耗用大）要求高，同时因动作的随机性大，对操作者的技术素质和艺术修养要求也高，见图1-3。

二元次结构设计鉴于两种构成方法各具所长，各有所短，很多服装企业在实际中常采用将两者相结合的方法（图1-4）。

立体形态较为复杂，且产品品质较高的的服装会使用平面裁剪到立体检验样板再到修正推板的模式，如高级定制的衬衫、西服、礼服类。

图1-3　立体结构设计图

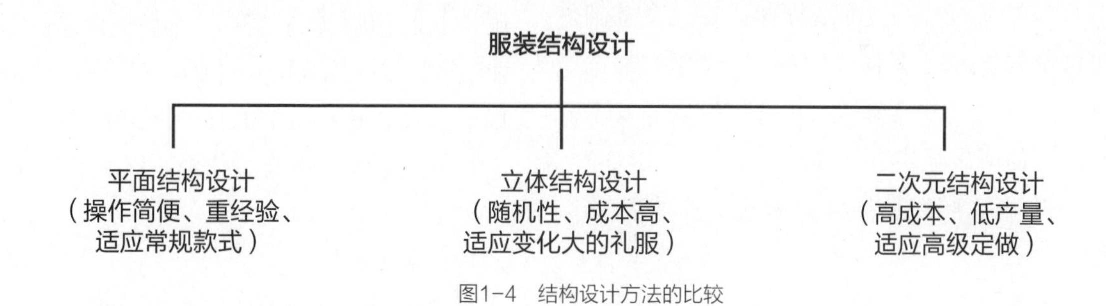

图1-4　结构设计方法的比较

二、平面结构设计的方法

平面结构设计俗称平面裁剪，它是在考虑人体特征、款式造型风格、控制部位的尺寸，并结合人体穿衣的动、静态舒适要求，在平面的纸张上按定寸或公式制作裁剪图，并完成放缝、对位、标注各类技术符号等技术工作，最后剪切、整理成规范的纸样。平面结构设计相对于立体结构设计而言，更需操作者具有将三维服装形态展平为二维纸样的能力，囿于技术水平和经验的影响，平面裁剪制成的纸样更需进行假缝、补正，以达到合乎实际的理想形状。

服装平面结构设计根据结构制图时有无过渡媒介体而分为间接构成与直接构成两种方法。

（一）直接构成法

直接构成法亦称直接制图法，即不通过任何间接媒介，直接按服装的各细部尺寸或运用基本部位与细部之间的关系，求得相关尺寸的方法。这些回归关系式是通过大量人体体型测量得到精确 的关系式，再将精确关系式进行简化，变为实用的计算公式，其形式往往随公式中变量项系数的比例形式而不同。此类方法具有制图直接、尺寸具实的特点，但在根据造型风 格估算计算公式的常数值时需具有一定的经验。按其方法种类可有比例制图法和实寸法两种。

1. 比例制图法

根据人体的基本部位（身高、胸围、臀围、领围、肩宽等）与细部之间的回归关系，求得各细部尺寸，用基本部位（身高、胸围、臀围、领围、肩宽等）的比例形式表达。

2. 实寸法

以特定的服装为参照基础，测量该服装的细部尺寸，以此作为服装结构制图的细部尺寸或参考尺寸，行业中称为剥样。

（二）间接构成法

间接构成法又称过渡法，即采用原型或基型等基础纸样为过渡媒介体，在这个基础纸样上根据 服装具体尺寸及款式造型，通过加放、缩减尺寸及剪切、折叠、拉展等技术手法制作所需服装的结构图。

基础纸样的种类分原型法、基型法两种。

1. 原型法

以结构最简单，但能充分表达人体最重要部位（FWL前腰节长、BWL后腰节长、NL领围线、BP胸点、BL胸围线、WL腰围线等)尺寸的版型为基础，加放衣长，增减胸围、胸背宽、领围、袖窿等细部尺寸，并通过剪切、折叠、拉展等技法最终制作符合服装造型的服装结构图。

2. 基型法

以所欲设计的服装品种中最接近该款式造型的服装纸样作为基本版型，对此基本版型进行局部造型调整，最终制作所需服装款式的纸样。由于步骤少、制板速度快，常为企业制板时采用。

间接构成法和直接构成法，是由于确定制图尺寸形式不同而产生的各种具体方法，并且名称各异，但从原理上分析，这两种方法均属于下列方法：

（1）比例法：上装用胸度法，下装用臀度法，都是以人体胸、臀尺寸或服装的基本部位尺寸的比例形式来计算各细部尺寸。

（2）短寸法：通过实际测量人体的尺寸或服装的各部位尺寸，绘制原型或服装款式纸样。

第二节 服装术语

服装专业标准术语又称服装专用术语，是服装专业用语的约定俗称。为促进我国服装工业生产技术向规范化方向发展，国家技术监督局于2008年颁布了GB/T 1557—2008《服装术语》国家标准，作为服装专业标准术语。

（一）各种线条

1. 基础线

结构制图过程中使用的纵向和横向的基础线条。上衣常用的横向基础线有衣长线、落肩线、胸围线、袖窿深线等线条；纵向基础线有止口线、叠门线、撇门线等。下装常用的横向基础线有腰围线、臀围线、横裆线、中裆线、脚口线等；纵向基础线有侧缝直线、前裆直线、前裆内撇线、后裆直线、后裆内撇线等。

2. 轮廓线

构成服装部件或成型服装的外部造型的线条，简称“廓线”。如领部轮廓线、袖部轮廓线、底边线等。

3. 结构线

能引起服装造型变化的服装部件外部和内部缝合线的总称。如止口线、领窝线、袖窿线、袖山弧线、腰缝线、上裆线、底边线、省道、褶裥等。

4. 放缝线

放缝份又称为“缝头”或“做缝”，是指缝合衣片所需的必要宽度。

折边是指服装边缘部位如门襟、底边、袖口、裤口等的翻折量。由于结构制图中的线条大多是净缝，所以在将结构制图分解成样板之后必须加放一定的缝份或折边才能满足工艺要求，见图1–5。

结构设计人员在进行服装的结构设计时，需从宏观角度上去做结构设计的全面性、合理性分析，需考虑所采用的结构形式是否能使设计达到和谐，即结构设计要使服装的设计产生总体和谐之美。为此结构设计人员要学习和结构设计相关的理论知识，才能使服装结构的设计符合产品设计的要求。

（二）肩部

指人体肩端点至侧颈点之间的部位，是观察、检验衣领与肩缝配合是否合理的部位，见图1–6。

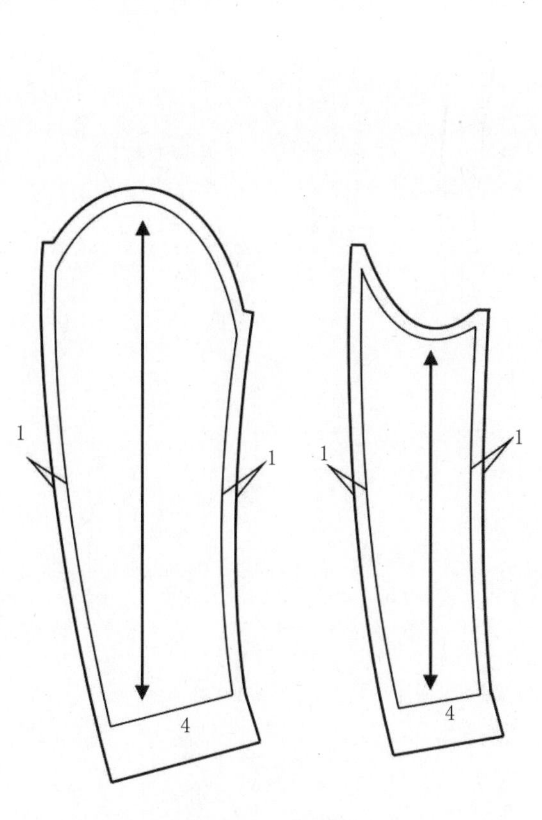

图1–5 纸样放缝图

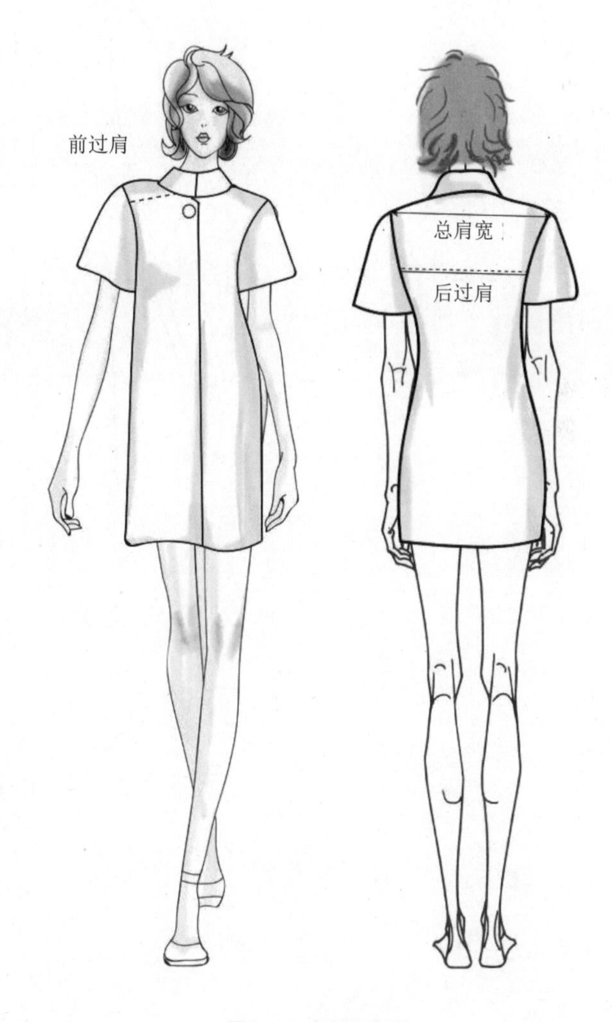

图1–6 肩部示意图

（1）总肩宽：自左肩端点通过BNP(后颈点）至右肩端点的宽度，亦称“横肩宽”。

（2）前过肩：前衣身与肩缝合的部位。

（3）后过肩：后衣身与肩缝合的部位。

（三）胸部

胸部造型是女装的重要内容，对应人体前胸丰满处的部位，涉及成品服装多处部位，如前门襟与领窝等部位，见图1–7。

（1）领窝：前、后衣身与领身缝合的部位。

（2）门襟和里襟：门襟在开扣眼一侧的衣身上；里襟在钉扣一侧的衣身上，与门襟相对应。

（3）门襟止口：指门襟的边沿。其形式有连止口与加挂面两种形式。

（4）叠门：门襟、里襟需重叠的部位。不同款式的服装其叠门量不同，范围自1.5～3cm。一般服装衣料越厚重，使用的钮

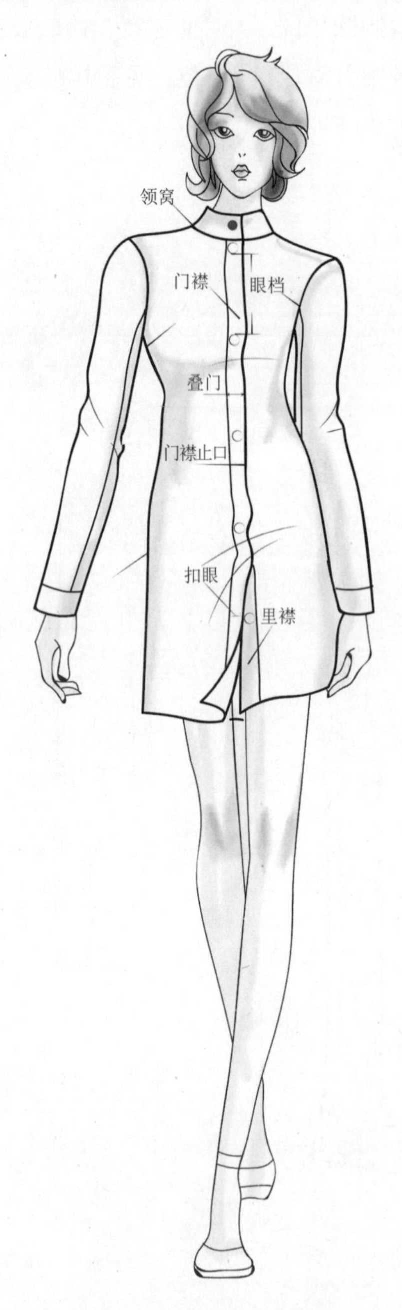

图1–7　前胸各部位示意图

扣越大，则叠门尺寸越大。

（5）扣眼：钮扣的眼孔。有锁眼和滚眼两种，锁眼根据扣眼前端形状分圆头锁眼和平头锁眼。扣眼排列形状一般有纵向排列与横向排列，纵向排列时扣眼正处于前中线上，横向排列时扣眼要在止口线一侧并超越前中线0.3cm左右。

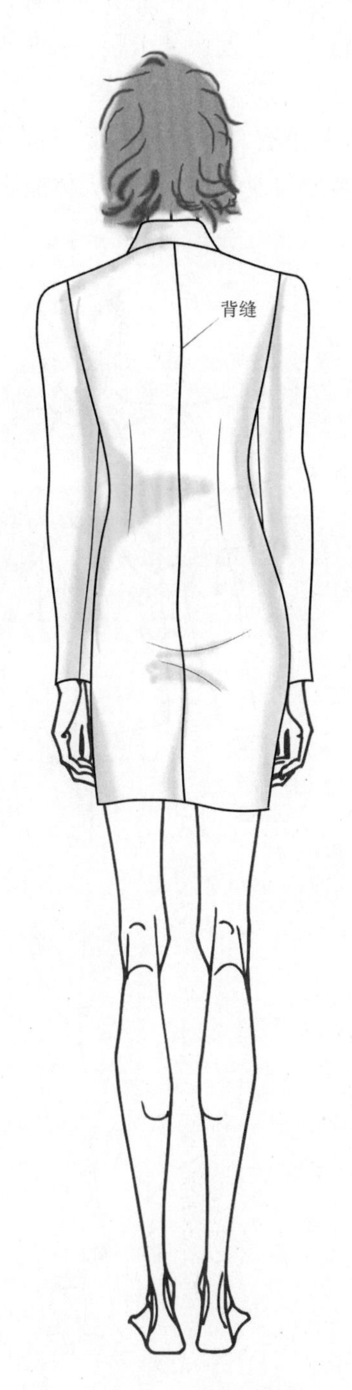

图1-8 背缝示意图

（6）眼档：扣眼间的距离。眼档的制定一般是先确定好首尾两端扣眼位置，然后平均分配中间扣眼的位置，根据造型需要也可不等距。

（7）侧缝（摆缝）：缝合前、后衣身的缝子。

（四）背缝

为贴合人体或造型需要，在后衣身中间位置上设置的结构线，见图1-8。

（五）臀部

人体臀部最丰满处的部位，见图1-9。

（1）上裆：腰头上口至裤腿分叉处的部位，是关系裤子舒适性与造型的重要部位。

（2）横裆：上裆下部最宽处，是裤子造型的重要部位。

（3）中裆：脚口至臀部距离的1/2处，是裤筒造型的重要部位。

（4）下裆：横裆至脚口间的部位。

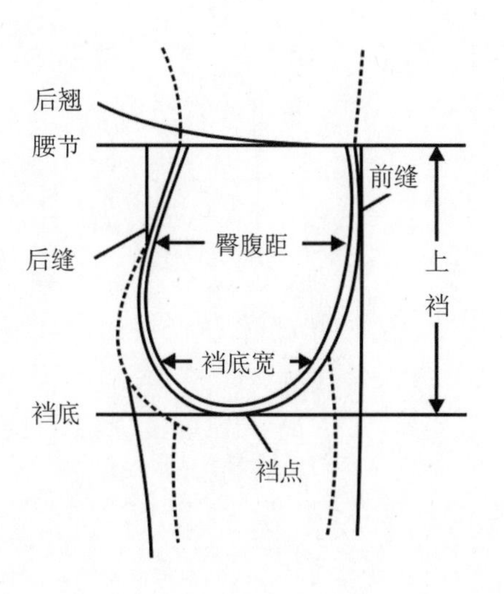

图1-9 臀部剖面示意图

（六）省

为适合人体和造型需要，将一部分衣料缝去，以制作出衣片的曲面状态或消除衣片浮余量的不平整部分。省由省道和省尖两部分组成,并按功能和形态进行分类，见图1-10。

（1）肩省：省底画在肩缝部位的省，常画成钉子形，且左右两侧形状相同，有前肩省和后肩省之分。前肩省是制作出胸部隆起状态以及收掉前中线处需要撇去的部分浮余量；后肩省是制作出背部隆起的状态。

（2）领省：省底画在领窝部位的省，常画成钉子形。作用是制作出胸部和背部的隆起状态，用于连衣领的结构设计，有隐蔽的优点，常代替肩省。

（3）袖窿省：省底画在袖窿部位的省，常画成锥形。有前后之分，前袖窿省制作出胸部状态；后袖窿省制作出背部状态。

（4）侧缝省（摆缝省）：省底画在侧缝部位的省，常画成锥形。主要使用于前衣身，制作出胸部隆起的状态。

（5）腰省：省底画在腰部的省，常画成锥形或钉子形，使服装卡腰，呈现人体曲线美。

（6）肋下省：省底画在肋下部位处的省，使服装均匀地卡腰，呈现人体曲线美。

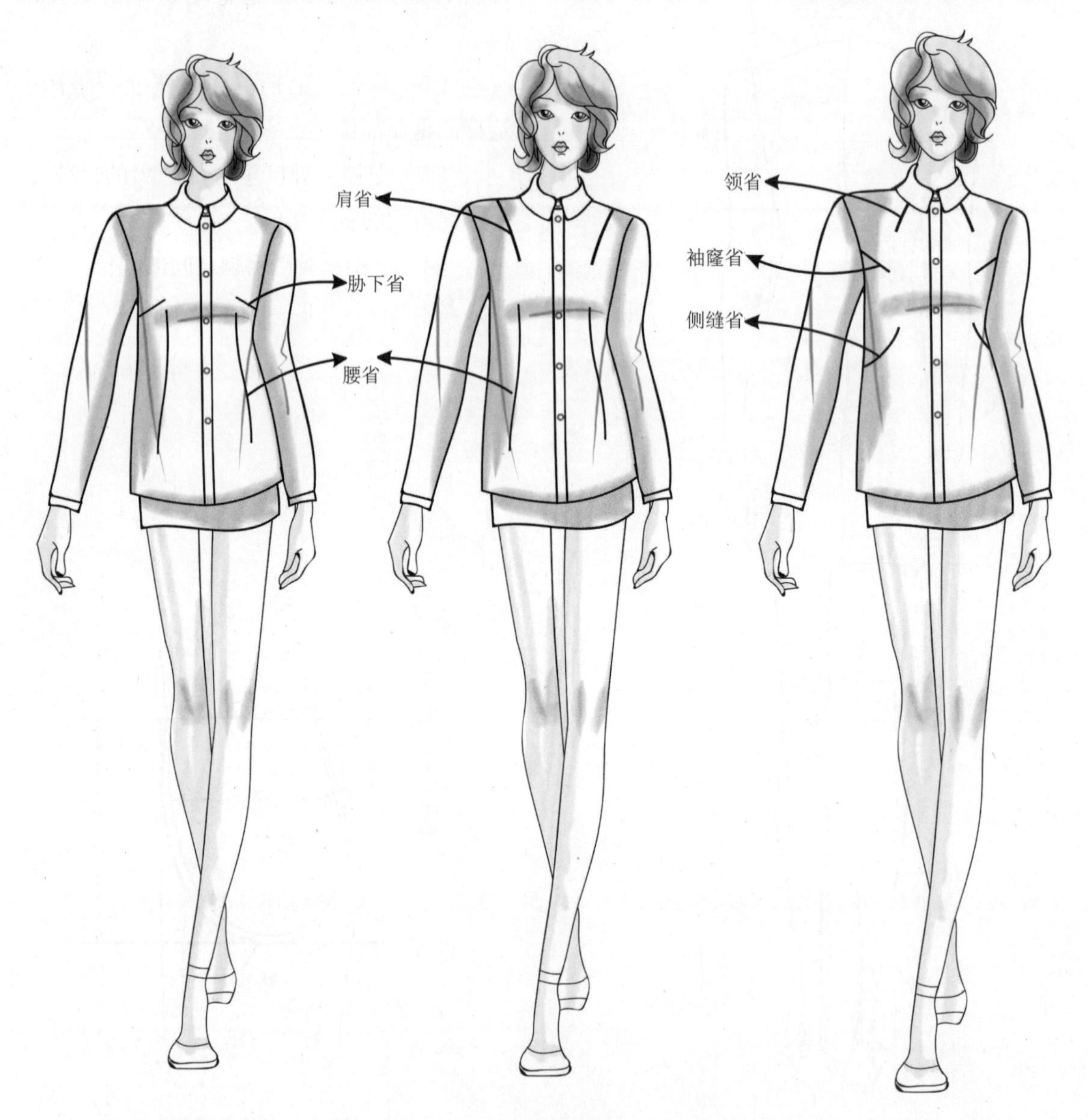

图1-10　省道类型

（七）裥

为适合体型及造型的需要将部分衣料折叠上端缝合熨烫而成，由裥面和裥底组成。按折叠方式的不同分为：左右相对折叠，两边呈活口状态的称为阴裥；左右相对折叠，中间呈活口状态的称为明裥；向同方向折叠的称为顺裥，见图1–11。

（八）褶

为符合体型和造型需要，将衣料缝合抽缩而形成的自然褶皱，见图1–12。

（九）分割缝

为符合体型和造型需要，将造型部位进行分割形成的缝子。一般按方向和形状命名，如刀背缝；也有历史形成的专用名称，如公主缝，见图1–13。

（十）衩

为服装的穿脱行走方便及造型需要而设置的开口形式。位于不同的部位，有不同名称，如位于背缝下部称背衩，位于袖口部位称袖衩等，见图1–14。

图1–11 裥示意图

图1–12 褶示意图

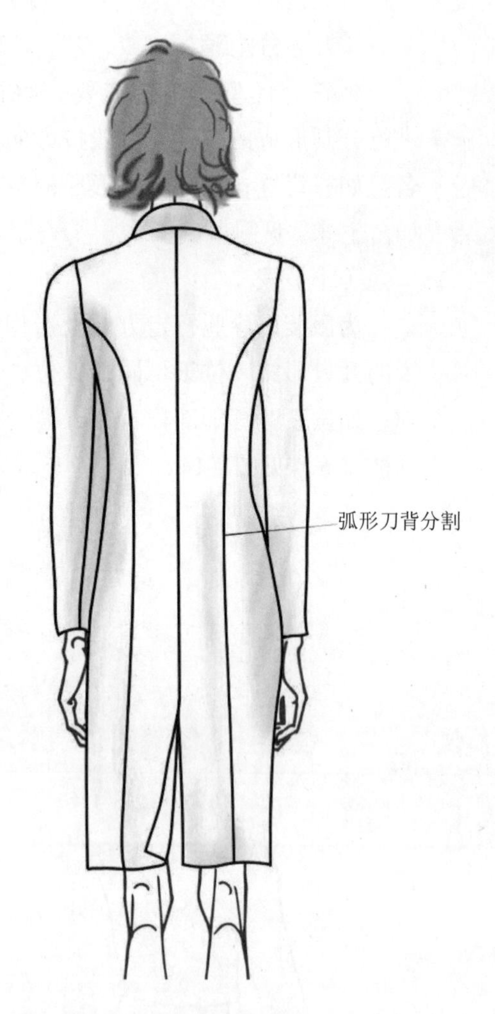

图1-13 分割缝示意图

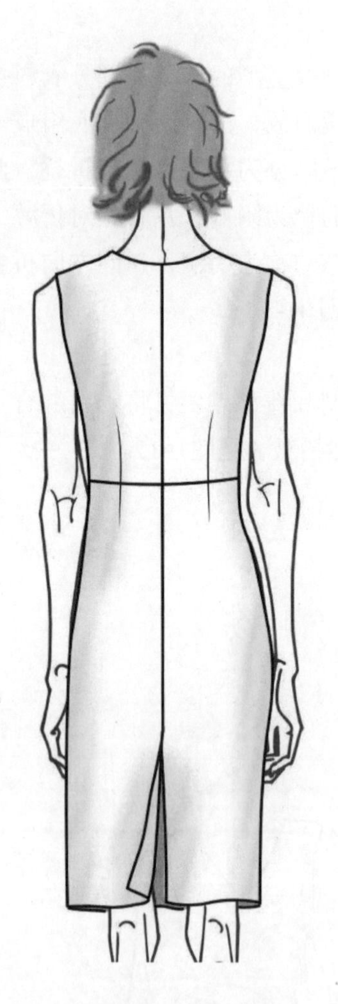

图1-14 衩示意图

（十一）衣领

围于人体颈部，起保护和装饰作用的部件。包括衣领和与衣领相关的衣身部分，狭义单指衣领。

衣领安装于衣身领窝上，其部位包括以下几部分，见图1-15。

（1）翻领：衣领自翻折线至领外口的部分。

（2）领座：衣领自翻折线至领下口的部分。

（3）领上口：衣领外翻的连折线。

（4）领里口：领上口至领下口之间的部位。

（5）领下口：衣领与领窝的缝合处。

（6）领外口：衣领的外沿部位。

（7）领串口：领面与挂面的缝合线。

（8）领豁口：领嘴与领尖间的最大距离。

（9）驳头：门襟、里襟上部随衣领一起向外翻折的部位。

（10）驳口：驳头里侧与衣领的翻折部位的总称，是衡量驳领制作质量的重要部位。

（11）串口：领面与驳头面的缝合处。一般串口与领里和驳头的缝合线不在同一位置，串口线较斜。

（十二）衣袖

覆合于人体手臂的服装部件。一般指衣袖，有时也包括与衣袖相连的部分衣身。衣袖缝合于衣身袖窿处，其包括以下几部分，见图1-16。

（1）袖山：衣袖上部与衣身袖窿缝合的凸起部位。

图1-15　衣领部件示意图

（2）袖缝：衣袖的缝合缝，按所在部位分前袖缝、后袖缝等。

（3）大袖：衣袖的大片。

（4）小袖：衣袖的小片。

（5）袖口：衣袖下口边沿部位。

（6）袖克夫：亦称“袖头”，缝在衣袖下口的部件，起束紧和装饰作用。

（十三）襻

起扣紧、固定、牵吊等功能和装饰作用的部件，由布料、缝线或金属制成，见图1-17。

（十四）腰头

与裤身、裙身缝合的部件，起束腰和护腰作用，见图1-17。

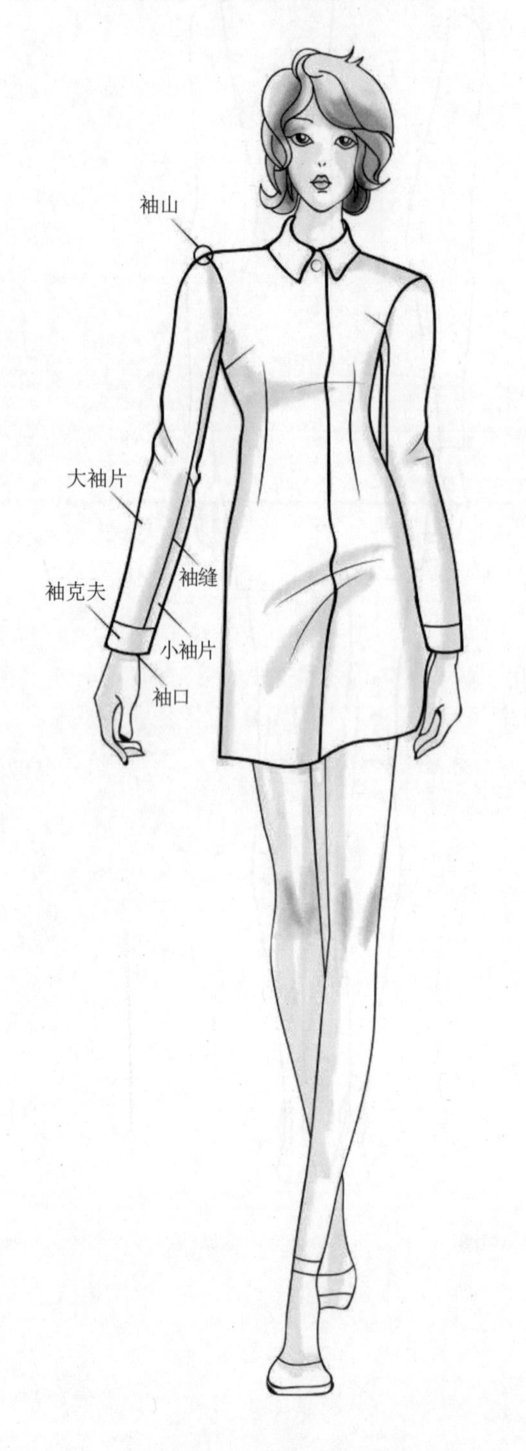

图1-16 衣袖部件示意图

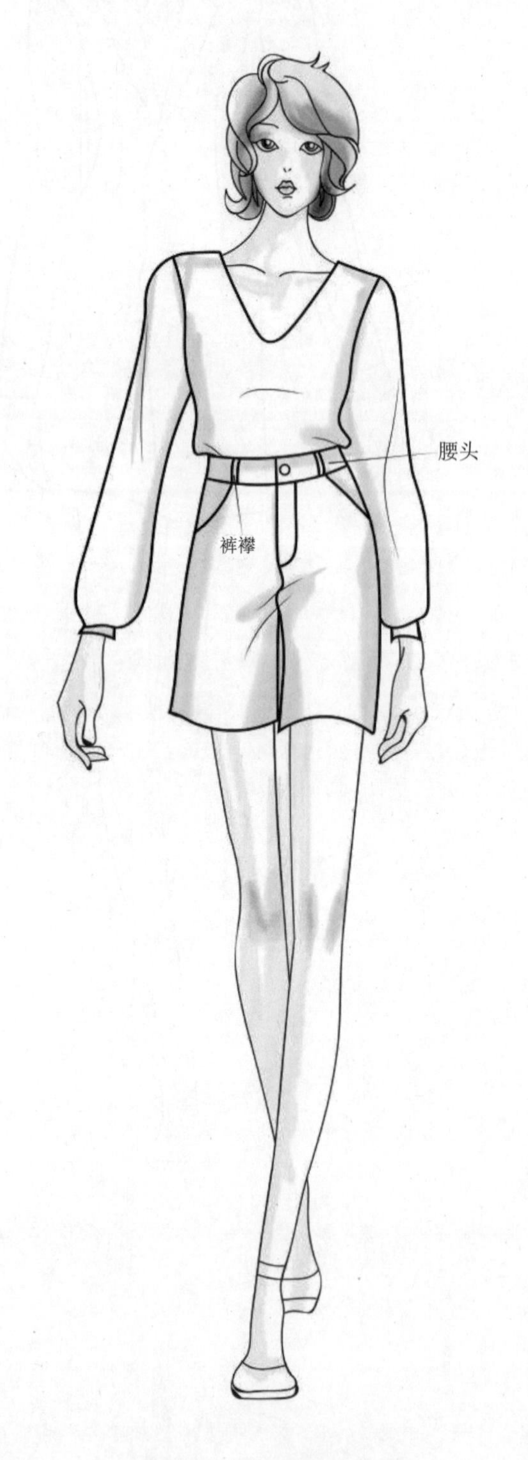

图1-17 襻、腰头示意图

第三节 结构制图术语

（一）基础线

1. 前后衣身基础线

前后衣身基础线共有17条，见图1-18。

2. 衣袖基础线

袖片基础线共有11条，见图1-19。

3. 前后裤片基础线

前后裤片基础线共有15条，见图1-20。

（二）结构线

1. 前后衣身、衣领结构线

前后衣身、衣领结构线共有20条，见图1-18。①止口线；②叠门线；③领窝线；④驳口线；⑤驳头止口线；⑥肩斜线；⑦袖窿线；⑧侧缝线；⑨袋位线；⑩底边线；⑪扣眼位线；⑫省道线；⑬门襟圆角线；⑭背缝线；⑮开衩线；⑯分割线；⑰翻领上口线；⑱翻领外口线；⑲领座上口线；⑳领座下口线。

2. 衣袖结构线

衣袖结构线共有8条，见图1-19。①袖口线；②前袖缝线；③前偏袖线；④袖山弧线；⑤后袖缝线；⑥后袖衩线；⑦后偏袖线；⑧小袖底弧线。

3. 前后裤片结构线

前后裤片结构线共有14条，见图1-20。①侧缝线；②前裆线；③下裆线；④裥位线；⑤腰缝线；⑥后裆线；⑦后袋线；⑧腰头上口线；⑨腰头下口线；⑩门襟止口线；⑪门襟外口线；⑫里襟里口线；⑬里襟外口线；⑭脚口线。

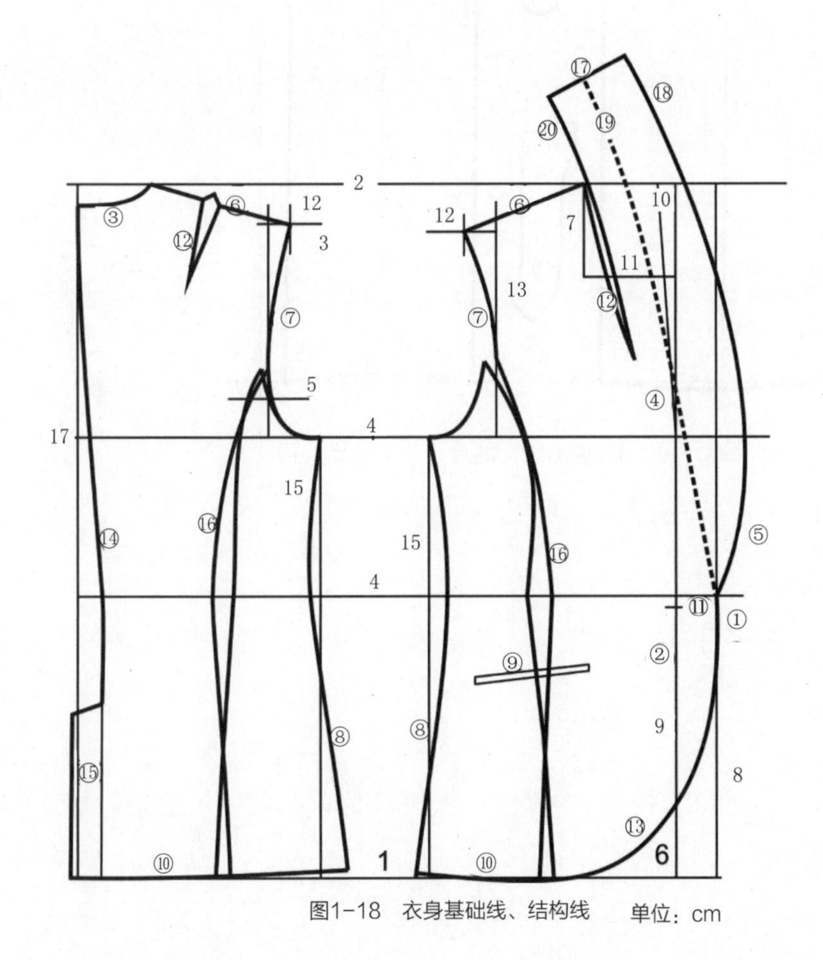

图1-18 衣身基础线、结构线 单位：cm

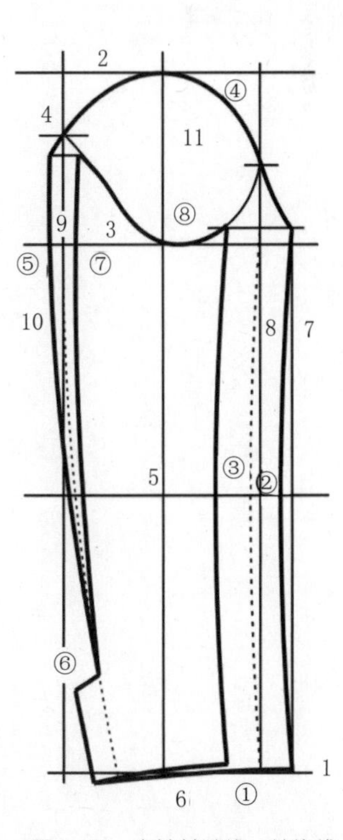

图1-19 衣袖基础线、结构线 单位：cm

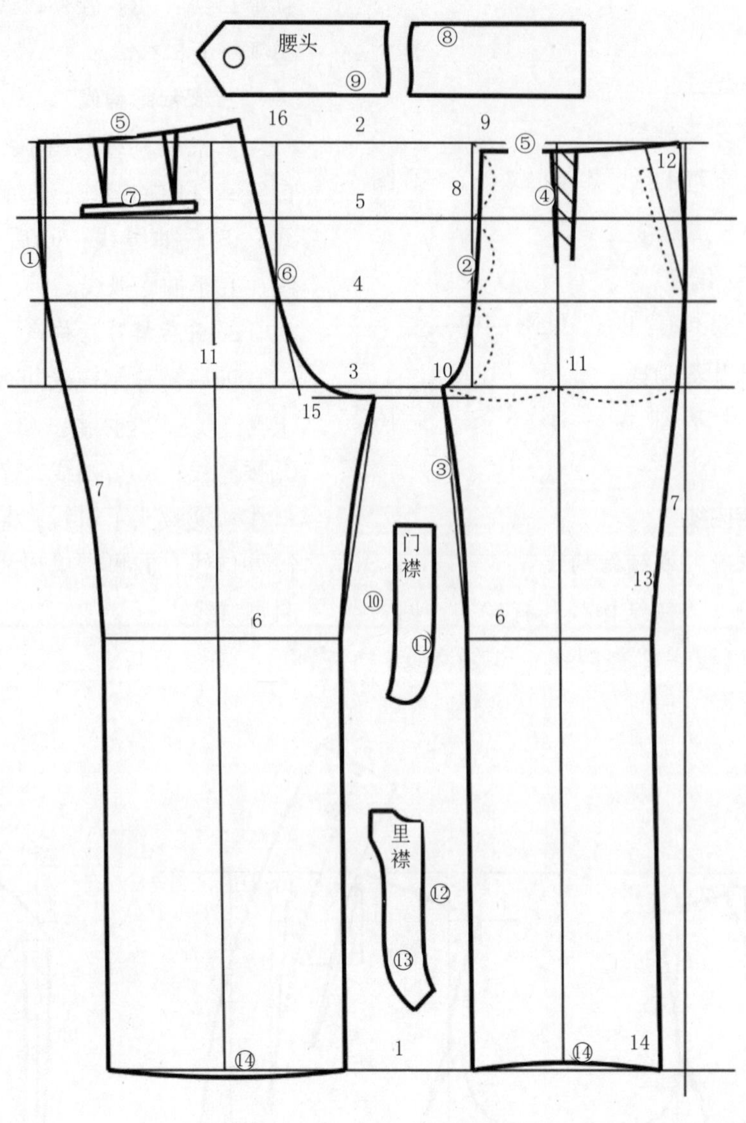

图1-20 裤片基础线、结构线 单位：cm

第四节
服装制图符号

制图符号是在进行工程制图时，为了使设计的工程图纸标准、规范，便于识别，避免识图错误而统一使用的标记符号，见表1-1。制图必须要严格按照工艺标准和品质标准进行规范设计。

表1-1 服装制图符号

序号	名称	制图符号	制图含义
1	特殊放缝	△ 2	与一般缝份不同的缝份量
2	拉链	△ □	画在装拉链的部位
3	斜料		用有箭头的直线表示布料的经纱方向
4	阴裥		裥底在下的折裥
5	明裥		裥底在上的折裥
6	等量号	○	两者相等量
7	等分线		将线段等比例划分
8	直角		两者成垂直状态
9	重叠		两者相互重叠
10	经向	↓↑	有箭头直线表示布料的经纱方向
11	顺向		表示褶裥、省、覆势等折倒方向（线尾的布料在线头的布料之上）
12	缩缝		用于布料缝合时收缩
13	归拢		将某部位归拢塑型
14	拔开		将某部位拉展塑型
15	按扣	⊗ ◎	两者成凹凸状且用弹簧加以固定
16	钩扣		两者成钩合固定
17	开省		省的部位需剪开

续表

18	拼合		表示相关布料拼合一致
19	衬布		表示衬布
20	合位	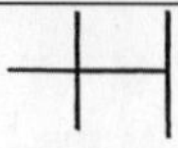	表示缝合时应对准的部位
21	拉链装止点	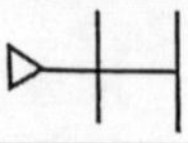	拉链的装止点部位
22	缝合止点	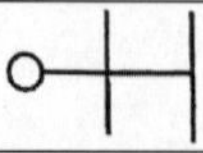	除缝合止点外，还表示缝合开始的位置，附加物安装的位置
23	拉伸	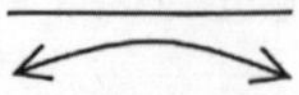	将某部位长度方向拉长
24	收缩	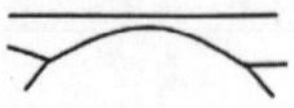	将某部位长度缩短
25	扣眼		两短线间距离表示扣眼大小
26	钉扣		表示钉扣的位置
27	省道		将某部位缝去
28	对位记号		表示相关衣片两侧的对位
29	部件安装的部位		部件安装的所在部位
30	布环安装的部位	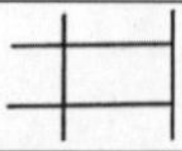	装布环的位置
31	线襻安装位置	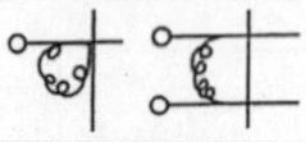	表示线襻安装的位置及方向
32	钻眼位置		表示裁剪时需钻眼的位置
33	单向折裥		表示顺向折裥自高向低的折倒方向
34	对合折裥		表示对合折裥自高向低的折倒方向
35	折倒的省道		斜向表示省道的折倒方向
36	缉双止口	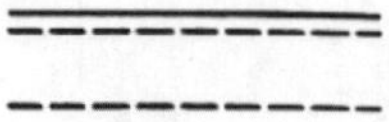	表示布边缉缝双道止口线

第五节 服装制图代号

尺寸表达式使用注寸代号，注寸代号是表示人体各量体部位的符号，国际上以该部位的英文单词第一个字母作为代号，如长度代号为“L”，胸围代号为“B”，具体代号见表1-2。

表1-2 服装制图主要部位代号

序号	中文	代号
1	领围	N
2	胸围	B
3	腰围	W
4	臀围	H
5	大腿根围	TS
6	领围线	NL
7	前领围	FN
8	后领围	BN
9	上胸围线	CL
10	胸围线	BL
11	下胸围线	UBL
12	腰围线	WL
13	中臀围线	MHL
14	臀围线	HL
15	肘线	EL
16	膝盖线	KL
17	胸点	BP
18	侧颈点	SNP
19	前颈点	FNP
20	后颈点	BNP
21	肩端点	SP
22	袖窿	AH
23	衣长	L
24	前衣长	FL
25	后衣长	BL
26	头围	HS
27	前中心线	FCL
28	后中心线	BCL
29	前腰节长	FWL
30	后腰节长	BWL
31	前胸宽	FBW
32	后背宽	BBW
33	肩宽	S
34	裤长	TL
35	股下长	IL
36	前上裆	FR
37	后上裆	BR
38	脚口	SB
39	袖山	AT
40	袖肥	BC
41	袖窿深	AHL
42	袖口	CW
43	袖长	SL
44	肘长	EL
45	领座	SC
46	领高	CR

第六节 服装结构设计规范

服装制图是传达设计意图，沟通设计、生产、管理部门的技术语言，是组织和指导生产的技术文件之一。结构制图作为服装制图的组成，是一种对标准样板的制定、系列样板的缩放起指导作用的技术语言。结构制图的规则和符号都有严格的规定，以便保证制图格式的统一、规范。

一、服装制图类型

1. 结构图

是将服装款式根据一定的数据、公式或通过立体构成的方法分解为平面的服装结构图形，见图1-21。

2. 样板图

也称纸样图，是现代服装工业中的专业用语，含有样板、标准、模板的意思。样板图是指结合服装工艺要求加放缝份等制作形成的纸型，是服装生产中进行排料、裁剪的一种模板，见图1-22。

3. 排料图

是将服装各规格的所有衣片样板在指定的面料幅宽内进行科学的排列，以最小面积或最短长度排出用料定额，见图1-23。

排料图的最终目的是使用面料的利用率达到最高，以降低产品成本，同时给辅料、裁剪等工序提供可行的依据。

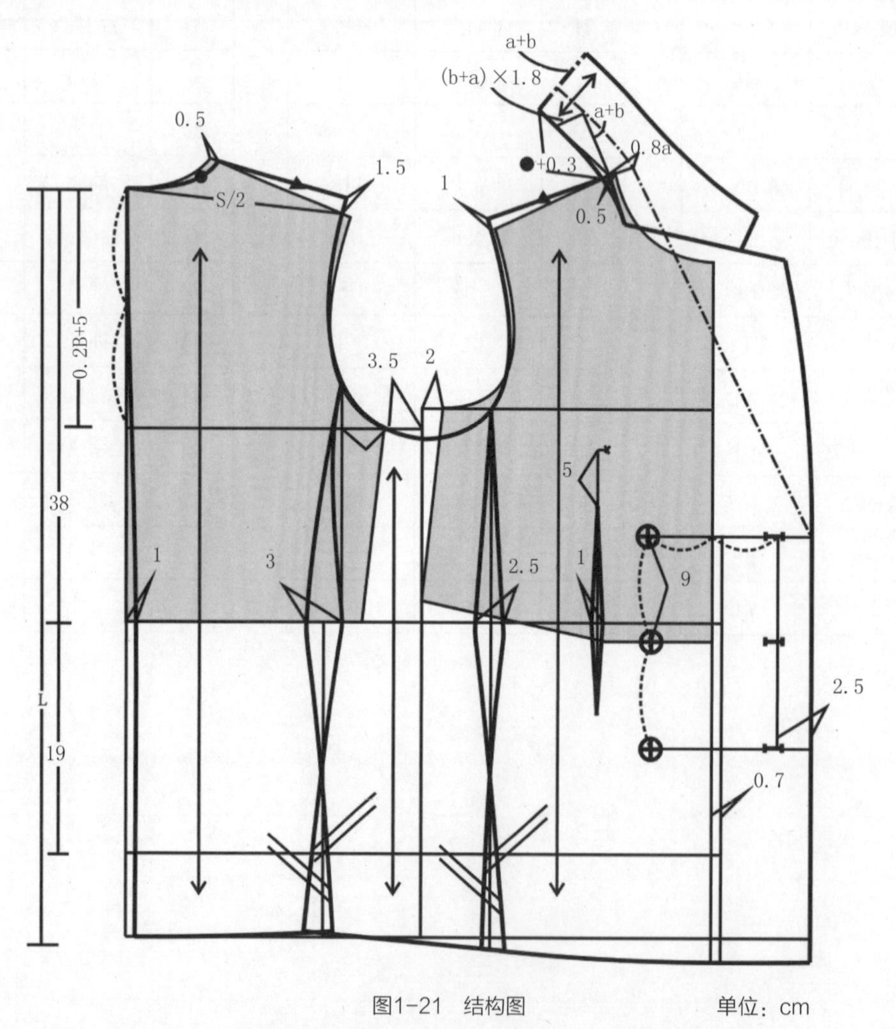

图1-21 结构图　　单位：cm

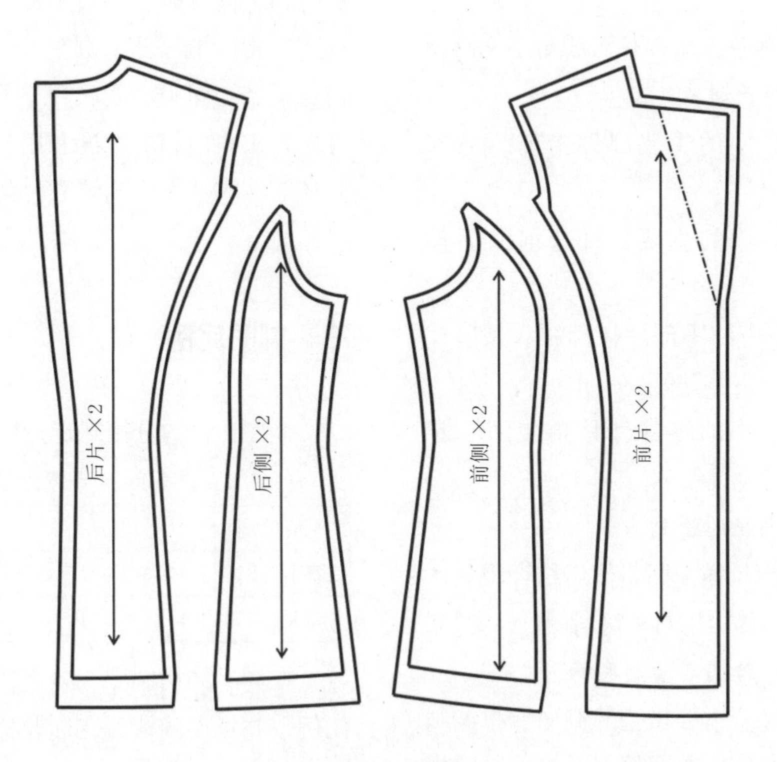

图1-22 样板图

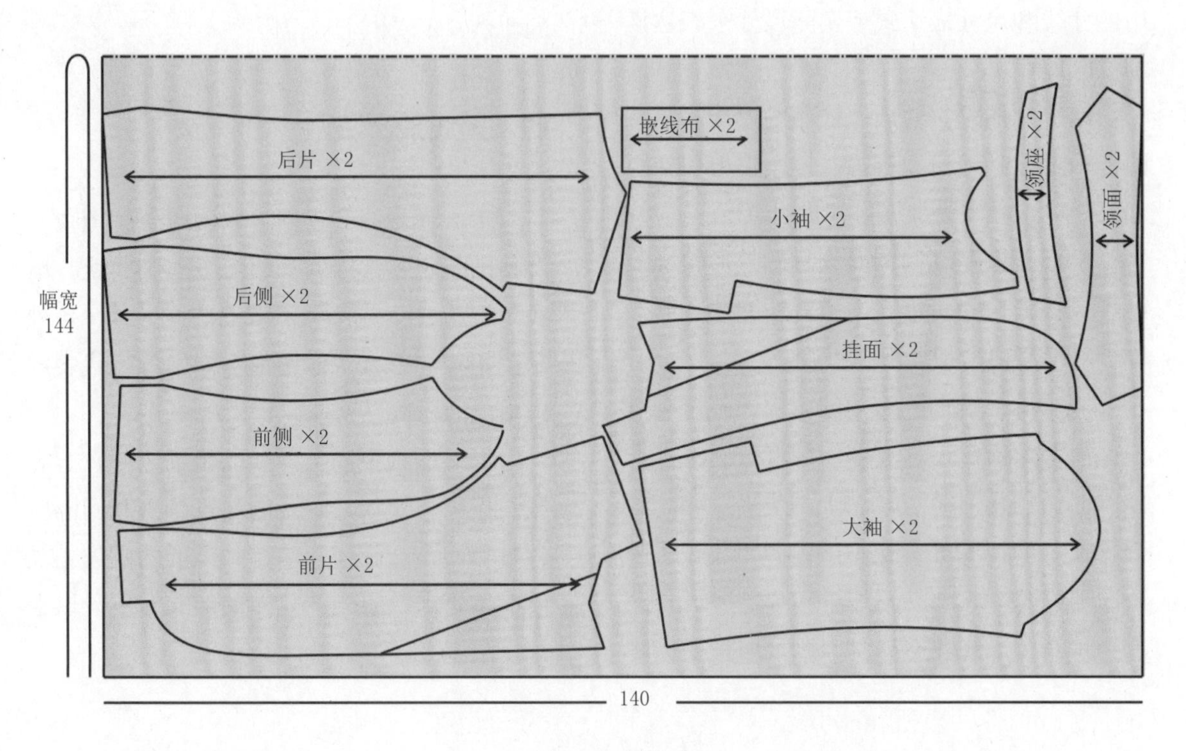

图1-23 排料图

二、制图规则

1. 由主要部件至零部件的绘制（先画大面积裁片后画小面积裁片）

（1）上装中的主要部件指前、后衣片，大、小袖片。

（2）下装中的主要部件指前、后裤片，前、后裙片。

（3）上装中的零部件指翻领、领座、挂面、袋盖面、袋盖里等。

（4）下装中的零部件是指腰面、腰里、门襟、里襟、袋布等。

2. 由表至内里的绘制

指先绘制面料样板图，然后结合服装产品的工艺要求制作出里料和衬料图。

3. 先绘制净缝图后绘制毛缝图

根据使用场合需要做毛缝制图、净缝制图、放大制图、缩小制图等。对缩小制图规定为：必须在有关重要部位的尺寸线之间，用注寸线和尺寸表达式或实际尺寸来表达该部位的尺寸。

净缝制图是按照服装成品的尺寸制图，图样中不包括缝份和折边。按图形剪切样板和衣片时，必须另加缝份和折边宽度。

毛缝制图是在制图时衣片的外形轮廓线已经包括缝份和折边在内，剪切衣片和制作样板时不需要另加缝份和折边。

服装结构制图除衣片的结构图外，有时根据需要还需绘制部件详图和排料图。部件详图的作用是对某些缝制工艺要求较高、结构较复杂的服装部件除画结构制图外，再画详图加以补充说明，以便缝纫加工时进行参考。排料图是记录衣料辅料画样时样板套排的图纸，可使用人工或计算机辅助排料系统进行样板的套排，将其中最合理、最省料的排列图形绘制下来。排料图可采用10：1的缩比绘制，图中注明衣片排列时的布纹经纬方向，衣料门幅的宽度和用料的长度，必要时还需在衣片中注明该衣片的名称和成品的尺寸规格。

三、制图比例

制图比例的分档规定，见表1–3。

表 1–3 制图比例

原值比例	1 ：1
缩小比例	1：2 1：3 1：4 1：5 1：6 1：10
放大比例	2：1 4：1

在同一结构制图，各部件应采用相同的比例，并将比例填写在标题栏内；如需采用不同的比例时，必须在每一部件的左上角标明比例，如：Ml：1，Ml：2等。服装款式图的比例，不受以上规定限制。

四、图线及画法

为方便制图和读图，制图时各种图线有严格的规定：常用的有粗实线、细实线、虚线（粗、细)、点画线、双点画线五种，各种制图用线的形状、作用都不同，各自代表约定俗成的含义，见表1–4。

同一图纸中同类图线的粗细应一致。虚线、点画线及双点画线的线段长短和间隔应各自相同。点画线和双点画线的两端应是线段而不是点。服装款式图的形式，不受以上规定限制。

表 1-4 图线画法及用途　　单：mm

图线名称	图线形式	图线宽度	图线用途
粗实线		0.9	服装和零部件轮廓线；部位轮廓线
细实线		0.3	图样结构的基本线；尺寸线和尺寸界线
虚线（粗）		0.9	背面轮廓影示线
虚线（细）		0.3	缝纫明线
点画线		0.9	对折线
双点画线		0.3	折转线

五、制图工具介绍

1. 铅笔

一股采用2H、HB、2B铅笔，要求画线细而清晰，不可以用圆珠笔、钢笔来制图，见图1-24。

2. 橡皮

即使是专业样板师，有时也会画错线，备一块橡皮十分必要。一般用白橡皮，最好是白色香橡皮，见图1-25。

3. 尺子

常用的尺子有直尺、角尺、皮尺、曲线尺、量角器放码尺等，见图1-26。宜用有机玻璃制作的尺，因为有机玻璃尺透明，制图线可以不被遮挡，刻度清楚，伸缩率小，准确性强。在生产样板的制作过程中有时还需要用到各种不同长度的钢尺，生产样板的直线部位用钢尺压住，再用剖刀割，既快又准。

图1-24 铅笔

图1-25 橡皮

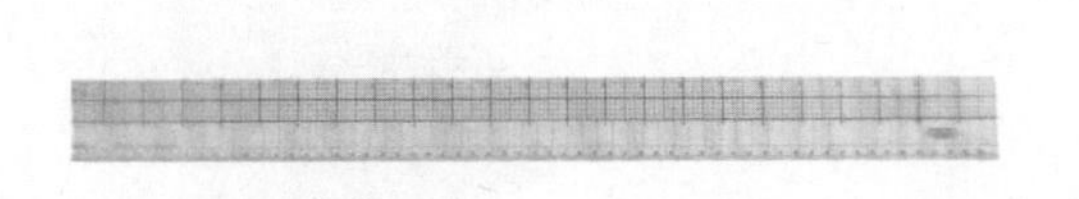

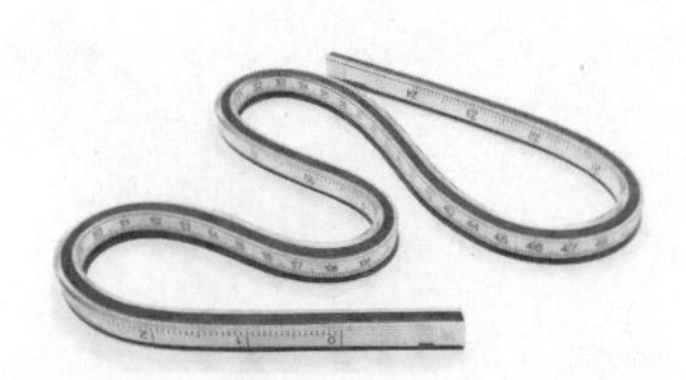

图1-26 尺子示意图

4. 点线器(擂盘)

点线器是在样板和衣片上做标记的工具，也能够将一定厚度的纸样描绘到另一层纸上，见图1–27。

5. 锥子

在制板时，锥子用来扎眼、定位，如袋位、省位、褶位等，见图1–28。

6. 剪刀

制板的剪刀应选择缝纫专用的剪刀。有24cm(9″)、28cm(11″)和30cm(12″)等几种规格。剪样板和剪面料的剪刀要分开使用，见图1–29。

7. 刀眼钳

用来在缝头上打对位记号，切口应准确，见图1–30。

8. 打洞器(打孔器)

打洞器用来在样板上打洞，便于穿吊收藏样板，见图1–31。

9. 压料铁

压料铁是压料子、纸样及样板用的工具，见图1–32。

10. 人台

主要用于试穿样衣，以便更好地校正基准样板，多为半身的人体胸架，分男体、女体、全身人台，也有教学使用的缩小比例人台，见图1–33、图1–34。

图1–27 点线器

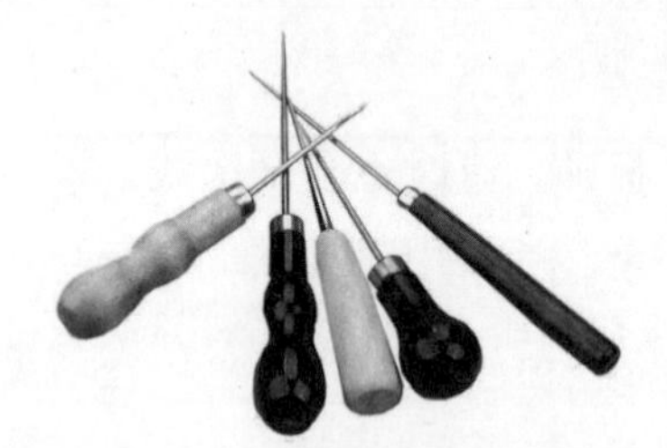

图1–28 锥子

图1–29 剪刀

图1–30 刀眼钳

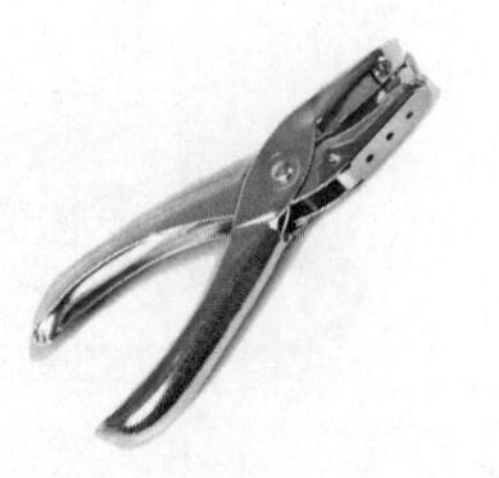

图1–31 打孔器

图1–32 压料铁

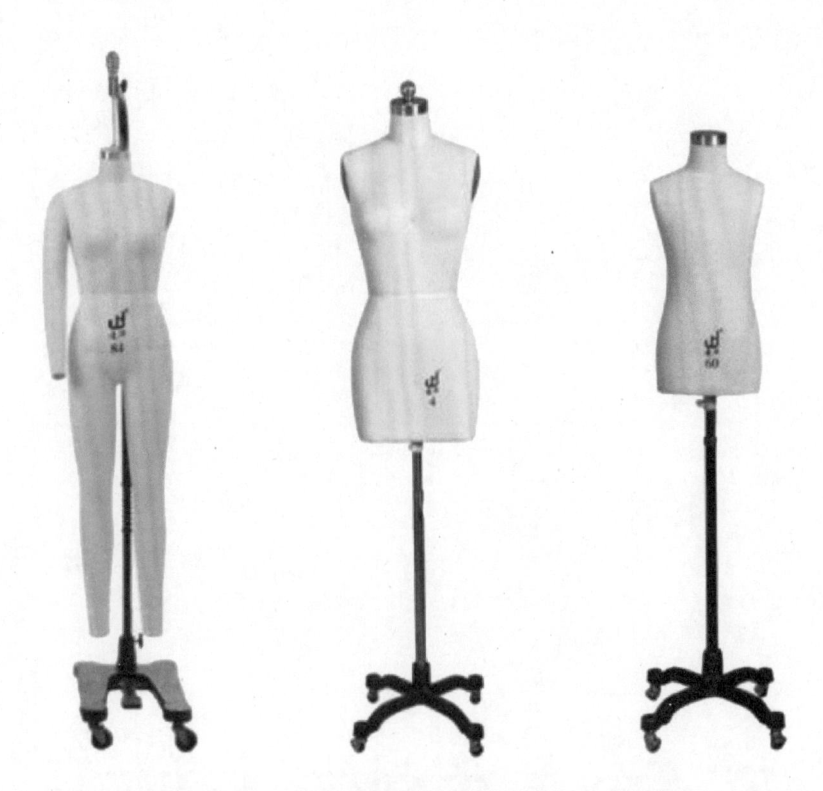

图1-33 全身人台、女体人台、男体人台

图1-34 缩小比例人台

第二章　女性人体形态

第一节 女体外部形态

一、女性人体外部形态观察

服装要适体就要了解人体的生理构成，研究正常人体形态结构，研究人体运动器官的形态结构，把握运动对人体形态结构的影响及影响服装功能结构的相关因素,这就需要关注人体解剖学方面的知识。

在对人体测量之前需要对所测量对象进行全面的观察。即对所要测量的人体进行从整体到局部的目测与分析以作好人体测量前的准备，人体观察过程其实就是对被测量人体体型特征进行一个基本的的认知过程。

对人体观察内容一般分三个阶段进行：

其一，以正常人体体态为标准，去观察测量对象的个体特征，分析外部形态特点，判断其属于正常体型还是特殊体型。

其二，观察与服装造型相关的局部特征，并分析是否具有反身体、曲身体、平肩或溜肩等特点。

其三，进行所观察对象局部特征的比较，确定与服装相关的廓型与省量、长度与比例以及松放量等内容。

观察与分析人体为更准确进行人体的测量，人体测量是对观察分析后的人体各部位尺寸和形状再进行一个量化处理的操作过程。

二、女性人体外部形态分析

人体体表是人体外部的表层曲面的总称。而人体的测量也就是对人体体表的计测，是对人体体表的点、线、面进行测量的工作。人体测量狭义上是单指静态计测。而广义上可以理解为对人体静止状态的“静态计测”和人体运动状态的“动态计测”。

女装是直接服务于女性人体的，而且必须适应人体的动态性，因此结构设计首先受到女性人体结构、人体体型、人体活动、运动规律及人体生理现象的制约。女装结构的适体性，即合体适穿的实用性要求，要把握静态和动态两个方面。

（一）从静态方面处理好服装结构与人体体型结构的配合关系

女装结构设计的静态适体性，是指女性人体在相对静止情况下的三维空间形态。

女性人体有以下特点可影响女装的结构：

（1）女性肩宽窄而斜，窄于臀部。

（2）女性胸部呈凸起状，乳峰位显著而且相对受胸衣影响较大。胸部截面偏正方形。

（3）女性腰位比男性偏高且腰围小，胸腰差、腰臀差比男性大，变动幅度大，上衣适宜收腰省显示女性人体的特点。

（4）女性髋宽臀凸，上衣摆围变化幅度大，上衣摆围设计不宜过小。

（5）女性人体的体型特点使女装整体造型以X型、A型和H型为主，以显示女性的体态美。

（二）从动态方面处理好女装的适体性

无论从女性的体型结构、性格习惯，还是种种人体活动等因素观察，女性人体原本为复杂的曲面立体状，加之处于生活、职业、社交等各类活动时其活动量、运动姿态都不相同，这样各部位的放松量不光受到静态体型的影响，还会受到动态因素的影响。

因此要把握好女装结构设计的适体性，就必须对女体进行观察与分析，见图2-1。在运用服装号型标准进行成衣规格设计时，要充分注意女装结构设计适体性的动态要求，以满足人们对功能性、舒适性方面的需求。

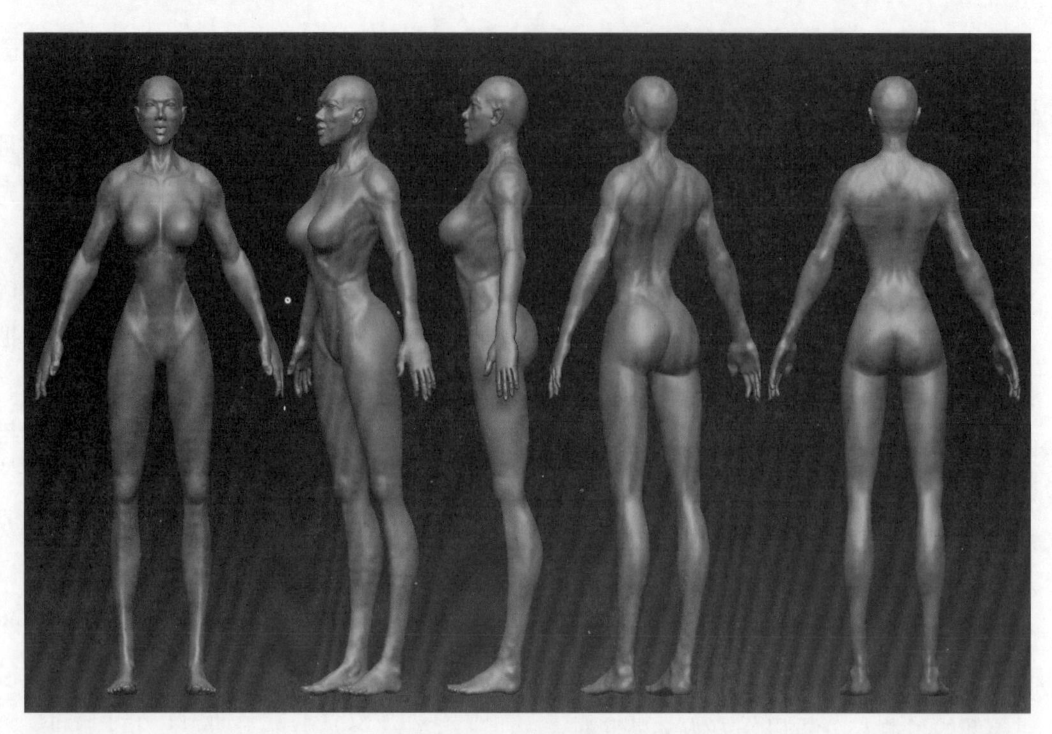

图2-1 女性人体图

第二节 人体测量

为了对人体体型特征有正确、客观的认识，除了进行定性的研究外，还必须把人体各部位的体型特征数字化，用精确的数据表示身体各部位的特征。在服装设计、纸样设计中，为了使人体着装时更加合体，就必须要了解人体的比例、体型、构造和形态等信息，所以，对人体尺寸的测量是进行服装结构设计的前提。

在“量体裁衣”定做加工时需要通过人体测量掌握人体有关部位的具体数据，在进行服装结构设计时才能使各部位的尺寸有可靠的依据。在服装大批量工业生产中，要求测量数据有较大的适合度和覆盖面，因此必须进行大量的人体体表测量，采集各种不同人体的基本数据，进行科学合理分析，以获得人体各部位的相互关系及不同体型的变化规律。

人体测量的目的主要是了解人体尺寸大小，了解人体进行服装结构设计时的形态以及人体与服装形态之间的关系。

一、人体测量姿势

我们知道每种测量方法都有各自统一的测量要求。那么被测量者在被测量时一般取立姿或坐姿形式，见图2-2。

（1）立姿：两腿并拢，两脚自然分开，全身自然伸直，双肩放松，双臂下垂自然贴于身体两侧。测量者位于被测者的左侧。按照先上装后下装，先长度后围度，最后测量局部的程序进行测量。

（2）坐姿：上身要自然伸直并与椅子面垂直，小腿与地面垂直，上肢自然弯曲，双手平放在大腿之上。

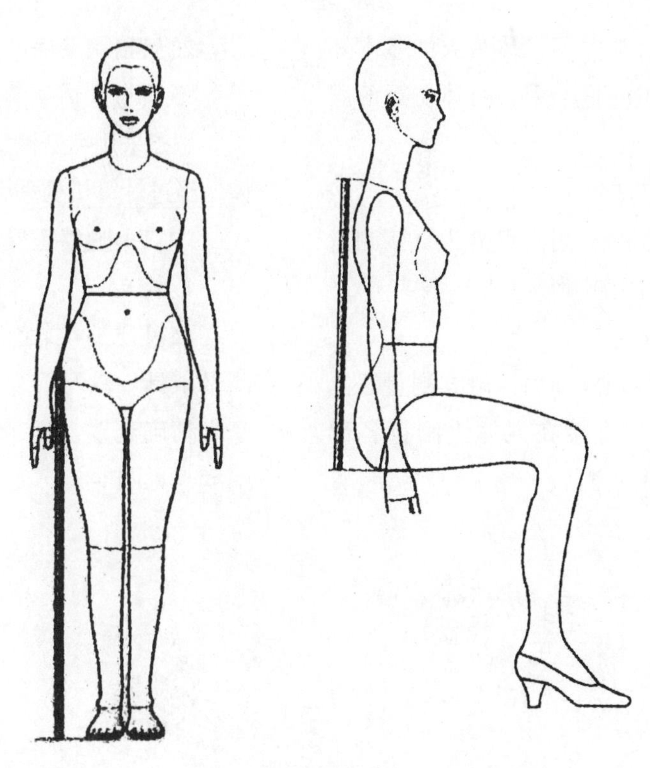

图2-2　人体测量姿势

二、人体测量技术要领

量体以前，首先必须对人体主要部位进行仔细观察。量体时，应注意以下几点：

（1）要求被量者以自然姿态站立端正，不要故意端立和深呼吸。

（2）围量横度时，应注意皮尺不要拉得过松或过紧，以放入一个手指的松度为限，且要保持水平。

（3）围量胸围时，被量者要两臂垂直；围量腰围时要放松腰带。

（4）冬季做夏季服装，或夏季做冬季服装，在量体时应根据季节和顾客要求，适当缩小或放大尺寸。

（5）量体时要注意观察好体型特征，有特殊部位要注明，以备裁剪时参考。

（6）不同体型有不同要求，体胖者尺寸不要过肥或过瘦，体瘦者尺寸要适当宽裕一些。

（7）量体要按顺序进行，以免漏量。

（8）被测量者应姿态自然放松，最好在腰间水平系一条定位腰带。

（9）净尺寸测量：被测者应只穿基本内衣，测得尺寸是人体尺寸而非成衣尺寸。

（10）定点测量：测量时要通过基准点或基准线，例如，测胸围时，软尺应水平通过胸高点(BP)，测手臂长时应通过肩点、肘点和腕骨突点。

（11）围度测量：软尺要松紧适宜，既不勒紧，也不松脱地围绕体表一周，注意保持水平。

（12）长度和宽度测量：应使软尺沿人体体态测量，而不是测两端点之间的直线距离。

三、人体测量方法

服装规格尺寸的确定是服装裁剪与制作的基础，而“量体”则是服装规格设置与裁剪最基本的要求。任何一个时装款式，由于量体、裁剪的好坏不同，都将产生完全不同的效果。因此，对于所有学习服装裁剪制作的人来说，是否掌握了量体裁衣的基本知识，这对能否做出质量上乘、合体美观的服装是至关重要的。

（一）测量方法

根据测量仪器的不同，可分为直接测量法（接触式）和间接测量法（非接触式）。

1. 直接测量法

须与人体接触，故称为接触式测量法。是指采用测量工具直接在人体上测量各部位，得到测量结果的方法。

2. 间接测量法

不须与人体接触，故称为非接触式测量法。是指采用特殊测量仪器，通过光线扫描人体，经过计算机处理后得到测量结果的方法。

（二）测量工具

1. 软尺

该尺质地柔软，伸缩性小，是扁平状的测量工具。软尺尺寸稳定，长度为150cm，用毫米精确刻度。用于测量体表长度、宽度及围度，见图2-3。

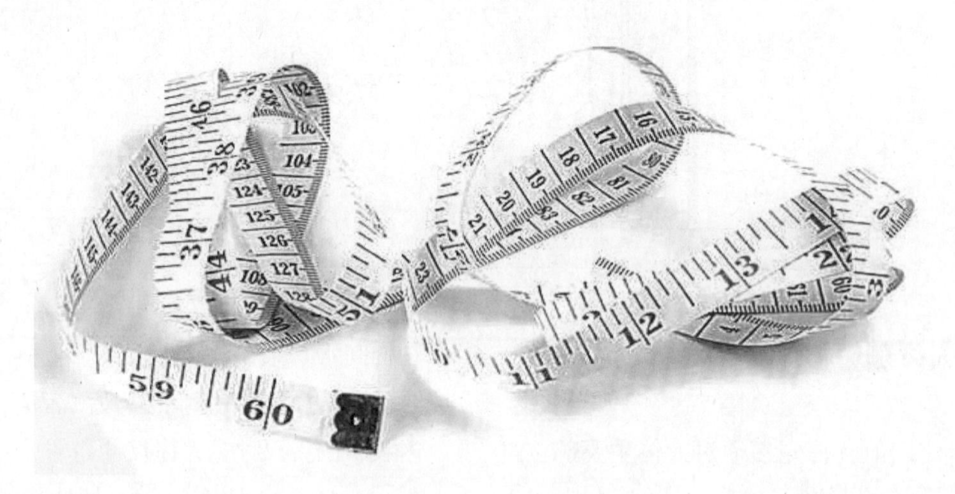

图2-3 软尺

2. 角度计测器

刻度用度表示的测量工具，能够用于测量肩部斜度、背部斜度等人体各部位角度。

3. 身高计测器

身高计由一个用毫米刻度，垂直安装的管状尺子和一把可活动的横臂（游标）组成，可根据需要，上下自由调节。用于测量人体的身高等各种纵向长度的工具。

4. 杆状计测器

由一个用毫米刻度的管状尺子和两把可活动的较长直型尺臂构成的活动式测量器。用于人体表面较大部位宽度、厚度的活动式测量器，见图2-4。

5. 触角计器

由一个用毫米刻度的管状尺子和两把可活动的触角状尺臂构成的活动式测量器，其固定的尺臂与活动的尺臂是对称的触角状，适合于测量人体曲面部位宽度和厚度，如胸部正中厚度。

6. 三维人体扫描仪（3D Body Scanner)

被测量者站在仪器里，用激光测量人体，摄像机接收激光测量的结果，由计算机处理得到数据，可获得人体各部位测量的结果，非接触式人体测量，时间大约是8～20s，此设备价格昂贵，不可随意移动，见图2-5。

服装制板原理，产生于女装。从人体的生理特征来看，女性外形起伏明显，服装结构变化大。工业纸样设计通常依所取的规格表来获取必要的尺寸，它是理想化的，也就是不需要进行个别的人体测量。但是作为服装设计人员，人体测量是必不可少的知识和技术，而且要懂得规格尺寸表的来源、测量的技术要领和方法，这对一个设计者认识人体结构和服装的构成过程是十分重要的。因此，这里所指的测量是针对服装设计要求的人体测量，一方面这种测量标准是和国际服装测量标准一致的，另一方面它必须符合服装制板原理的基本要求。作为定做服装的版型设计，就更显出它的优越性了，但需要对被测者进行认真细致的观察，以获得被测者与一般体型的共同点和特殊点。这是确定理想尺寸的重要依据，也是人体测量的一个基本原则。

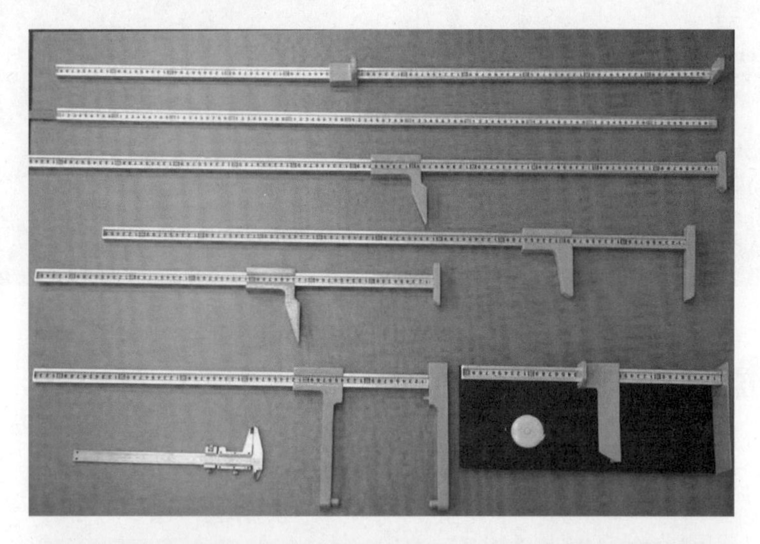

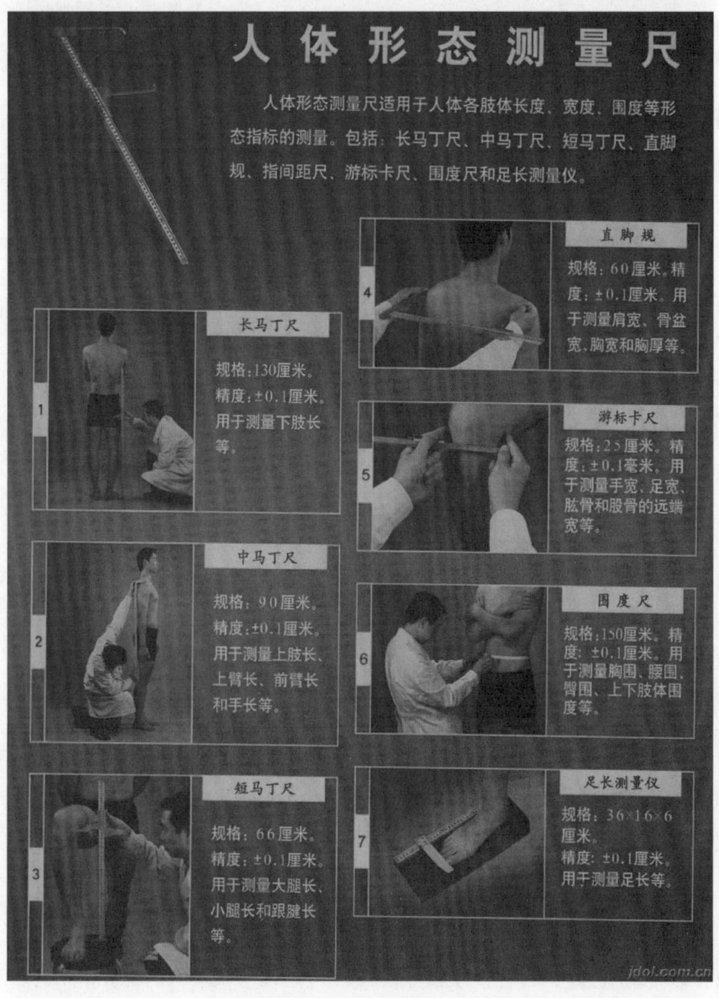

图2-4　杆状计测器

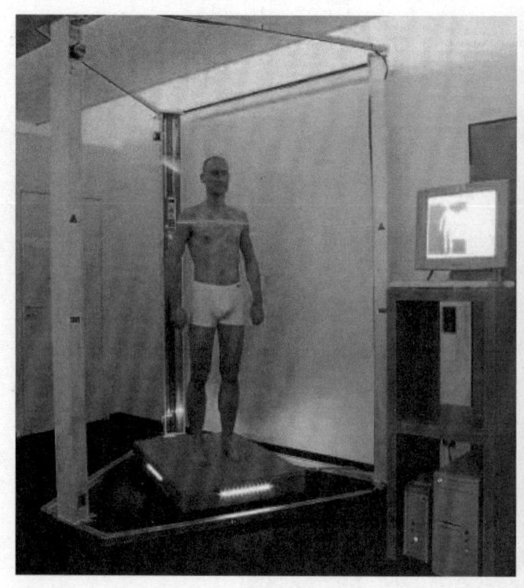
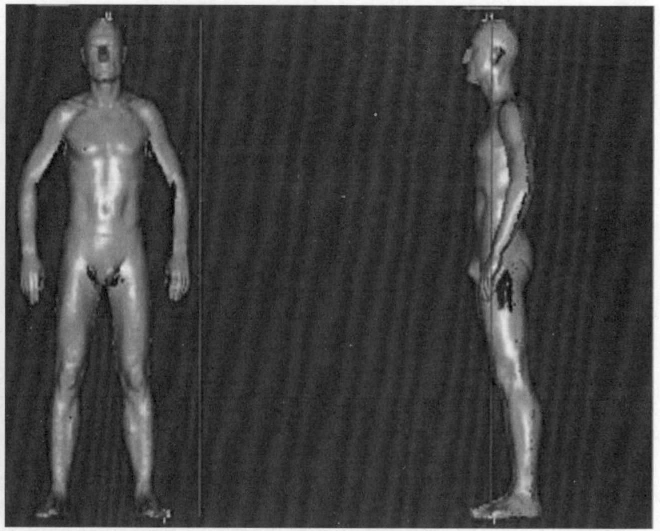

图2-5　三维人体扫描仪

四、人体测量部位

（一）人体测量基准点（图 2-6）

1. 头顶点

以正确立姿站立时，头部的最高点位于人体中心线上方，是测量身高时的基准点。

2. 颈窝点（前颈点）（FNP）

颈根曲线的前中心点，前领圈的中点。

3. 侧颈点（SNP）

在颈根的曲线上，从侧面看在前后颈厚的中央稍微偏后的位置。此基准点不是以骨骼端点为标志，所以不易确定。

4. 颈椎点（后颈点）（BNP）

颈后第七颈椎棘突尖端之点，当颈部向前弯曲时，该点就突出，较易找到，是测量背长的基准点。

5. 肩端点（SP）

在肩胛骨上缘最向外突出之点，即肩与手臂的转折点，肩端点是衣袖缝合对位的基准点，同时也是量取肩宽和袖长的基准点。

6. 前腋窝点

在手臂根部的曲线内侧位置，放下手臂时，手臂与躯干部在腋下结合的起点，用于测量胸宽。

7. 后腋窝点

手臂根部的曲线外侧位置，手臂与躯干在腋下结合的终点，是测量背宽的基准点。

8. 胸高点（BP）

胸部最高的位置，是服装构成最重要的基准点之一。

9. 肘点

尺骨上端向外最突出的点，上肢自然弯曲时，该点很明显的突起，是测量上臂长的基准点。

10. 腕凸点

也称手根点，桡骨下端茎突最尖端的点，是测量袖长的基准点。

11. 肠棘点

在骨盆位置的上前髂骨棘处，即仰面躺下，可触摸到骨盆最突出点，是确定中臀围线的位置。

12. 前腰点

在腰部最细位置处的前中心点，是测量腰围的基准点。

13. 后腰点

在腰部最细位置处的后中心点，是测量腰围的基准点。

14. 转子点

在大腿骨的大转子位置，是裙、裤装侧面最丰满处。

15. 膝盖骨中点

膝盖骨的中央。

16. 外踝点

脚腕外侧踝骨的突出点，是测量裤长的基准点。

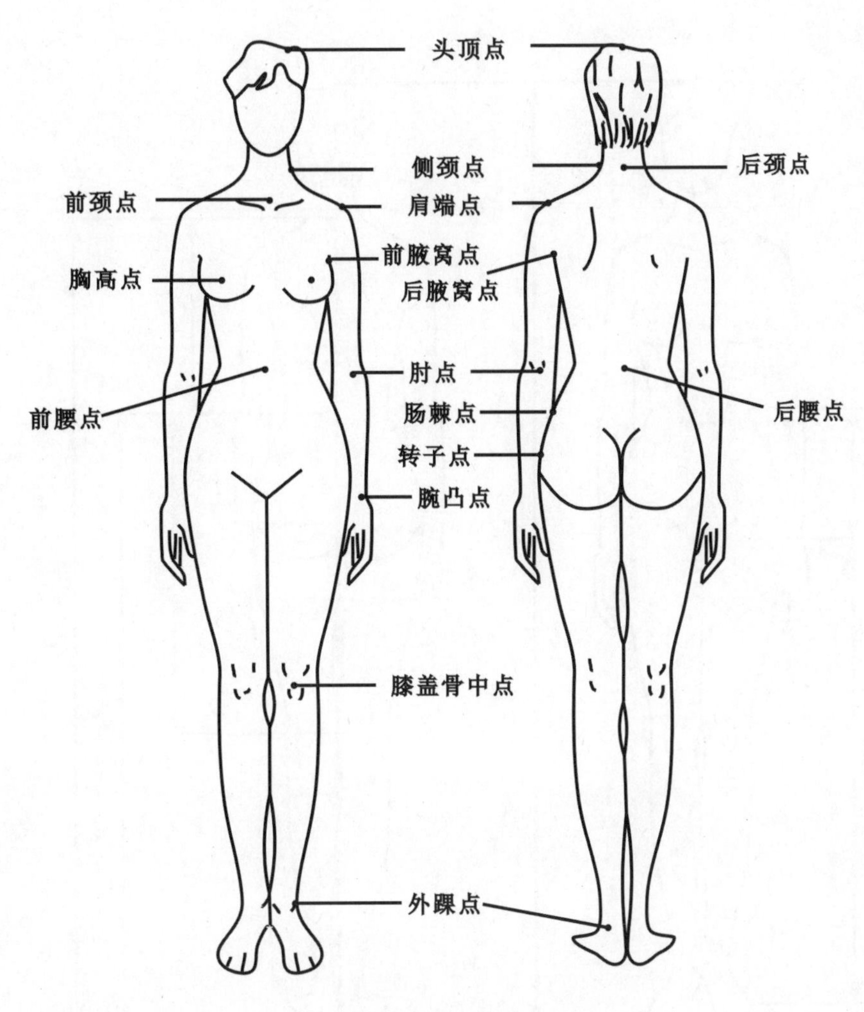

图2-6　人体测量基准点

（二）人体测量部位（图2-7、图2-8）

（1）身高：人体立姿时从头顶点垂直向下量至地面的距离。

（2）背长（BWL）：从颈椎点垂直向下量至腰围中央的长度。

（3）前腰节长（FWL）：由侧颈点通过胸高点量至腰围线的距离。

（4）颈椎点高：从颈椎点到地面的距离。

（5）坐姿颈椎点高：人坐在椅子上，颈椎点垂直量到椅面的距离。

（6）乳位高：由侧颈点向下量至胸高点的长度。

（7）腰围高：从腰围线中央垂直量到地面的距离，是裤长设计的依据。

（8）臀高：从腰围线向下量至臀部最丰满处的距离。

（9）上裆长（BR）：从人体后腰围线量至臀沟的长度，又称为股上长。

（10）下裆长（IL）：从臀沟向下量至地面的距离，又称为股下长。

（11）臂长：从肩端点向下量至茎突点的距离。

（12）上臂长：从肩端点向下量至肘点的距离。

（13）手长：从茎突点向下量至中指指尖的长度。

（14）膝长：从腰围线量至膝盖中点的长度。

（15）胸围（B）：过胸高点沿胸廓水平围量一周的长度。

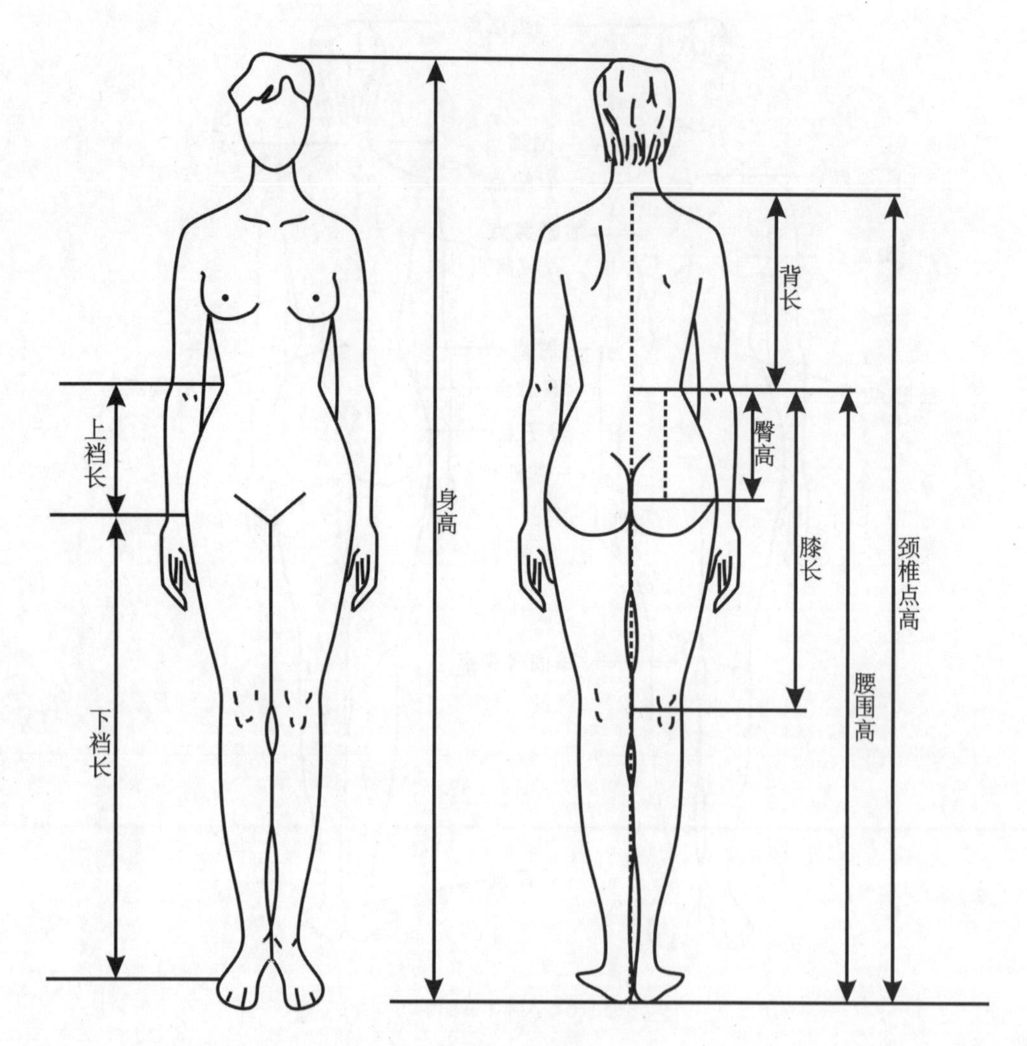

图2-7 高度测量

（16）腰围（W）：经过腰部最细处水平围量一周的长度。

（17）臀围（H）：在臀部最丰满处水平围量一周的长度。

（18）腹围（MH）：腰围与臀围中间位置水平围量一周的长度。

（19）头围（HS）：通过前额中央、耳上方和后枕骨，在头部水平围量一周的长度。

（20）颈根围：通过侧颈点、颈椎点、颈窝点，在人体颈部围量一周的长度。

（21）颈中围：通过喉结，在颈中部水平围量一周的长度。

（22）乳下围：乳房下端水平围量一周的长度。

（23）臂根围：软尺从肩端点穿过腋下围量一周的长度。

（24）臂围：上臂最粗处水平围量一周的长度。

（25）肘围：经过肘关节水平围量一周的长度。

（26）腕围：经过腕关节茎突点围量一周的长度。

（27）掌围：拇指自然向掌内弯曲，通过拇指根部围量一周的长度。

（28）胯围：通过胯骨关节，在胯部围量一周的长度。

（29）大腿根围（TS）：在大腿根部水平围量一周的长度。

（30）膝围：软尺过膝盖中点水平围量一周的长度。

（31）小腿中围：在小腿最丰满处水平围量一周的长度。

（32）小腿下围：踝骨上部最细处水平围量一周的长度。

（33）肩宽（S）：从左肩端点通过颈椎点量至右肩端点的距离。

（34）肩幅(小肩宽)：肩端点量至侧颈点的距离。

（35）胸宽（FBW）：从前胸左腋窝点水平量至右腋窝点间的距离。

（36）乳间距：从左乳头点水平量至右乳头点间的距离。

（37）背宽（BBW）：从后背左腋窝点水平量至右腋窝点间的距离。

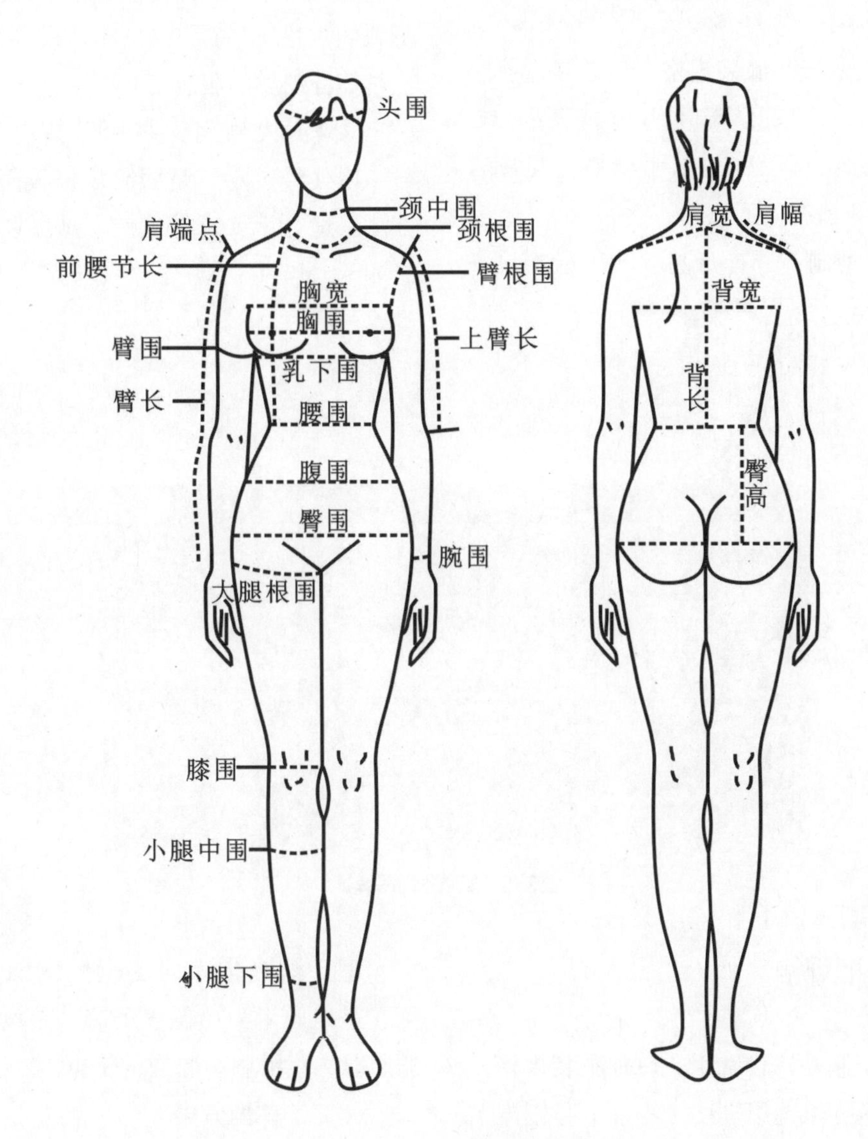

图2-8　围度测量

第三节 国内服装规格标准与表达方法

一、服装规格标准与表达方法种类

我们在表示成品服装规格时，总是选择最有代表性的一个或几个部位尺寸来表示。这种部位尺寸又可以称为示明规格，见图2-9，常用的方法有以下几种：

（1）号型制：选择身高、胸围或臀围为代表部位来表示服装的规格，是最通用的服装规格表示方法。人体身高为号，胸围或臀围为型，并且根据体型差异将体型分类，以代码表示，如160/84A等（A是体型分类）。

（2）领围制：以领围尺寸为代表表示服装的规格。男式衬衫的规格常用此方法表示，如40cm，41cm等。

（3）胸围制：以胸围为代表尺寸表示服装的规格。适用于贴身内衣、运动衣、羊毛衫等针织类的服装。

（4）代号制：将服装规格按大小分类，以代号表示，是服装规格较简单的表示方法。适合于要求较低的一些服装。表示方法如S、M、L、XL等；或以数字表示，如6号、7号等。

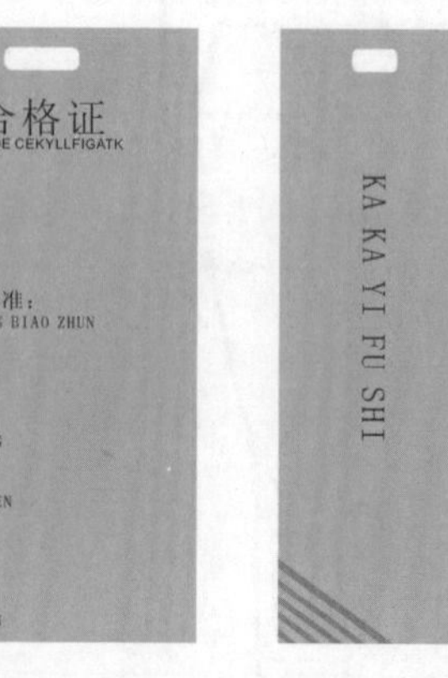

图2-9 服装规格吊牌

二、服装号型规格

服装号型制是比较常用的一种服装规格表示方法。它一般选用高度（身高）、围度（胸围或腰围）再加体型类别来表示服装规格。而标准是国家或行业部门关于服装号型作出的一系列统一规定。

（一）服装号型的定义

号：是指人体的身高，是以厘米为单位表示的，是设计和选购服装长短的依据。

型：型是指人体的上体胸围和下体腰围，是以厘米为单位表示的，是设计和选购服装时，表征服装肥瘦的依据。

（二）体型分类

（1）我国国家号型标准中以人体的胸围与腰围的差数为依据将成人的体型分为四大类，即Y、A、B、C。

Y型：是肩宽、胸大、腰细的体型，又称运动员体型。

A型：是胖瘦适中的普遍体型，又称标

准体型。

B型：是微胖体型，又称丰满体型。

C型：是胖体型。

（2）体型分类代号及胸围与腰围差范围，见表2–1。

表 2–1　女子体型分类代号及胸围与腰围差范围表　单位：cm

女子体型分类代号	Y	A	B	C
女体胸围与腰围之差数	24 ~ 19	18 ~ 14	13 ~ 9	8 ~ 4

三、服装规格系列

号型系列：以各体型中间体为中心向两边依次递增或递减组成的分档数值。

在国家标准中规定成人上装采用5•4系列（身高以5cm分档，胸围以4cm分档），成人下装采用5•4或5•2系列（身高以5cm 分档，腰围以4cm或2cm分档）。

在上、下装配套时，上装可以在系列表中按需选一档胸围尺寸，下装可选用一档腰围尺寸，也可按系列表选两档或以上腰围尺寸。

例如：女子号型160/84A,其净体胸围为84cm,由于是A体型，它的胸、腰围差为18 ~ 14cm,腰围尺寸应是66 ~ 70cm。如果选用分档数为2cm,那么可以选用的腰围尺寸为66cm、68cm、70cm这3个尺寸，如果为上、下装配套时，可以根据84A型在上述3个腰围尺寸中任选。

四、号型规格标准

对服装企业来说，在选择和应用号型系列时，应注意以下几点：

（1）必须从标准规定的各系列中选用适合本地区的号型系列。

（2）无论选用哪个系列，必须考虑每个号型适应本地区的人口比例和市场需求情况，相应地安排生产数量。各体型人体的比例、各体型分地区的号型覆盖率可参考国家标准，同时也应生产一定比例的两头的号型，以满足各部分人的穿着需求。

（3）标准中规定的号型不够用时，也可适当扩大号型设置范围，扩大号型范围时，应按各系列所规定的分档数和系列数进行。

五、号型配置

对于服装企业来说，必须根据选定的中间体推出产品系列的规格表，这是对正规化生产的一种基本要求。产品规格的系列化设计，是生产技术管理的一项重要内容，产品的规格质量要通过生产技术管理来控制和保证。规格系列表中的号型，基本上能满足某一体型90%以上人们的需求，但在实际生产和销售中，由于投产批量小，品种不同，服装款式或穿着对象不同等客观原因，往往不能或者不必全部完成规格系列表中的规格配置，而是选用其中的一部分规格进行生产，或选择部分热销的号型安排生产。在规格设计时可根据规格系列表结合实际情况编制出生产所需要的号型配置。可以有以下几种配置方式：

1. 号和型同步配置

一个号与一个型搭配组合而成的服装规格，如160/80、165/84、170/88、175/92。

2. 一号和多型配置

一个号与多个型搭配组合而成的服装规格，如170/84、170/88、170/92、170/96。

3. 多号和一型配置

多个号与一个型搭配组合而成的服装规格，如160/88、165/88、170/88、175/88。

在具体使用时，可根据各地区人体体型特点或者产品特点，在服装规格系列表中选择好号和型的搭配，这对企业来说是至关重要的，因为它可以满足大部分消费者的需要，同时又可避免生产过量，产品积压。同时对一些号型比例覆盖率比较少及一些特体服装的号型，可根据情况设置少量生产，以满足不同消费者的需求。

国家GB/T 1335—2008《服装号型》为服装规格设计提供了可靠的依据，以服装号型为基础，根据标准中提供的人体净体尺寸，综合服装款式因素加放不同放松量进行服装规格设计，以适合绝大部分着装者穿着的需求，这是实行服装号型标准的最终目的。

实际生产中的服装规格设计不同于传统的“量体裁衣”，必须考虑能够适应多数地区以及多数人的体型要求，个别人或部分人的体型特征只能作为一种信息和参考，而不能作为成衣规格设计的依据。

第四节 国际服装规格标准与表达方法

一、日本规格标准

（1）日本规格标准与我国服装号型表示方法相似，由胸围代号、体型代号、身高代号三部分组成。

（2）日本的成年女子体型分类是按胸臀差值的大小进行分类，共分为四种体型，见表2–2。

表 2–2　日本女子体型分类表

代号	A	Y	AB	B
类别	小姐型	少女型	少妇型	妇女型
体型特征	一般体型	较瘦高体型	稍胖体型	胖体型
臀腰围特征	腰臀比例匀称	比 A 型臀围少 2cm，腰围相同	比 A 型臀围大 2cm，腰围大 3cm	比 A 型臀围大 4cm，腰围大 6cm

（3）日本服装身高代号，见表2–3。

表 2–3　日本服装身高代号表　单位：cm

代号	0	1	2	3	4	5	6	7	8
身高	145	150	155	160	165	170	175	180	185

（4）日本服装胸围代号（女子），见表2–4。

表 2–4　日本服装（女子）胸围代号表　单位：cm

代号	3	5	7	9	11	13	15	17	19	21
胸围	73	76	79	82	85	88	91	94	97	100

例如：9Y2的女装，对应的是胸围82cm，较瘦高体型（少女型），身高155cm的女性服装，相当于我国155/84A女装。

日本服装标准规格尺寸是根据日本文化服装学院的计测资料和日本工业规格(JIS)的人体尺寸，从多方面加以研究计算出来的数值，可作为尺寸设置的参考，见表2-5。

表2-5 日本服装工业尺寸表

单位：cm

部位 \ 尺码		S		M			L		LL		EL
		5YP	5AR	9YR	9AR	9AT	13AR	13BT	17AR	17BR	21BR
身围尺寸	胸围（B）	76		82			88		96		104
	胸下围(UB）	68	68	72	72	72	77	80	83	84	92
	腰围（W）	58	58	62	63	63	70	72	80	84	90
	臀上围（MH)	78	80	82	86	86	89	92	94	100	106
	臀围(H)	82	86	86	90	90	94	98	98	102	108
	臂根围(抬肩）	35		37			38		40		41
	臂围	24		26			28		30		32
	肘围	26		28			29		31		31
	手腕围	15		16			16		17		17
	掌围	19		20			20		21		21
	头围	54		56			56		57		57
	颈围	35		36			38		39		41
宽度尺寸	背肩宽	38		39			40		41		41
	背宽	34		36			38		40		41
	胸宽	32		34			35		37		39
	乳头点之间距离	16		17			18		19		20
长度尺寸	身高	148	156	156	164		156	164	156		156
	颈椎点高	127	134	134	142		134	142	135		135
	背长	36.5	37.5	38	39.5		38	40	39		39
	后腰长	39	40	40.5	42		40.5	42.5	41.5		41.5
	前腰长	38	40	40.5	42		41	43.5	43		44.5
	乳下长	24		25			27		28		29
	腰长	17		18	19		18	19	18		19
	股上长	25		26	27		27	28	28		30
	股下长	63	68	68	72		68	72	68		67
	袖长	50		52	54		53	54	54		53
	肘长	28		29	30		29	30	29		29
	膝长	53	56	56	60		56	60	56		56

二、美国规格标准

美国女子体型划分的依据是按年龄将成年女子分为成人小姐体型和55岁及以上女子体型。其中55岁及以上女子体型依据身高、体重和胸围又分为青年体型、瘦小青年体型、瘦小女士体型、女士体型、高个女士体型、半码体型、妇女体型，见表2-6、表2-7。

表 2-6 美国少女尺码表 单位：cm

部位 \ 尺码	8	10	12	14	16
胸围	78.7	81.3	85.1	88.9	94.0
腰围	61.0	63.5	67.3	71.1	76.2
臀围（腰下 8）	83.8	86.4	90.2	94.0	99.1
背长	36.8	37.5	38.2	38.9	39.6
股上长	24.1	24.8	25.5	26.2	26.9

表 2-7 美国小姐尺码表 单位：cm

部位 \ 尺码	6	8	10	12	14	16	18
胸围	81.3	83.8	86.4	88.9	92.7	96.5	100.3
腰围	59.7	62.2	64.8	67.3	71.1	74.9	78.7
臀围（腰下 8）	85.1	87.6	90.2	92.7	96.5	100.3	104.1
背长	40.0	40.6	41.3	41.9	42.5	43.2	43.8
股上长	23.5	24.1	25.4	26.0	26.7	27.0	28.6

三、欧洲国家规格标准

德国女装尺码表中，是以身高为164cm为准设置了12个号：32号到54号。德国妇女与中国或其他欧洲国家的妇女相比，在胸围相同的情况下，其臀围比较大。例如与胸围所对应的腰围和臀围，德国的分别是68cm和94cm，而中国的分别是63cm和90cm。再如与96cm胸围所对应的腰、臀数值，德国的分别是80cm和103cm，中国的分别是80cm和100.8cm。由上可以看出，德国的腰围尺寸与中国的腰围尺寸基本相同，对于普遍体型（胖体除外)来说，德国妇女的臀围尺寸比中国的要大，见表2-8。

英国妇女和中国妇女相比，其三围尺寸比中国人略大，主要反映在臀围数值上，见表2-9。

表 2-8 德国女装尺码表 单位：cm

部位 尺码	胸围	腰围	臀围	臂围	袖长	背长	前腰长（经过BP）	裙长	长裤长	股下内缝长
32	76	60	86	42	59	40	42.4	62.5	104	79.5
34	80	64	90	43.5	59	40	42.7	63	104	79
36	84	68	94	45	59	40	43.5	63.5	104	78.5
38	88	72	97	46.5	59	40	43.8	64	104	78
40	92	76	100	48	59	40	44.1	64.5	104	77.5
42	96	80	103	49.5	59	40	44.4	65	104	77
44	100	84	106	51	59	40	44.7	65.5	104	76.5
46	104	88	109	52.5	59	40	45	66	104	76
48	110	94.5	114	54	59	40	45.8	66.5	104	75.3
50	116	101	119	56	59	40	46.6	67	104	74.6
52	122	105	126	58	59	40	47.4	67.5	104	73.9
54	128	110	132	60	59	40	48.2	68	104	73.2

表 2-9 英国女装尺码表 单位：cm

尺码 部位	8	10	12	14	16	18	备注
身高	158	160	162	164	166	168	1. 高度间距 2cm 2. 围度间距 4cm 3. 小肩尺寸为肩颈点到肩端点
背长	39	39.5	40	40.5	41	41.5	
胸围	80	84	88	92	96	100	
腰围	60	64	68	72	76	80	
臀围	85	89	93	97	101	105	
半背宽	15.8	16.3	16.8	17.3	17.8	18.3	
小肩	11.6	11.8	12	12.2	12.4	12.6	
直裆长	26	26.5	27	27.5	28	28.5	
裤长	99.4	100.7	102	103.3	104.6	105.9	

第三章　裙装结构设计原理与方法

第一节 裙装结构分类

一、裙装的特点

（1）一般给女性穿着（除特殊情况，如苏格兰男裙及舞台男裙等）。

（2）包裹在女性腰节线以下部位的服装。

（3）可以有很多种形式的存在，如独立的形式或连衣裙中腰节以下部位。随着社会的发展，生活方式的变化，人们崇尚个性和流行相结合，裙装在日常生活、工作场所、社交晚会上受到广大女性的青睐。

现代裙装主要有套装裙、连衣裙及独立穿着的裙子，它除了长度的变化外，还有形态上的变化。随着生活的多样化，设计和面料等都发生着快速的变化，同时，随着社会氛围变得日益宽松，人们的着装进入了张扬个性的时代，今后的裙子无论是面料还是设计，都会变得越来越多样化。

二、裙装的分类

1. 根据裙装造型分类

基本造型：直身裙（臀围松量4~6cm）、A型裙（臀围松量6~12cm）、波浪裙（臀围松量>12cm），见图3-1。

图3-1　裙装基本造型分类

变化造型：采取分割、折裥、垂褶、抽褶等造型手段可形成拼片裙、折裥裙、垂褶裙、碎褶裙等，见图3-2。

2. 根据裙装腰线位置分类

低腰裙、无腰裙、装腰裙、高腰裙、连腰裙、连衣裙等，见图3-3。

3. 根据裙长分类

超短裙、迷你裙、及膝裙、中长裙、长裙、超长裙等，见图3-4。

4. 根据衩形态分类

开衩造型有：单折裥衩、双折裥衩、对合衩、重叠衩等，见图3-5。

图3-2 裙装变化造型分类

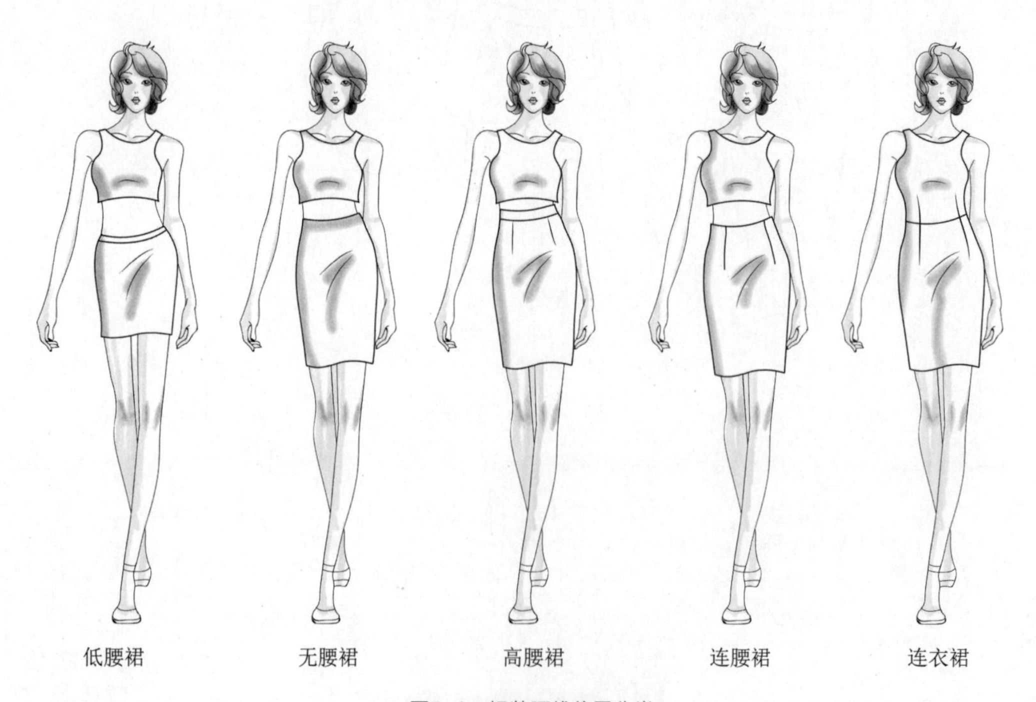

图3-3 裙装腰线位置分类

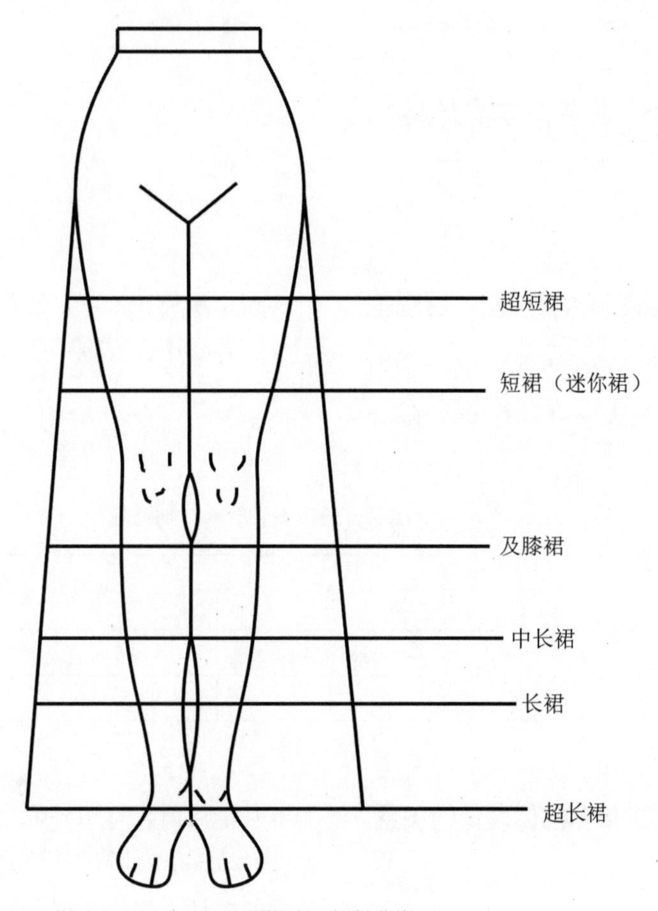

图3-4 裙长分类

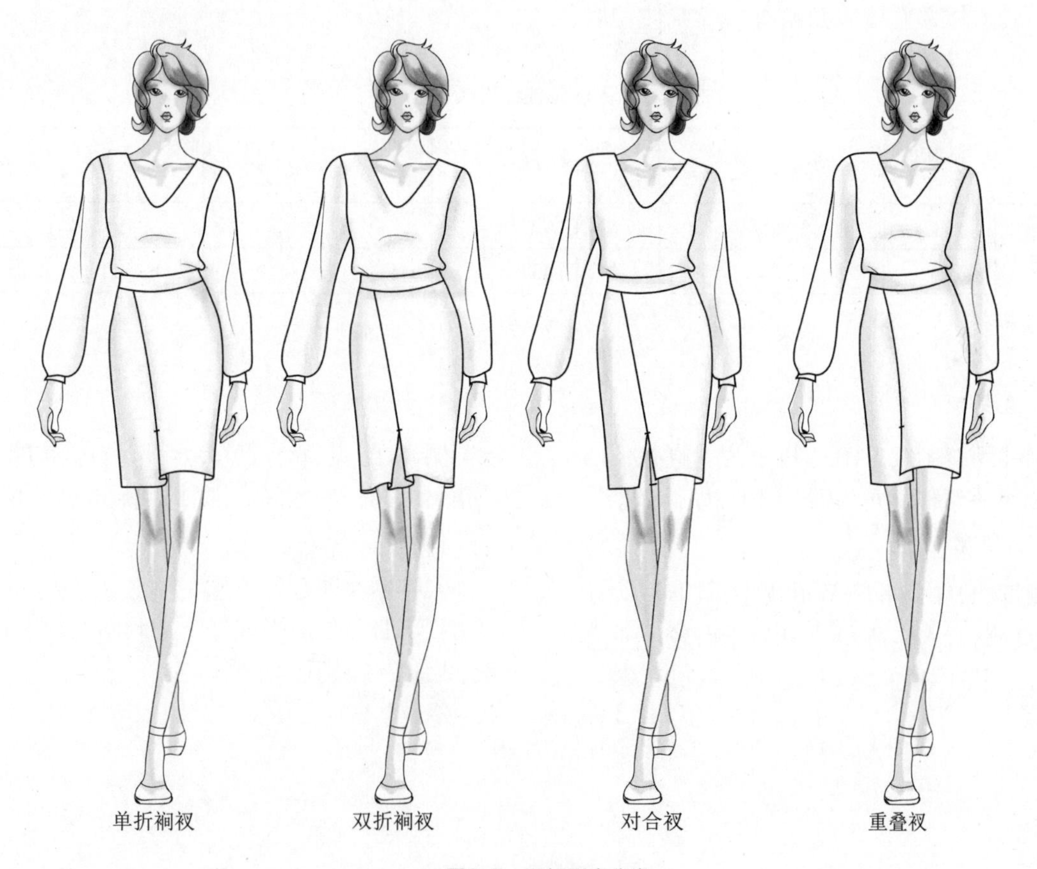

图3-5 开衩形态分类

第二节 裙装结构设计方法解析

一、裙装腰围、臀围差与人体腰围、臀围差

我国女体的胸围、腰围差和臀围、胸围差的关系见表3-1。从表中可以看出，随着体型由瘦体（Y体）至胖体（C体），胸围、腰围差变小，臀围、胸围差亦变小。

表 3-1 女体胸围、腰围差和臀围、胸围差　　单位：cm

部位差 \ 体型组别	Y	A	B	C
胸、腰围差	24 ~ 19	18 ~ 14	13 ~ 9	8 ~ 4
臀、胸围差	4.5 ~ 6.8	4 ~ 6	3.5 ~ 5.2	3 ~ 4.5

二、裙装侧部造型与人体侧部体表角的关系

裙装侧部造型与人体侧部体表角有密切的对应关系，因为人体生理活动的左右不对称性，故人体左右体表角略有差异，使用时取其平均值，见图3-6。

表3-2为通过计算得到的人体侧部体表角的统计平均值数据。

表 3-2 人体侧部体表角

方位 \ 体表角		a	b	c	d
正面	左	19.58°	18.92°	13.7°	11.87°
	右	17.24°	16.43°	15.5°	11.1°

1. 直身裙

侧部到臀围线（HL）以下为垂直状，因此HL以下垂直倾斜角为0，整体为贴体型。

2. A型裙

侧部自HL以下倾斜角较小，因此，HL以上为较贴合人体造型，HL以下有较小垂直倾斜角，为c、d之间。

3. 小波浪裙

侧部自腹部前凸点水平线以下的倾斜角约为b、c之间，腹部前凸点以下为非贴体型。

4. 大波浪裙

侧部脐点位水平线以下的倾斜角约为a、b之间，腰线以下为非贴体型。

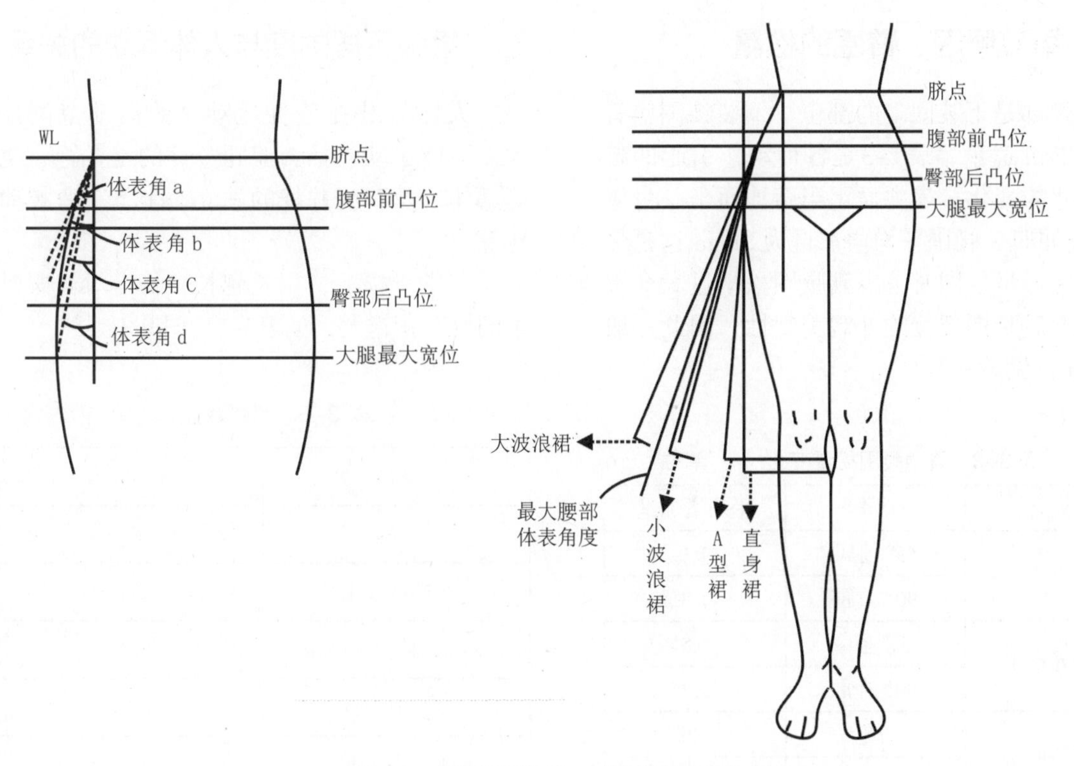

图3-6　裙装侧部造型与人体侧部体表角的关系

三、裙装省道与人体臀围、腰围差

1. 省道量的大小

裙装省道量大小主要受人体臀围与腰围差值的影响。图3-7为人体腰围与臀围的截面图，图中细实线WL是人体腰围线，细实线HL是人体臀围线。如腰围加少量松量便为裙装腰围线，臀围加少量松量便为裙装臀围线，见图中粗实线所示。

2. 裙装的省道位置

裙装省道部位设置方法见图3-7（右）所示，省道部位的设置必须综合考虑WL截面轮廓线的曲率与HL截面轮廓线的曲率。

前腰省一般设在自O’点画前WL截面轮廓线的法线上(垂线），其与垂直线的夹角一般为35°~40°，自O’点画前HL截面外轮廓线的法线，前省画在两法线之间的中线上。

后腰省一般设在自O’点画后WL截面轮廓线的法线上，其与垂直线的夹角为25°~30°，自O’点画后HL截面轮廓线的法线，后省画在两法线中间的线上。

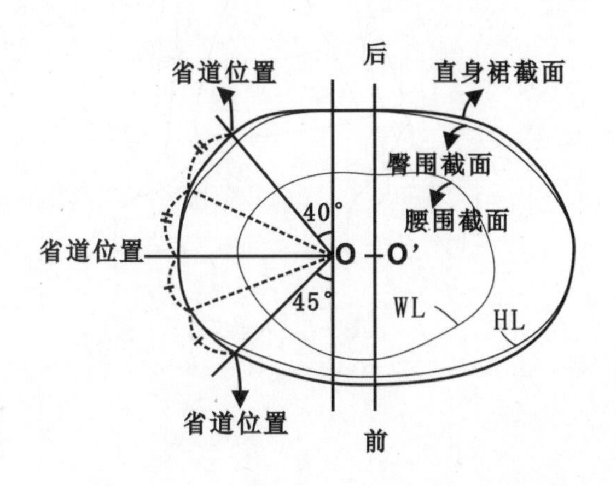

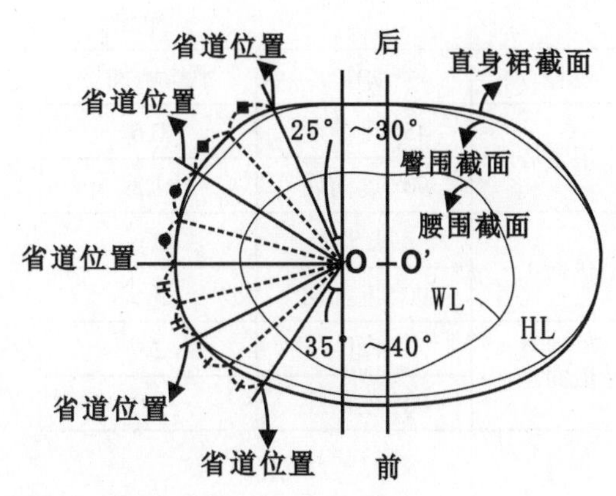

图3-7　人体臀围、腰围差及省道位置

四、裙装腰围、臀围的松量

腰部是下装固定的部位，下装腰围应有合适的舒适量，表3-3是各种动作引起的腰围尺寸的变化。表中显示当席地而坐，身体90°前屈时，腰围平均增加量为2.9cm,这是最大的变形量，同时考虑到腰围松量过大会影响束腰后腰围部位的外观美观性，因此一般取2cm，见表3-3。

表 3-3 各种腰围松量变化 单位：cm

姿势	动作	平均增加量
直立正常姿势	45° 前屈	1.1
	90° 前屈	1.8
坐在椅上	正坐	1.5
	90° 前屈	2.7
席地而坐	正坐	1.6
	90° 前屈	2.9

臀部运动主要有直立、坐下、前屈等动作，在这些运动中臀部围度增加，因此下装在臀部应考虑这些变化而设置必要的宽松量。表3-4是各种动作引起的臀围变化所需的松量。表中显示臀部在席地而坐身体90°前屈时，平均增加量是4cm,也就是说下装臀部的舒适量最少需要4cm，再考虑因舒适性所需要的空隙，因此一般舒适量都要大于5cm。至于因款式造型需要增加的装饰性舒适量则无限度，因此裙装的臀围松量最少取4cm，见表3-4。

表 3-4 各种动作引起臀围松量变化

单位：cm

姿势	动作	平均增加量
直立正常姿势	45° 度前屈	0.6
	90° 度前屈	1.3
坐在椅上	正坐	2.6
	90° 度前屈	3.5
席地而坐	正坐	2.9
	90° 度前屈	4.0

五、裙装下摆围度与人体运动的关系

人体下肢在各种运动中的活动范围最大。下肢运动包括：双腿分开的走、跑、跳等动作以及双腿并拢的站立、坐下、弯腰动作等。

正常步幅下，裙长越长，行走对裙摆要求的尺寸就越大，见表3-5、图3-8。

表 3-5 步幅数值表 单位：cm

部位	平均数据
步幅	67
①膝围线上	94
②膝围处	100
③小腿上部	126
④小腿下部	135
⑤脚踝	146

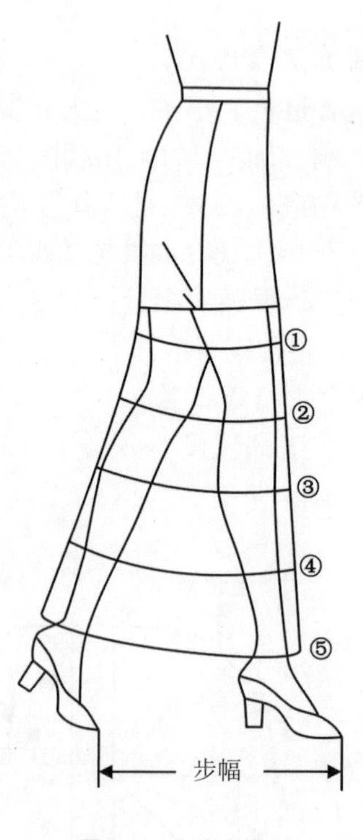

图3-8 人体步幅

第三节 裙装原型结构设计

（一）款式特征

腰臀部位贴合人体，臀围线以下裙身呈直身轮廓，根据臀腰差，设置4个省道（前面2个，后面2个），长度及膝，腰线在人体自然腰围线处，裙腰为装腰结构，见图3-9。

图3-9 裙原型效果图

（二）裙装原型的立体构成

1. 坯布准备

各样片坯布见图3-10，在坯布上标出前后中心线、腰围线和臀围。

2. 立裁制作（后身）

（1）将布料后中心线与人台后中心线附合，并用大头针固定，见图3-11。

（2）将布料臀围线对齐人台臀围线，并在臀围线处预留0.5~1cm松量，见图3-12。

（3）将侧缝处臀围线以上纱向推平，并用大头针固定，见图3-13。

（4）将形成的臀腰差量进行均匀收省，见图3-14。

（5）确定好后身腰省的宽度及省尖部位，见图3-15。

（6）清剪腰线处缝份，并打上剪口，见图3-16。

（7）在腰线及侧缝处贴上标示线，见图3-17。

（8）将各部位作好标注，取下修样，见图3-18。

3. 立裁制作（前身）

（1）将布料前中心线与人台前中心线附合，并用大头针固定，见图3-19。

（2）将布料臀围线对齐人台臀围线，并在臀围线处预留0.5~0.7cm松量，见图3-20。

（3）将侧缝处臀围线以上纱向推平，并用大头针固定，见图3-21。

（4）将形成的臀腰差量进行均匀收省，见图3-22。

（5）确定好前身腰省的宽度及省尖部位，见图3-23。

（6）清剪腰线处缝份，并打上剪口，见图3-24。

（7）在腰线及侧缝处贴上标示线，见图3-25。

（8）按标示线清剪侧缝，见图3-26。

（9）将各部位作好标注，取下修样，见图3-27。

4. 裙装原型的组合效果

见图3-28。

5. 将别样获得的布样转换为平面纸样

见图3-29。

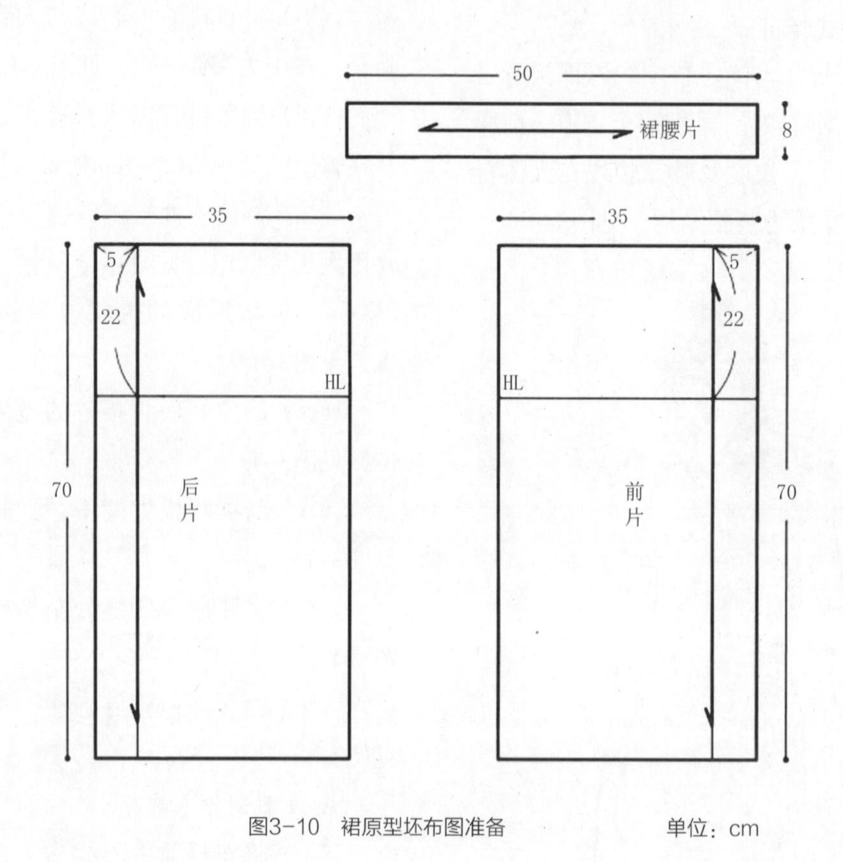

图3-10 裙原型坯布图准备 单位：cm

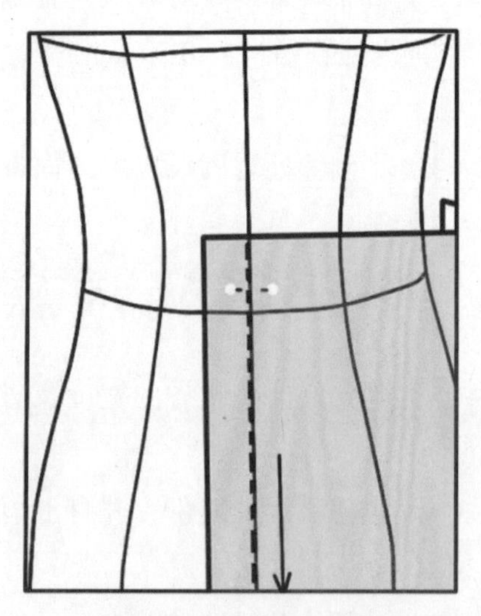

图3-11 裙原型立裁步骤图1

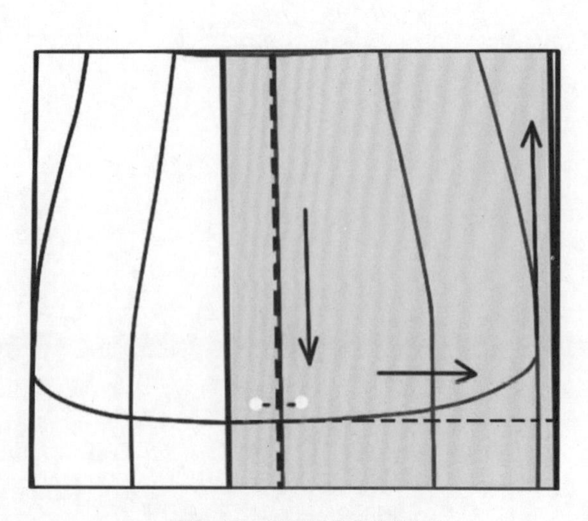

图3-12 裙原型立裁步骤图2

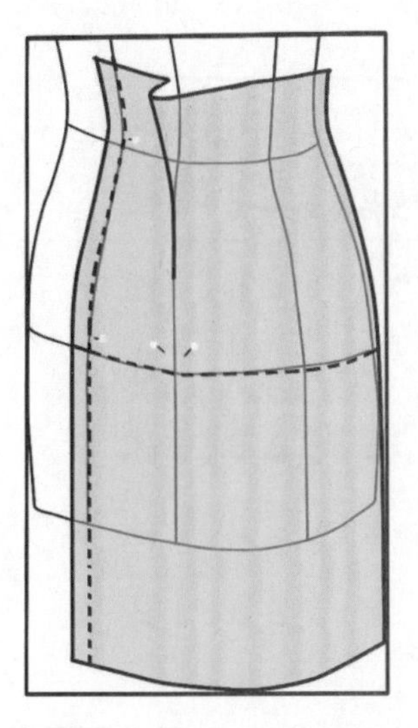

图3-13　裙原型立裁步骤图3

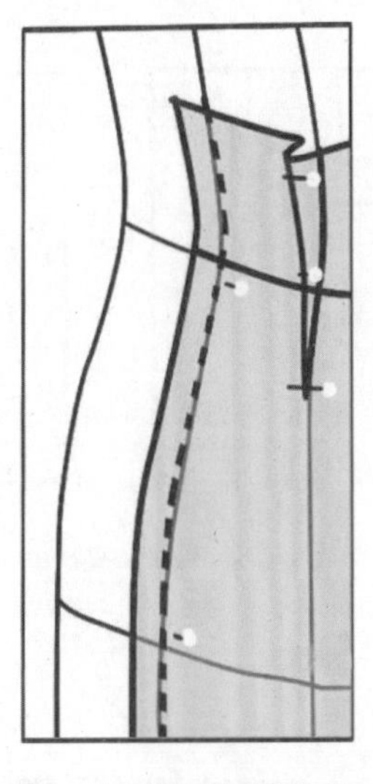

图3-14　裙原型立裁步骤图4

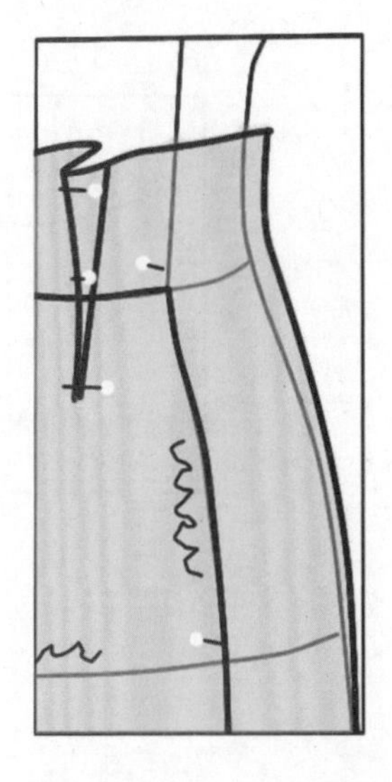

图3-15　裙原型立裁步骤图5

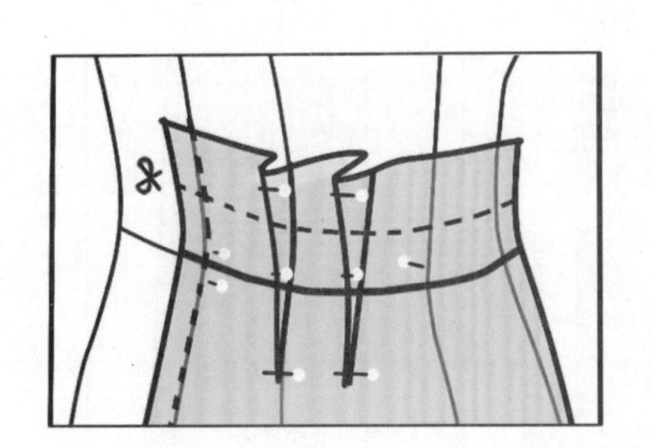

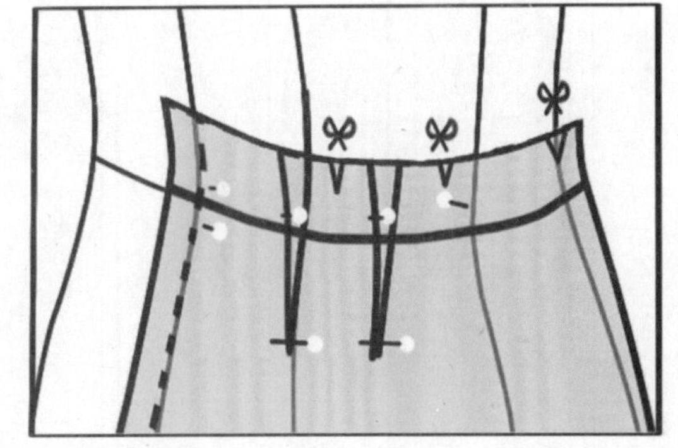

图3-16　裙原型立裁步骤图6

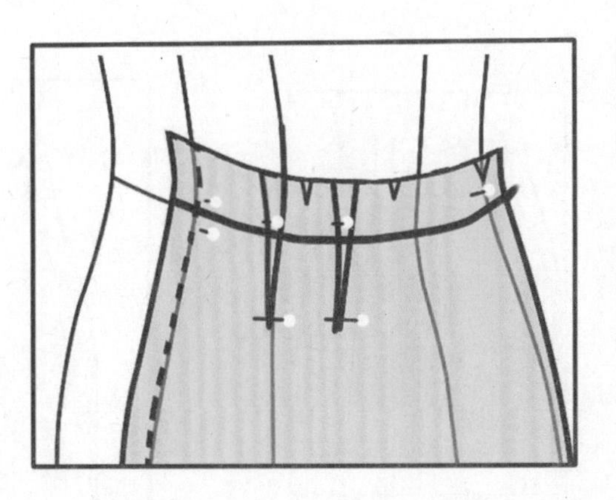

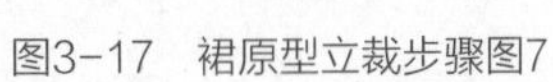

图3-17　裙原型立裁步骤图7

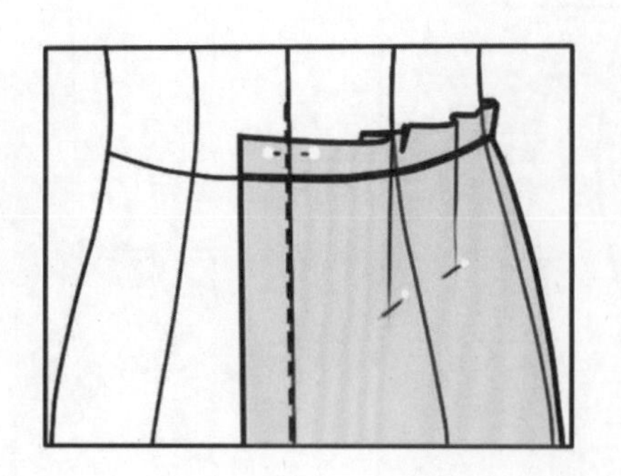
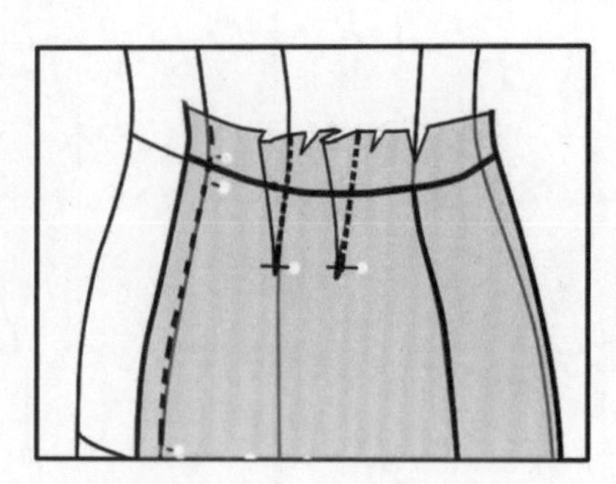

图3-18 裙原型立裁步骤图8

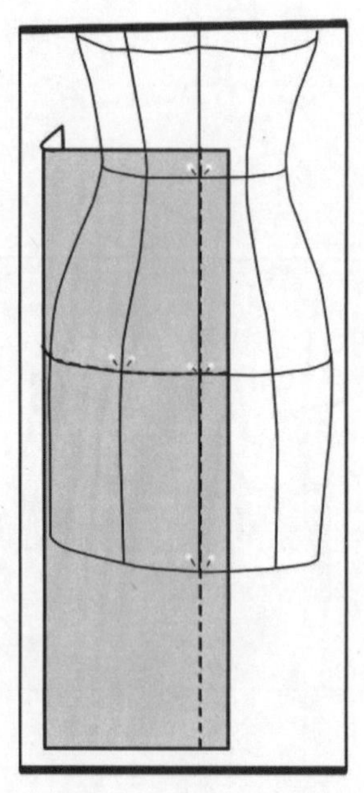

图3-19 裙原型立裁步骤图9

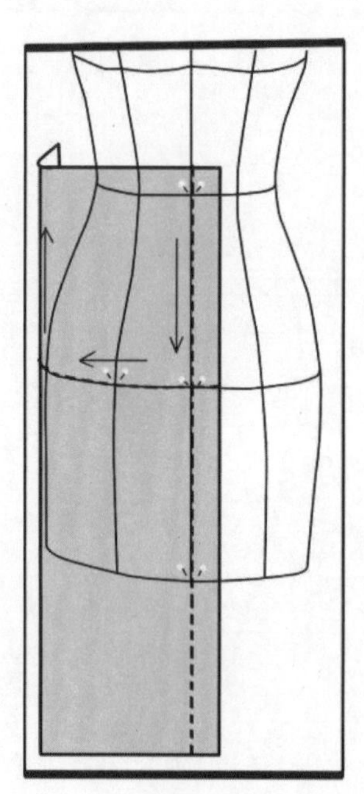

图3-20 裙原型立裁步骤图10

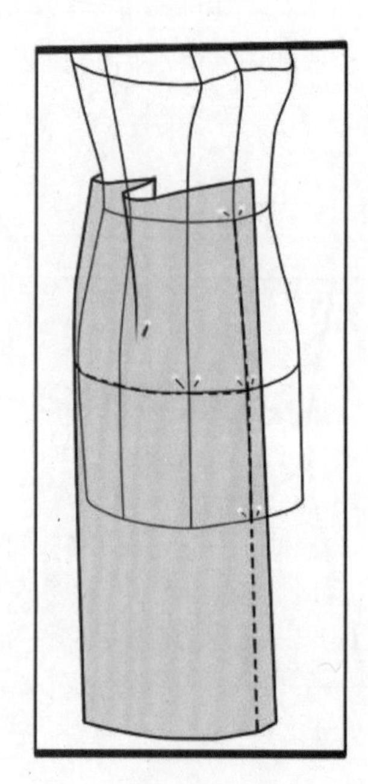

图3-21 裙原型立裁步骤图11

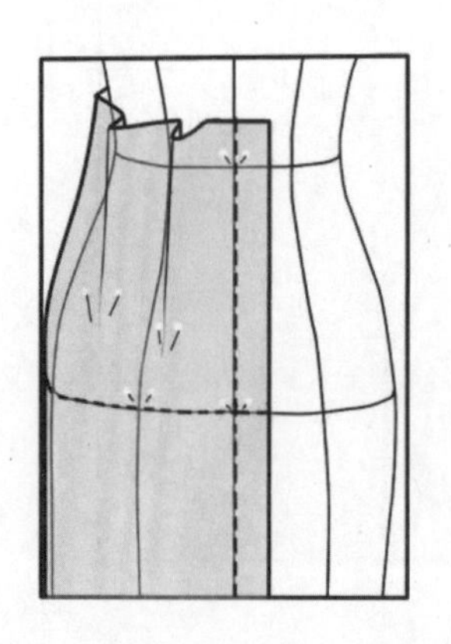

图3-22 裙原型立裁步骤图12

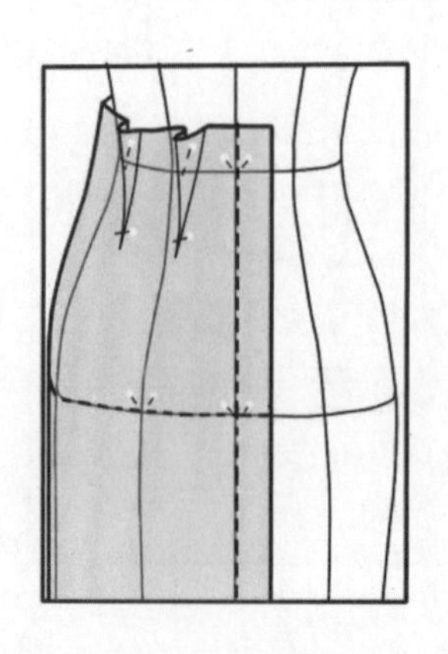
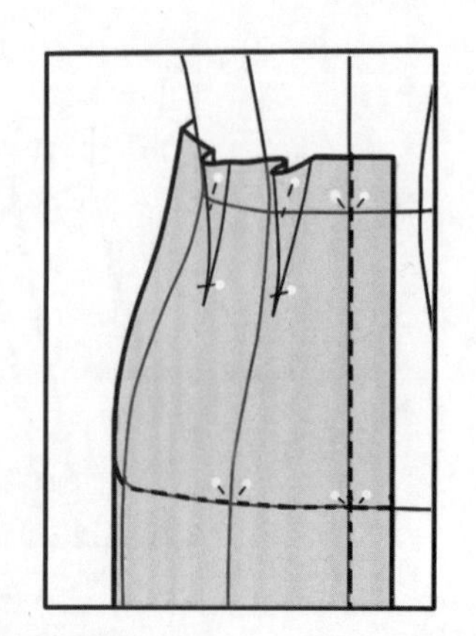

图3-23 裙原型立裁步骤图13

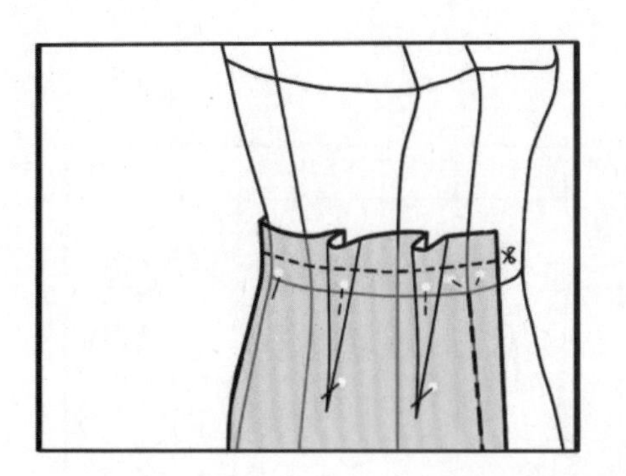
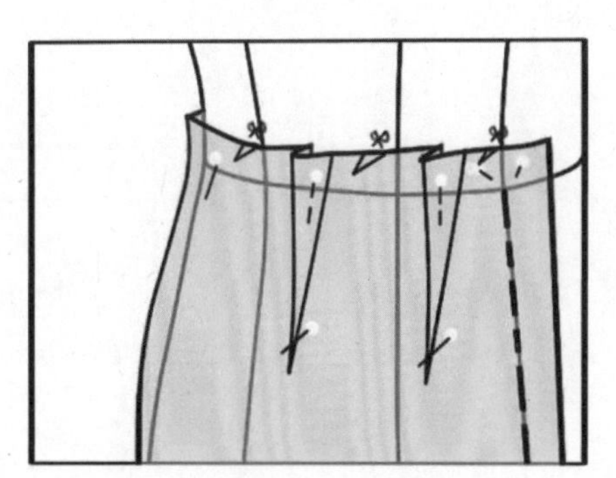

图3-24　裙原型立裁步骤图14

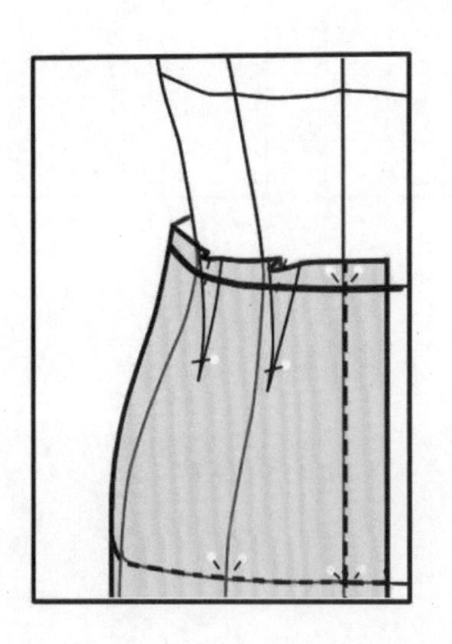
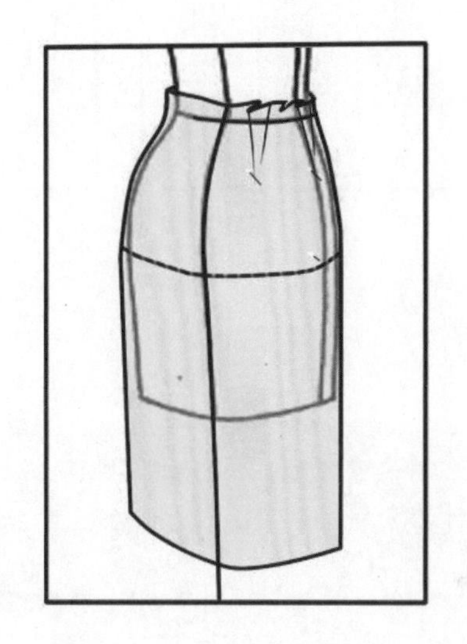

图3-25　裙原型立裁步骤图15

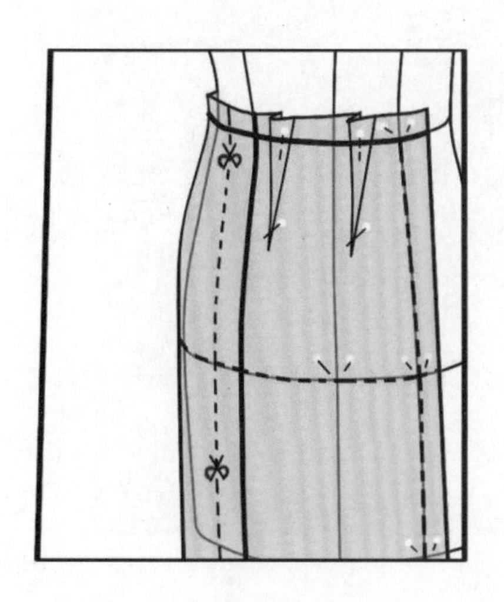

图3-26　裙原型立裁步骤图16

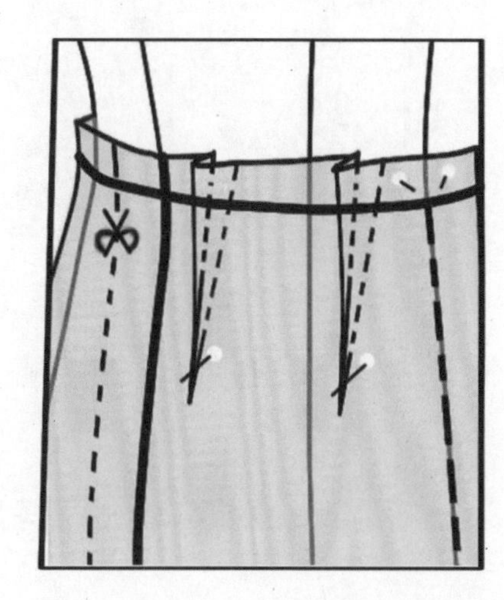

图3-27　裙原型立裁步骤图17

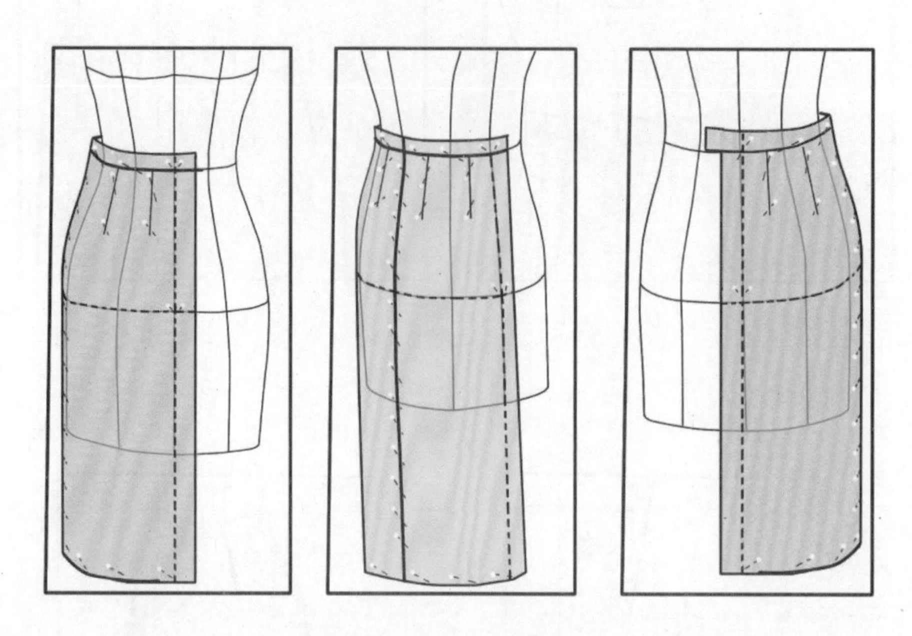

图3-28 裙原型立裁步骤图18

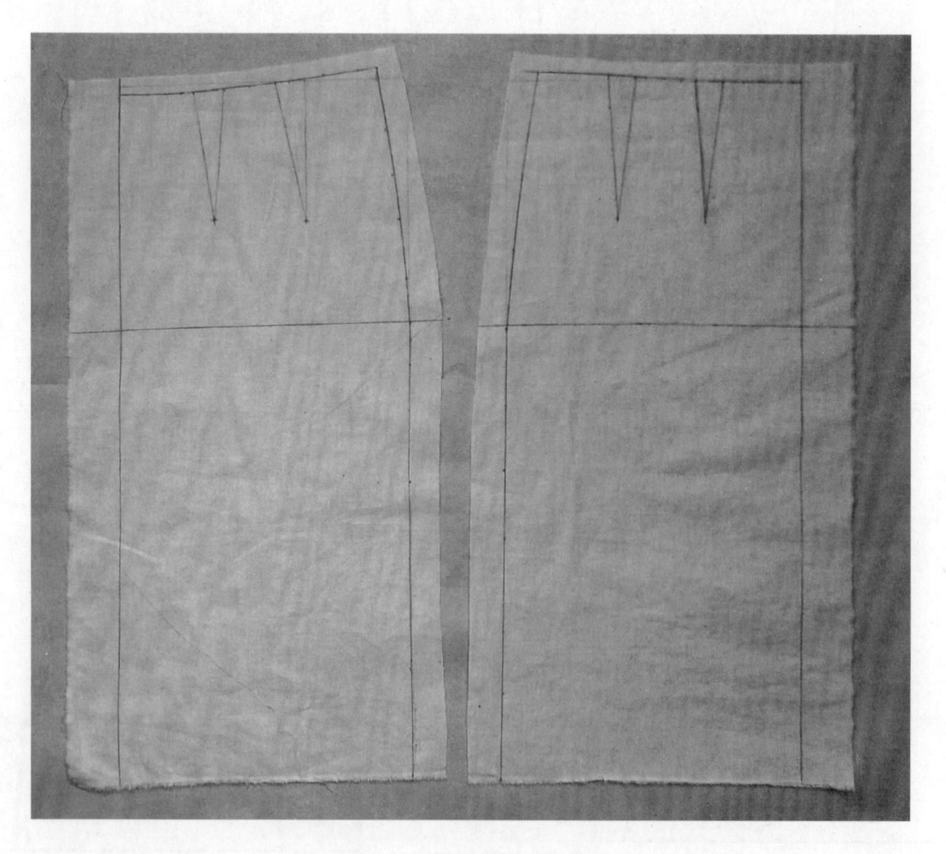

图3-29 裙原型立裁展平图

（三）裙装原型的平面结构

1. 规格设计

裙装原型的规格设计是以国家号型标准中女性中间体的人体尺寸为基础，再加放人体运动所需的最少松量进行确定的。

女性中间体的人体尺寸为：h=160cm，W*=68cm，H*=90cm

裙装原型的规格尺寸为：

腰围（W）=人体净腰围+最少松量=W*+2cm=70cm

臀围（H）=人体净臀围+最少松量=H*+4cm=94cm

臀长（HL）=人体臀长=18cm

裙长（SL）=人体膝长+腰宽= 57cm+3cm=60cm

2. 结构制图

如图3-30所示。

（1）画矩形基本框宽度为H/4+1，高度为裙长-3。

（2）画臀围线，上平线下18~20cm做平行线。

（3）定前腰围大，上平线往左量取W/4+1+0.5。

（4）将前腰围大至侧缝辅助线距离分成三等分。

（5）取靠近侧缝1/3点做直线连接臀围大点，在直线1/2处向外凸出0.5cm画弧线，并顺势延长0.7cm。

（6）前中腰围点做弧线连接至侧缝起翘0.7cm点，并分成三等分。

（7）在等分点上做省道，省中线垂直腰围线，省长为9cm，省宽为臀腰差的1/3 。

（8）画矩形基本框宽度为H/4-1，高度为裙长-3。

（9）画臀围线，上平线下18 ~ 20cm做平行线。

（10）定后腰围大，上平线往右量取W/4-1-0.5。

（11）将后腰围大至侧缝辅助线距离分成三等分。

（12）取靠近侧缝1/3点做直线连接臀围大点，在直线1/2处向外凸出0.5cm画弧线，并顺势延长0.7cm。

（13）后中腰围点低落1cm做弧线连接至侧缝起翘0.7cm点，并分成三等分。

（14）在等分点上做省道，省中线垂直腰围线，省长为10cm、11cm，省宽为臀腰差的1/3。

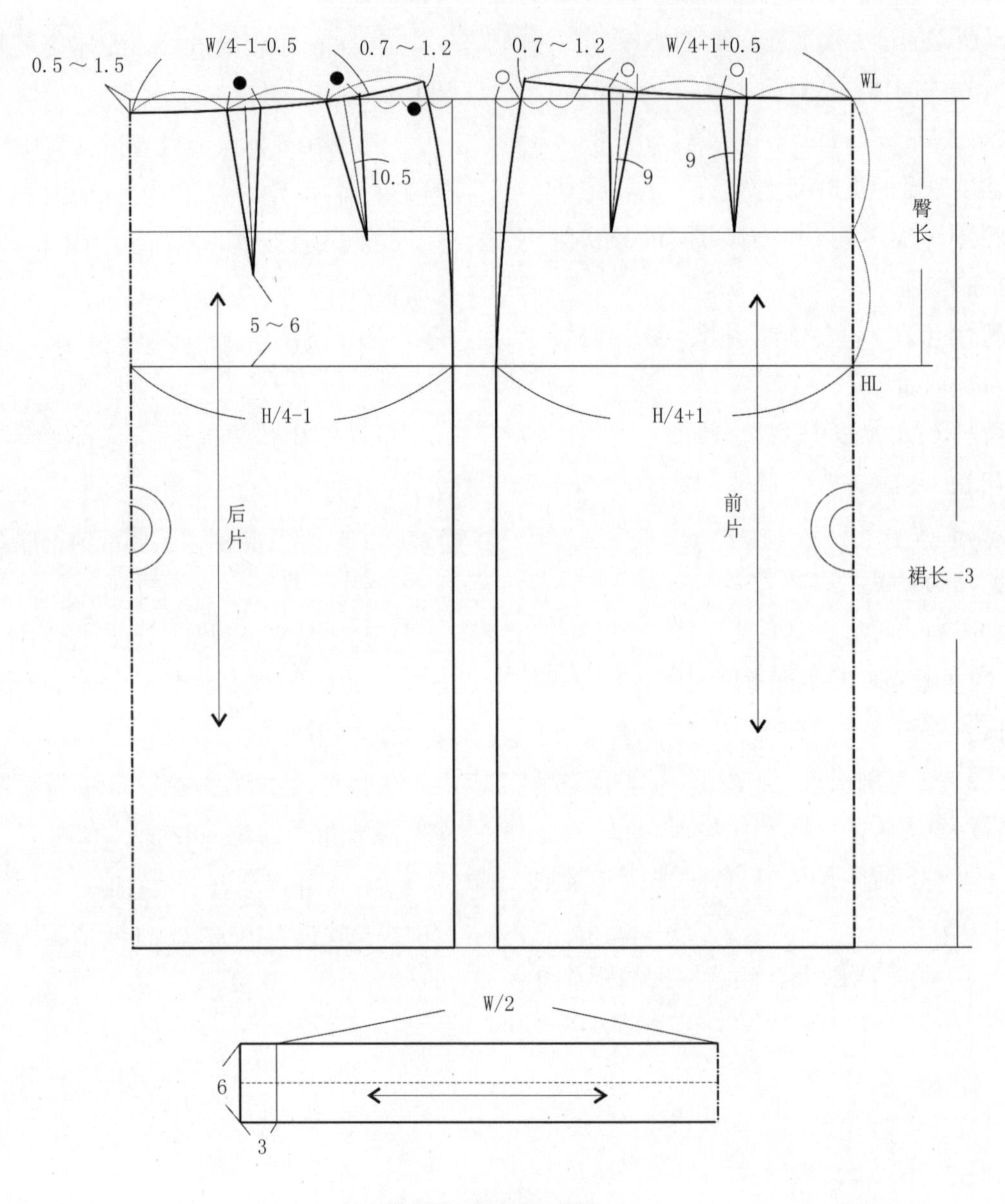

图3-30 裙原型结构图 单位：cm

第四节
裙装原型变化

一、A型裙结构

A型裙的裙摆量介于直身裙和波浪裙之间，其腰部设置2个省道（前片1个，后片1个），在臀围处加上较少的松量或不加，在裙装原型的基础上通过关闭省道获得裙摆展开量，裙长一般不长，见图3-31。

1. 规格设计

裙长=0.4h ± a（a为常量，视款式而定）

W=W*+0~2cm

H=H*+6~12cm

2. 结构制图

（1）按裙长、腰围、臀围和臀长制作裙原型结构图。

（2）由省尖点做垂直线向下，并沿线剪开，见图3-32。

（3）将前、后裙身省道各合并1/2使其底摆张开，侧缝向外加出1.5cm确定底摆大，并将底边线上抬10 ~ 15cm，确定新裙长，见图3-33。

（4）将前、后片所剩余的1/2省道移至腰围线中点重新画顺省宽及省长，并画顺裙外轮廓线，见图3-34。

图3-31　A型裙效果图

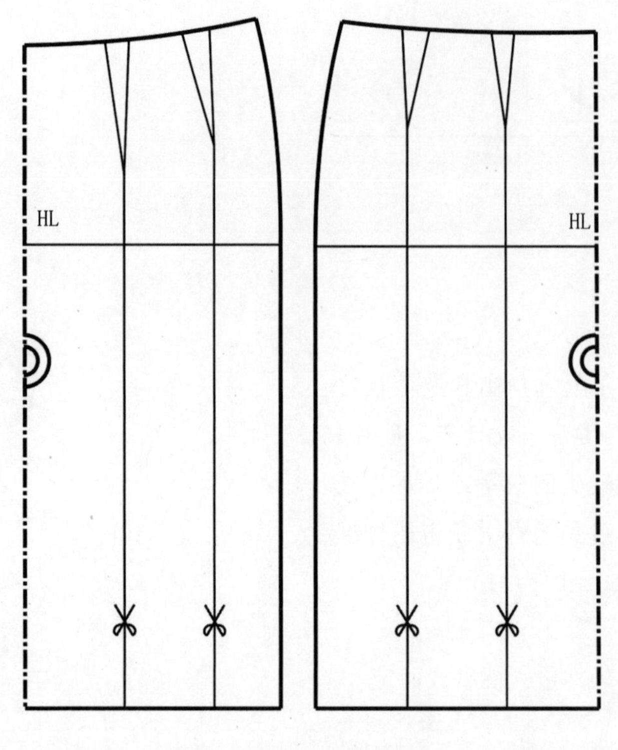

图3-32 A型裙结构步骤图1 单位：cm

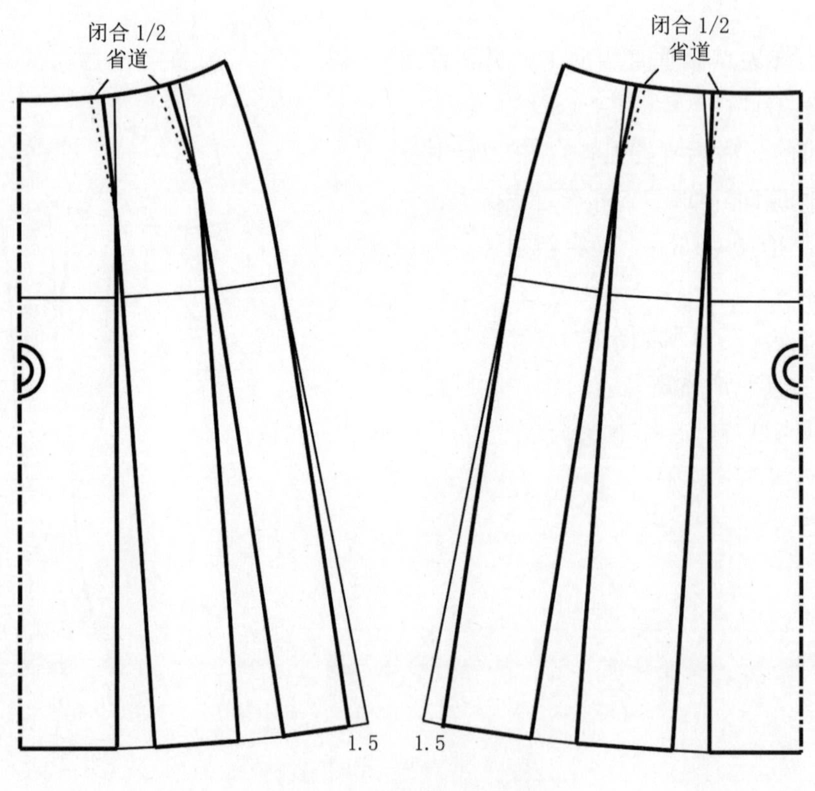

图3-33 A型裙结构步骤图2 单位：cm

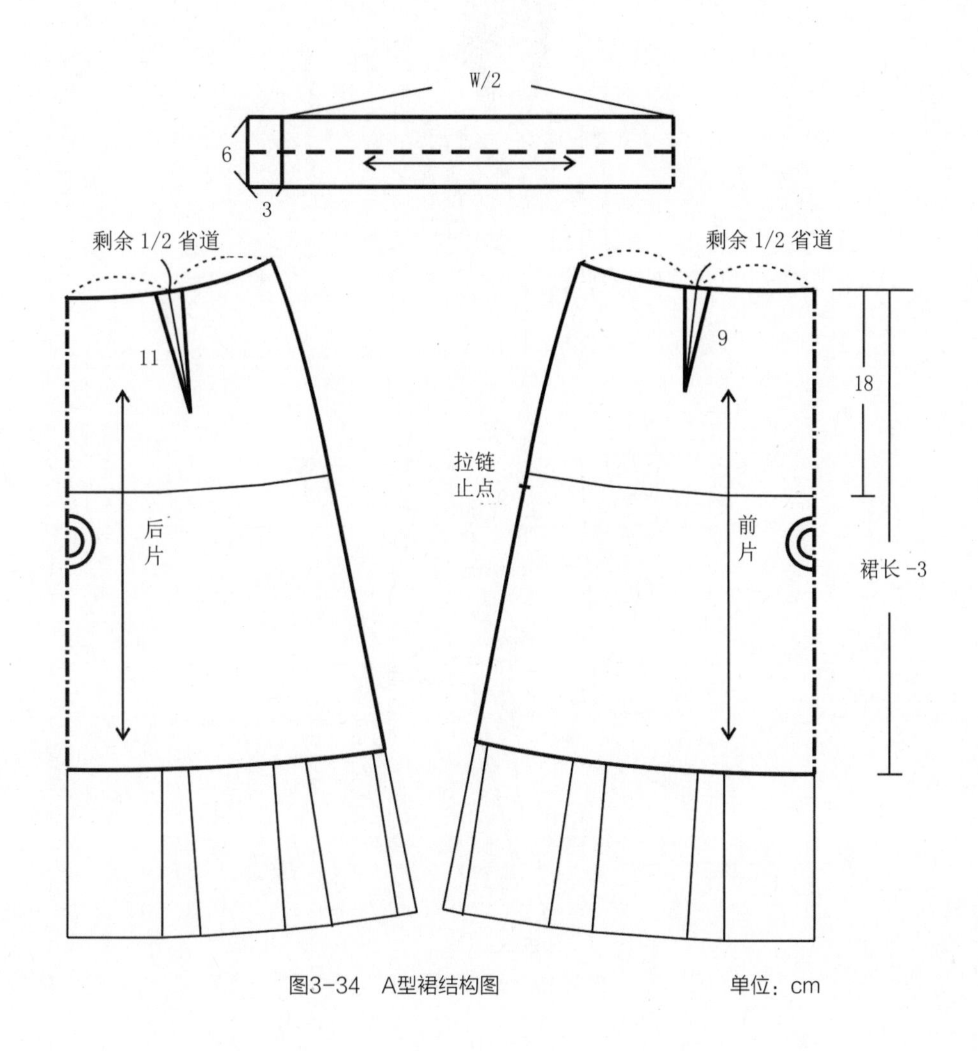

图3-34 A型裙结构图 单位：cm

二、波浪裙结构

波浪裙的结构随裙片的数量及裙摆的大小而变化。裙片数量有一片、两片、四片、六片、八片等形式，每片裙片的裙摆大小可用侧缝的斜角计算，见图3-35。

1. 规格设计

裙长=0.4h ± a~0.5h ± a（a为常量，视款式而定）

W=W*+0~2cm

H=H*+12cm以上

2. 结构制图

（1）按裙长、腰围、臀围和臀长制作裙原型结构图。

（2）由省尖点做垂直线向下，并沿线剪开，见图3-36。

（3）将前、后裙身省道合并使其底摆张开，侧缝向外加出3 ~ 4cm确定侧缝线，见图3-37。

（4）将合并后自然形成的裙摆继续展开，增加裙摆量以便自然下垂后形成波浪造型，见图3-38。

图3-35 波浪裙效果图

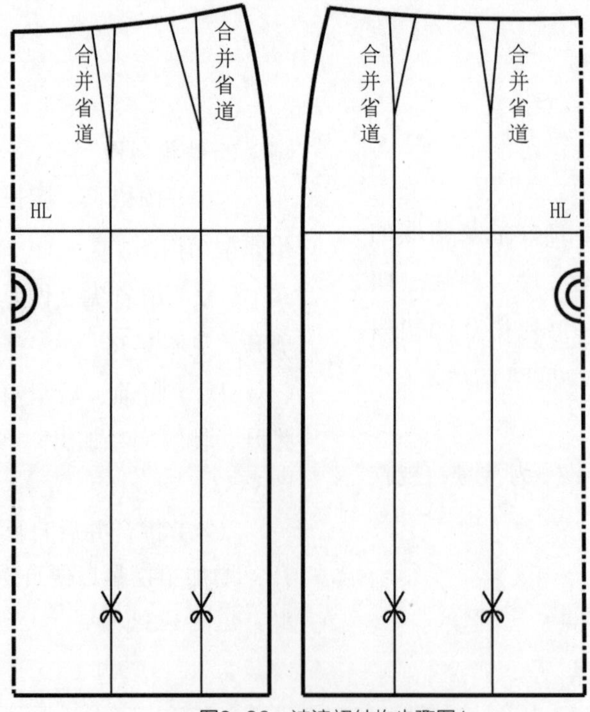

图3-36 波浪裙结构步骤图1

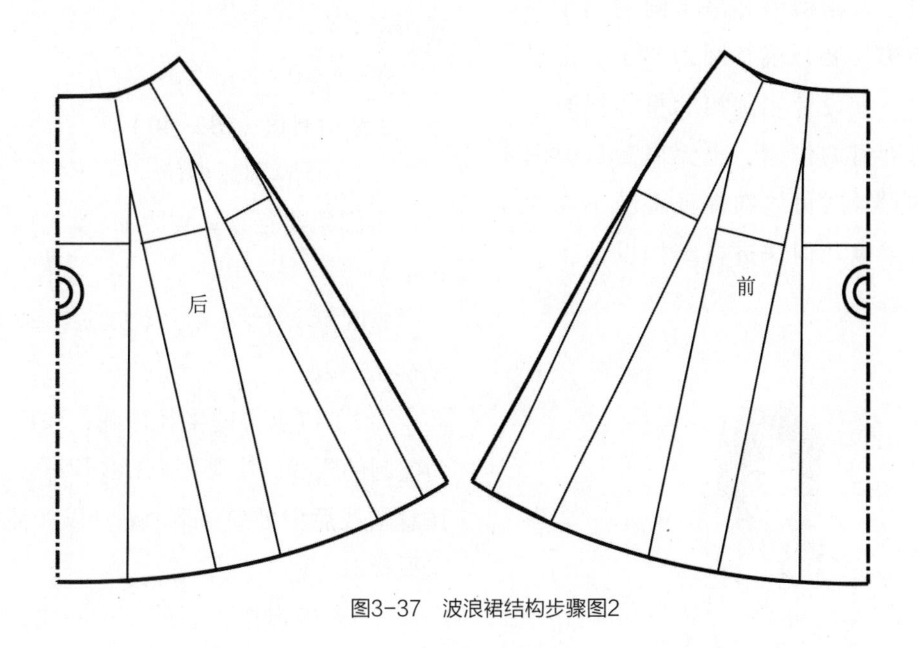

图3-37　波浪裙结构步骤图2

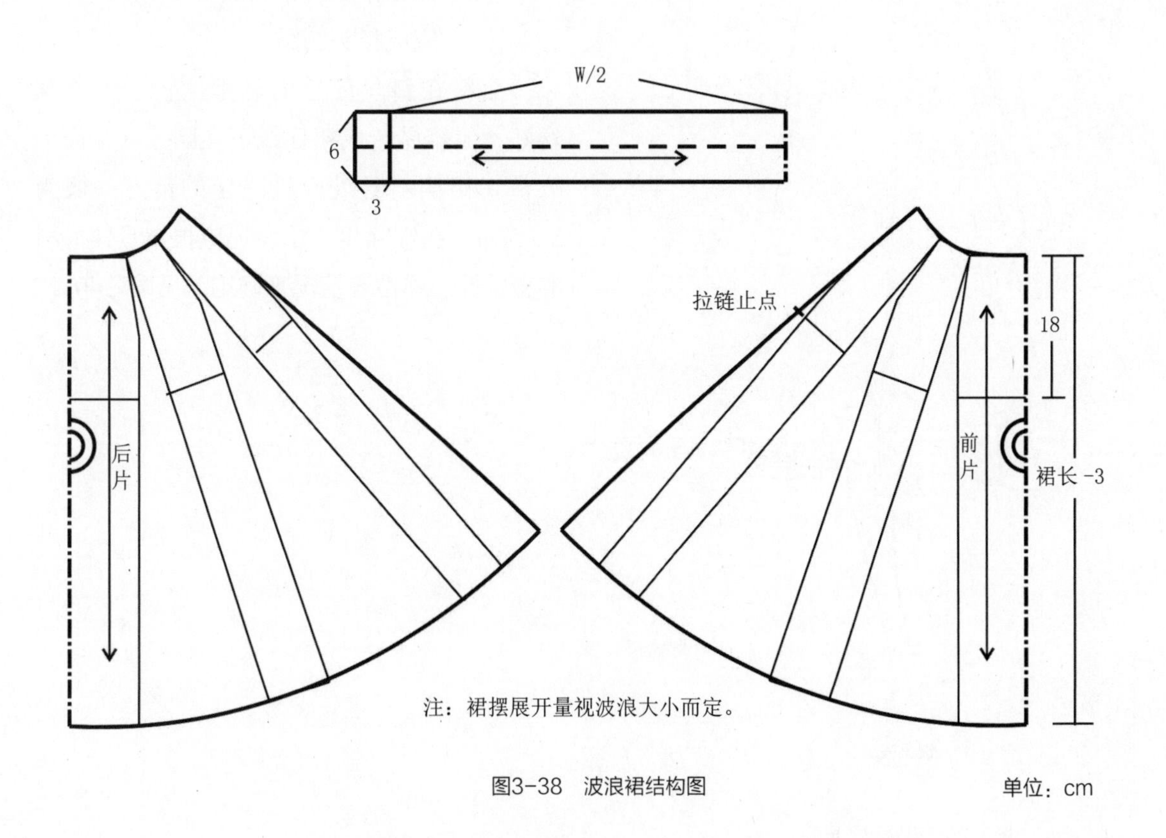

图3-38　波浪裙结构图　　单位：cm

三、半圆裙和整圆裙

半圆裙是指裙摆展开呈半圆的裙子，整圆裙是指裙摆展开成整圆的裙子。由于裙摆量很大，在设计半圆裙和整圆裙时，完全可以舍弃省的作用，也无需测量臀围规格。结构设计时可以在保证腰围不变的情况下直接采取几何法进行结构设计，见图3-39。

图3-39　整圆裙效果图

1. 规格设计

裙长=0.4h ± a ~ 0.5h ± a（a为常量，视款式而定）

W=W*+0 ~ 2cm

2.结构制图（图3-40）

（1）计算圆弧半径。

半圆裙半径 r = W / π =W/3.14≈W/3-1cm。

整圆裙半径 r = W /（2× π）=W/6.28≈W/6-0.5cm。

（2）以求得的半径作圆，取1/4圆弧作为整圆的腰线，半圆则取1/8圆弧作为腰线。注意腰线后中处应下降1cm，以保证裙摆的水平状态。

（3）确定裙长、前后中心线，并作裙摆线。

（4）修正裙摆线，完成裙身制图。

（5）完成腰头制图。

面料在斜丝位置的悬垂性较直丝和横丝好，但容易造成裙摆线不在同一水平面，故常在裙摆斜丝处收进一定的量，一般为3 ~ 5cm，在实际生产中，还应根据具体面料的悬垂性、弹性等情况来确定，见图3-40。

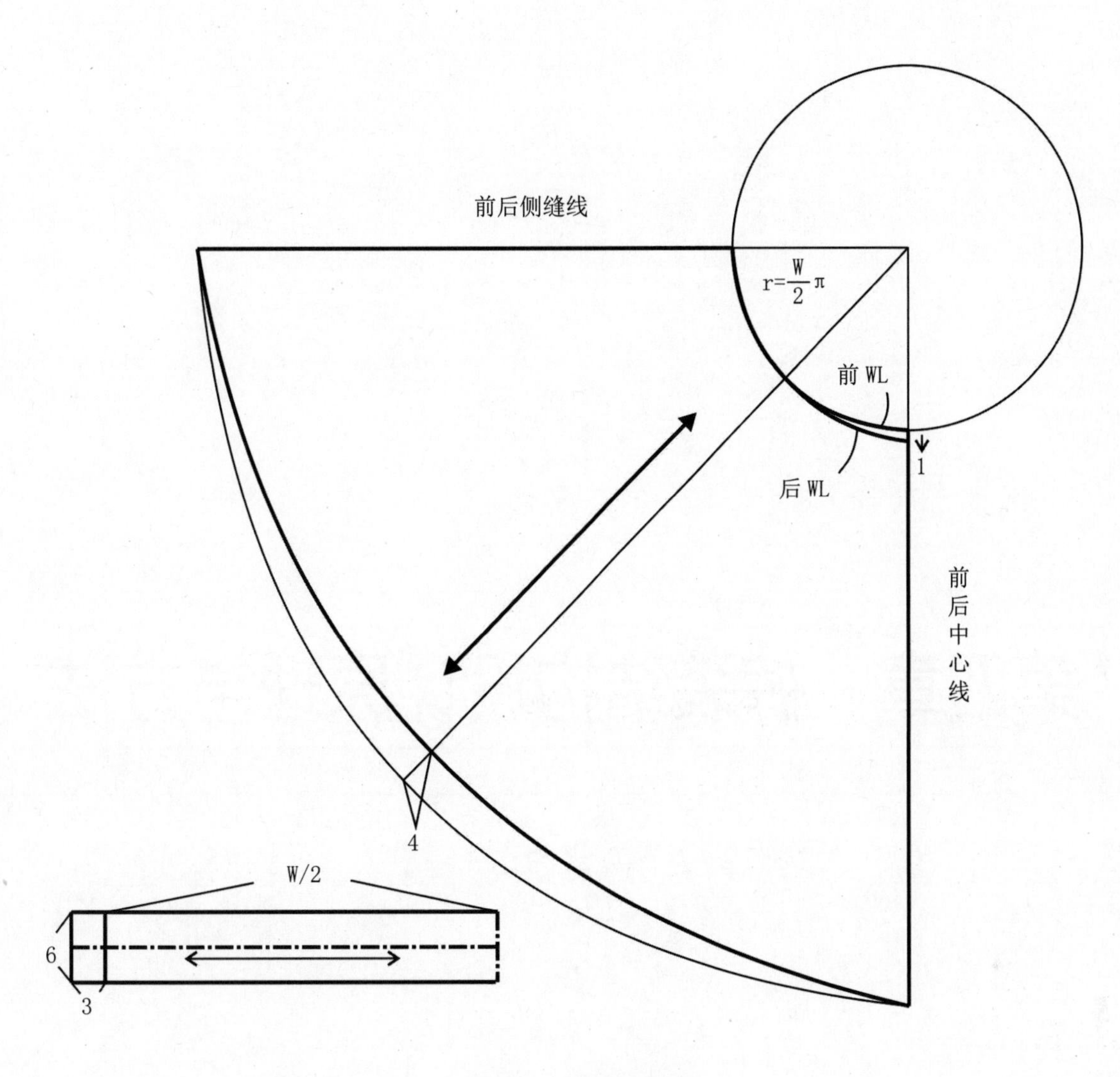

图3-40 整圆裙结构图

第四章　裤装结构设计原理与方法

第一节
裤装结构分类

裤装是包覆在人体下肢部位的服装，腰、臀部位穿着状态和裙子相同，从横裆线以下则分开呈左右裤筒包覆着左右腿的筒状造型。

（一）按臀围的加放松量进行分类

见图4–14（a）。

合体型裤：裤臀围加放松量为0～6cm，见图4–1。

较合体型裤：裤臀围的加放松量为6～12cm，见图4–2。

较宽松型裤：裤臀围的加放松量为12～18cm，见图4–3。

宽松型裤：裤臀围的加放松量为18cm以上，见图4–4。

（二）按长度进行分类

见图4–14（b）。

超短裤：裤长＜0.4h－15cm，见图4–5。

短裤：裤长为（0.4h－15cm)~(0.4h＋5cm），见图4–6。

中裤：裤长为（0.4h+5cm)~0.5h，见图4–7。

中长裤：裤长为0.5h~(0.5 h+10cm)，见图4–8。

长裤：裤长为（0.5h+10cm)~(0.6h+2cm)，见图4–9。

（三）按脚口尺寸大小分类

直筒裤：裤脚口=0.2H~（0.2H+5cm），中裆量与裤脚口量基本相等，见图4–10。

瘦脚裤：裤脚口≤0.2H－3cm，见图4–11。

裙裤：裤脚口≥0.2H+10cm，见图4–12。

喇叭裤：中裆小于脚口，见图4–13。

（四）按腰线位置分类

见图4–14（b）。

按腰线位置可分为高腰裤、中腰裤、低腰裤和超低腰裤。

（五）按性别、年龄分类

按性别、年龄可分为男裤、女裤和童裤等。

（六）按穿着层次分类

按穿着层次可分为内裤和外裤等。

除此之外，还可以按穿着场合、用途、材料等属性来分类。

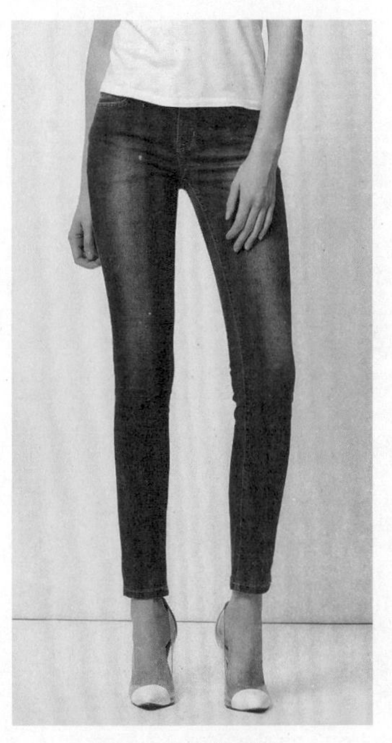

图4–1 合体型裤

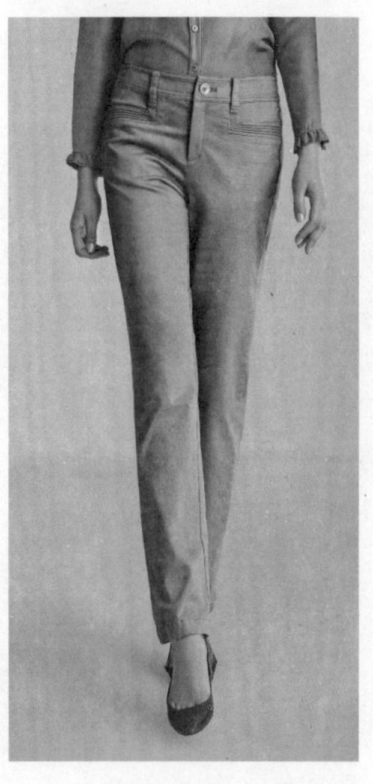

图4–2 较合体型裤

图4-3 较宽松型裤

图4-4 宽松型裤

图4-5 超短裤

图4-6 短裤

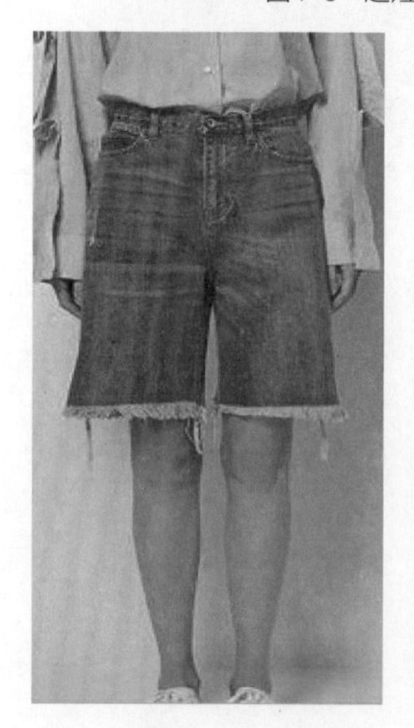

图4-7 中裤

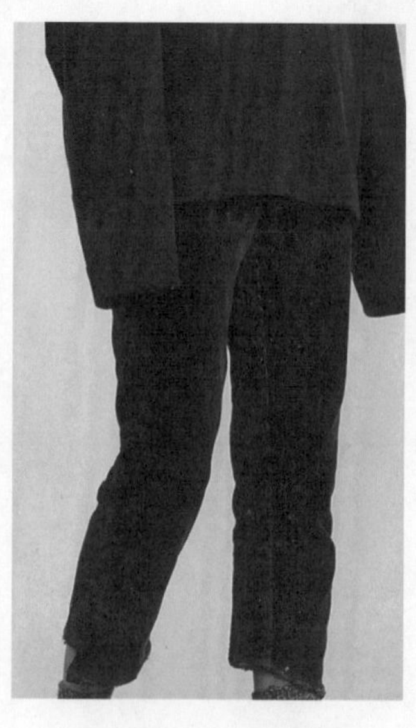

图4-8 中长裤

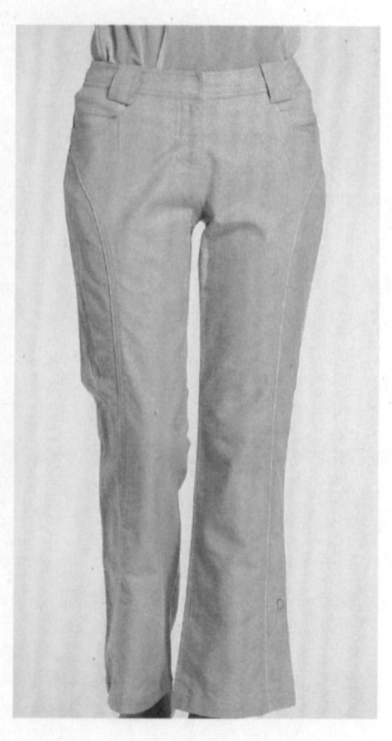

图4-9 长裤

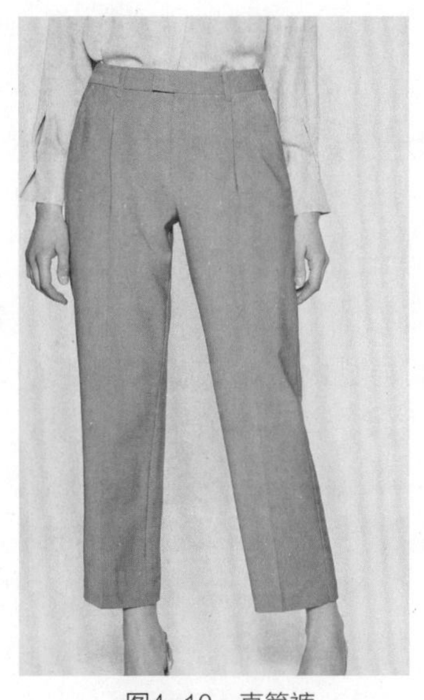

图4-10 直筒裤

图4-11 瘦脚裤

图4-12 裙裤

图4-13 喇叭裤

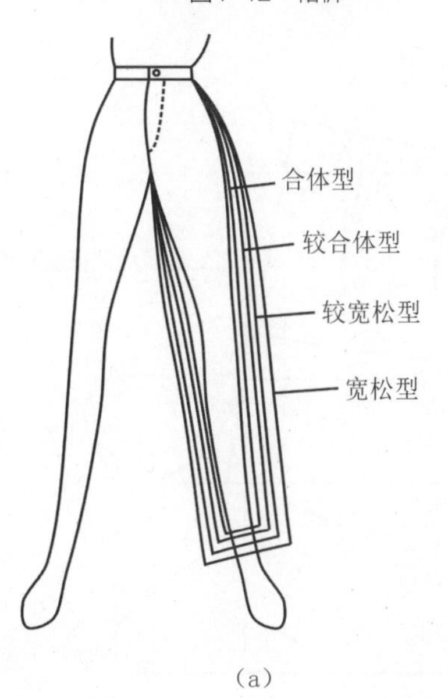

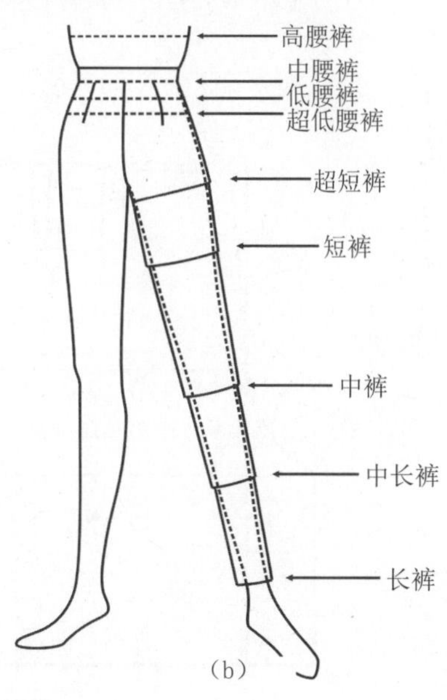

图4-14 裤装示意图

第二节 裤装结构设计方法解析

一、裤装上裆部位运动松量的设计

根据分析运动时，人体后上裆的运动变形率为20%左右，按标准计算，裤装运动变形量约为4.5~5cm，这个量在裤装结构中处理为：人体后上裆运动变形量（裤装后上裆运动松量）=后上裆垂直倾斜角增大产生的增长量+上裆开低量+材料弹性伸长量，见图4-15。

裤上裆运动松量等于后上裆倾斜增长量，一般用于合体裤型。

裤上裆运动松量等于上裆开低量，一般用于宽松裤型。

裤上裆运动松量等于后上裆倾斜增长量+上裆开低量，一般用于较宽松和较合体类裤型。

后上裆倾斜角的设计：裙裤型0；宽松裤型0~8°，见图4-16（a）；较宽松裤型8°~10°，见图4-16（b）；较合体裤型10°~15°(常用10°~12°)，见图4-16（c）；合体裤型为15°~20°，见图4-16（d）。

后上裆倾斜增长量：根据面料弹性及裤装后上裆倾斜角度，增长量约为0~3cm，合体程度越高，相应的增长量则越大。

上裆长较人体上裆开低量：裙裤型为3cm；宽松裤型为2~3cm，见图4-16（a）；较宽松裤型为1~2cm，见图4-16（b）；较合体裤型为≤1cm，见图4-16（c）；合体裤型为0，见图4-16（d）。

在材料拉伸性能好且裤装主要考虑静态美观时，后上裆倾斜角≤12°。

在材料拉伸性能差且裤装主要考虑动态舒适性时，后上裆倾斜角应趋于15°。

生活用合体裤型常用15°~17°，运动类合体裤型常用17°~20°。

二、裤前上裆部位结构处理

裤前上裆部位的结构设计主要考虑静态的合体性。人体前腹部呈弧形，故裤前上裆部位应适合人体，需在前部增加倾斜角，使前上裆倾斜，见图4-17。

前上裆倾斜角（前上裆腰围处撇进量）为1cm左右。

在特殊的情况下，当腰部不做省道、褶裥时，为解决前部腰臀围差，该撇进量要≤2cm。

裤下裆缝在裙裤造型时，其前后下裆缝

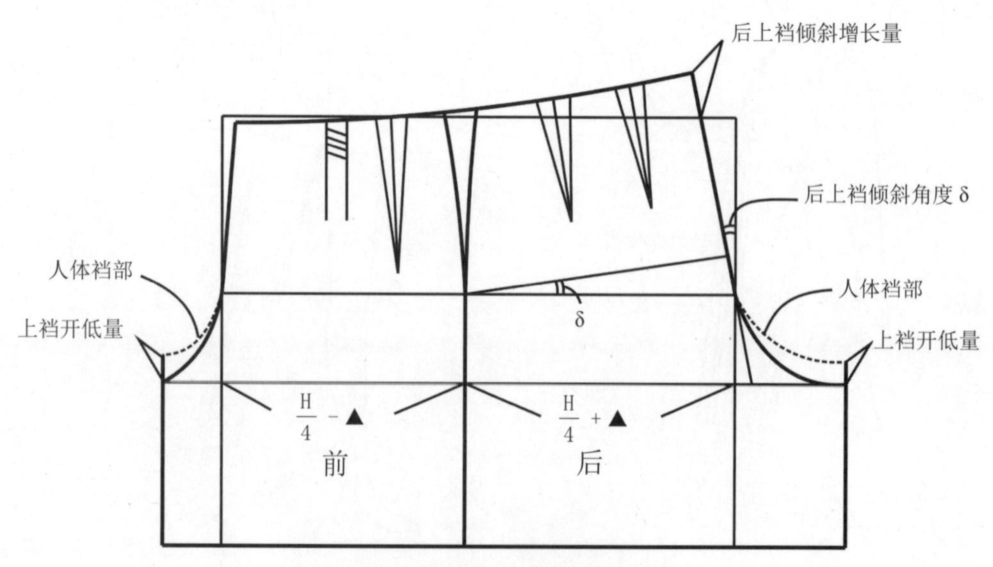

图4-15 上裆松量设计

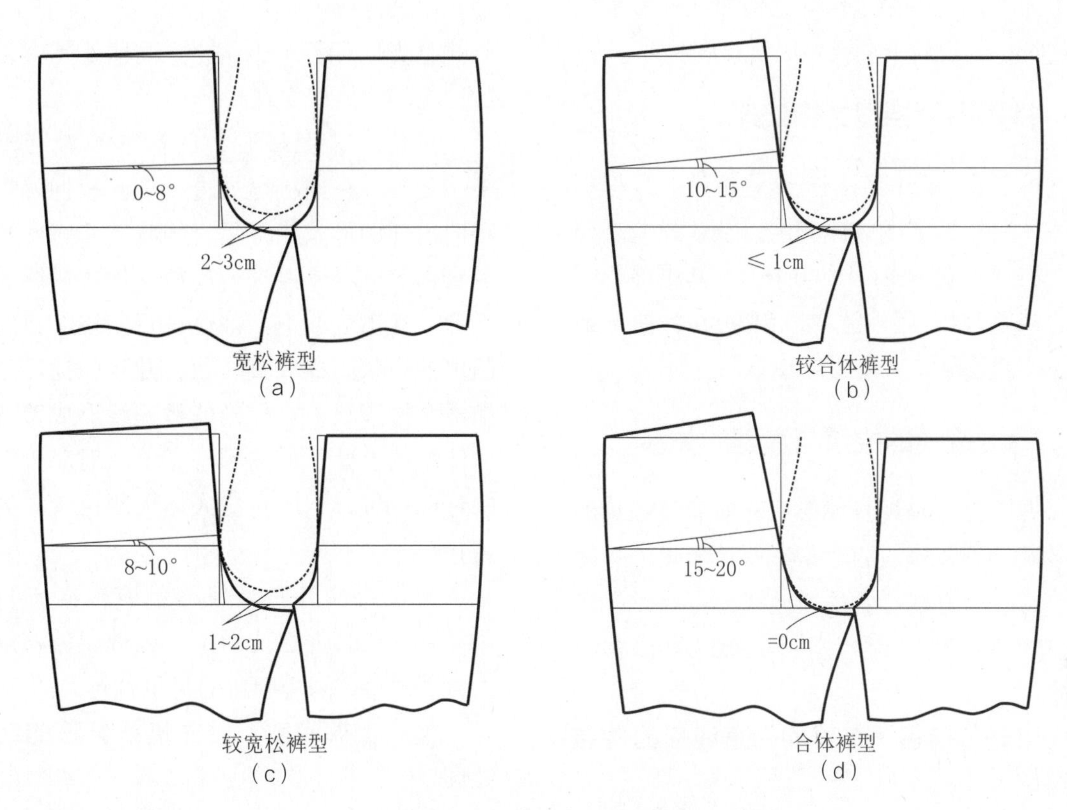

图4-16　宽松型上裆倾斜角及开低量

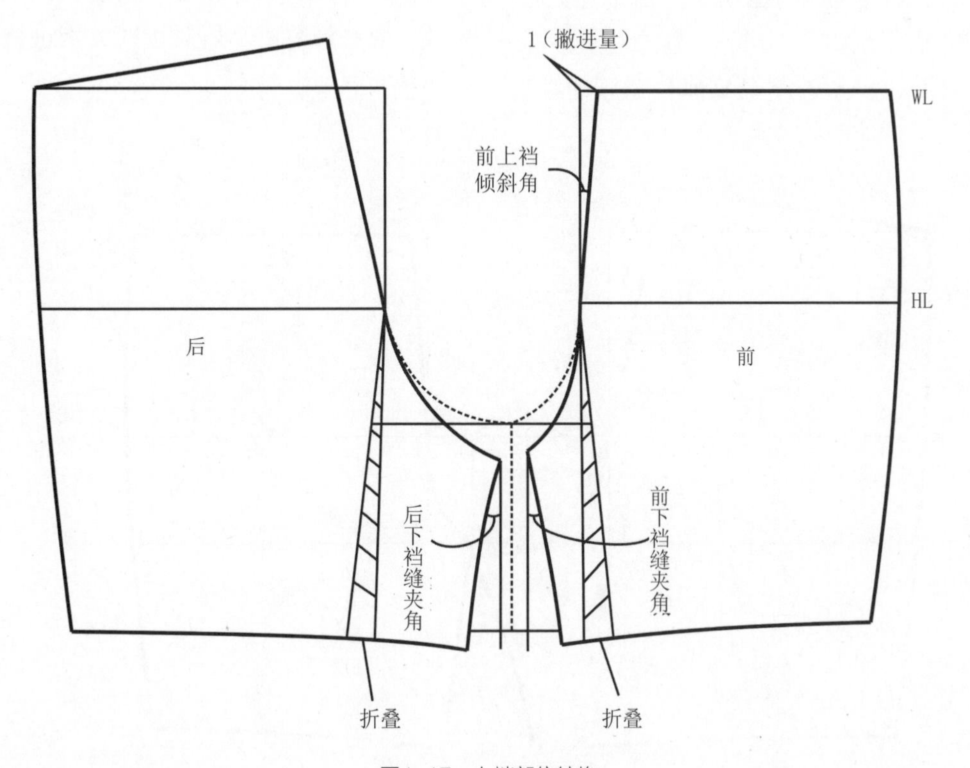

图4-17　上裆部位结构

夹角为0°，当由裙结构向其他瘦腿裤型裤装变化时，其前后下裆缝角度就相应增大。

三、裤装前后裆宽结构处理

裤装在进行前后裆宽结构设计时，根据人体体型、裤装的合体程度以及款式造型要求，裆宽一般取0.13H～0.16H，其中前裆宽取总裆宽1/4，后裆宽取总裆宽3/4，便可适应各种裤装需要，见图4-18。

四、裤烫迹线的位置与造型的关系

裤烫迹线是裤身成形后，前、后裤身的成形线。裤烫迹线的造型有两种形式：一是前烫迹线为直线形，后烫迹线为直线形；二是前烫迹线为直线形，后烫迹线为凹凸状合体形。

（一）前后烫迹线均为直线形的裤装结构

前烫迹线位于外侧缝至前裆宽点的1/2处上下，后烫迹线位于外侧缝至后裆宽点的1/2处上下，此类结构为基本裤装结构。

（二）前烫迹线为直线型、后烫迹线为合体形的裤装结构

前烫迹线位于外侧缝至前裆宽点的1/2处，后烫迹线位于外侧缝至后裆宽点的1/2向外侧缝方向偏移0~2cm处。偏移量越大，后烫迹线的合体程度越高。

后烫迹线偏移后，后裤片须进行熨烫工艺处理，在内裆缝处进行拔开拉伸处理，将向内凹的形状拔开呈直线状，并将内裆缝裤身部分向烫迹线进行归烫，使烫迹线变成弧形。在侧缝线上裆部位进行归拢，将向外凸出的形状归拢成直线状，并将归拢后的量推烫至烫迹线，这样则使烫迹线形成符合人体体型的上凸下凹的形态，上凸对应于人体的臀部位置，下凹对应人体大腿位置，见图4-19。

烫迹线偏移时，偏移量应根据裤装使用面料的可拉伸性能而定，烫迹线偏移量越大，其裤身需采用归拔的量也就越大。

（三）裤装前、后烫迹线偏移的结构处理

在休闲裤装中，烫迹线往往不需烫出，常采用将前、后烫迹线向侧缝偏移的结构处理。前、后烫迹线的最大偏移为使前后侧缝呈现直线状态，此外当烫迹线出现扭曲状时，应对裤装前、后烫迹线分别进行向侧缝偏移处理。

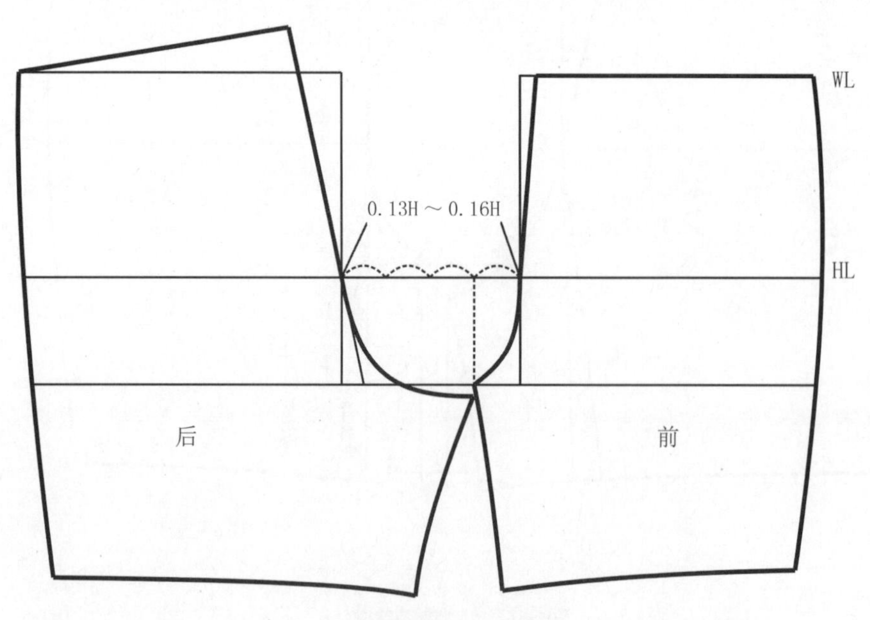

图4-18 裆宽示意图

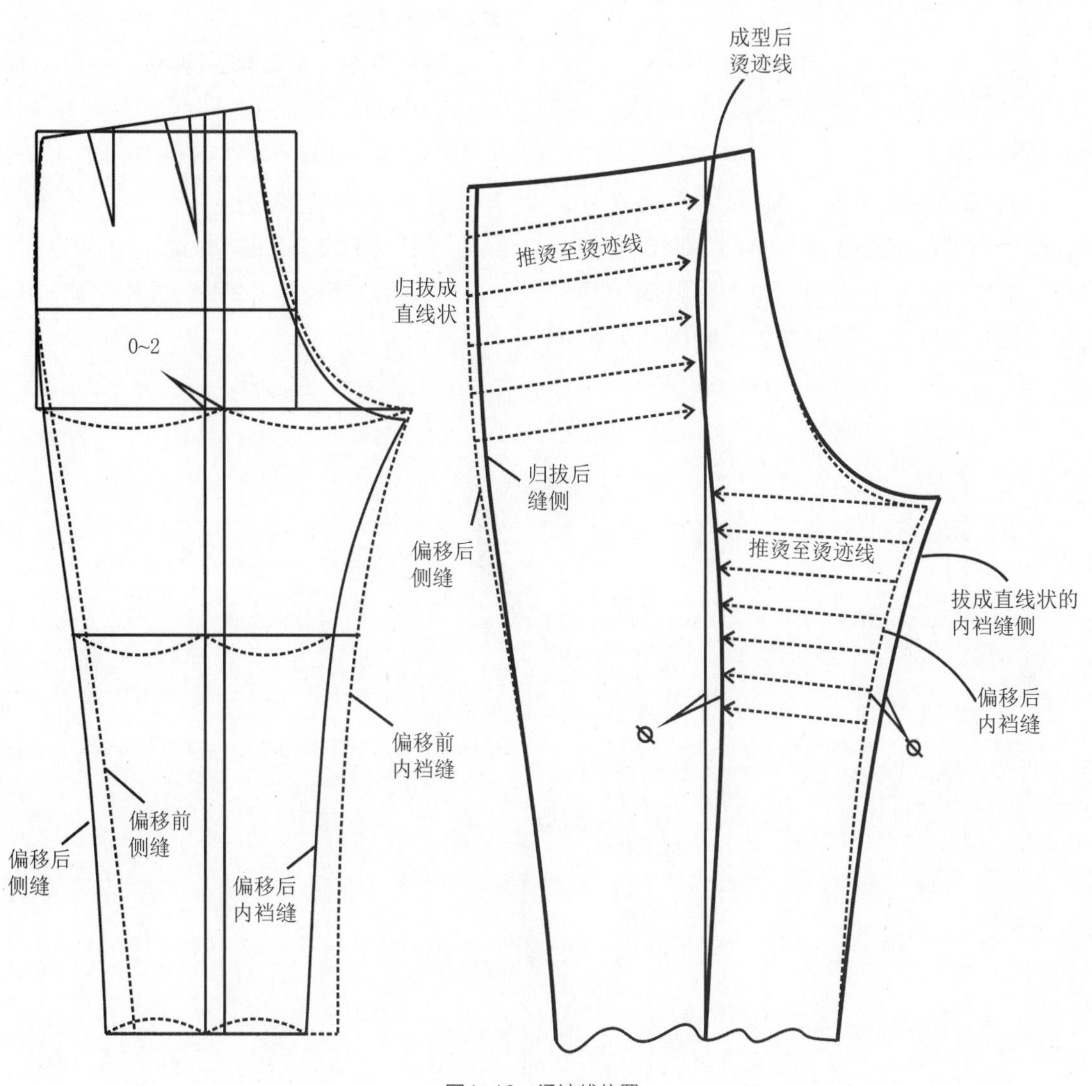
0~2
偏移前
侧缝
偏移后
侧缝
偏移前
内裆缝
偏移后
内裆缝
成型后
烫迹线
推烫至烫迹线
归拔成
直线状
归拔后
缝侧
偏移后
侧缝
推烫至烫迹线
拔成直线状的
内裆缝侧
偏移后
内裆缝

图4-19　烫迹线位置

第三节
裤装原型结构设计

1. 规格设计

腰臀部位贴合人体，前后片各设置一个省道，横裆部位较合体，中裆与脚口大小相同，整体裤筒呈直线型，与人体腿部较贴合，长度至脚踝处，腰线在人体腰围线处，裤腰为装腰结构，见图4-20。

裤装原型的规格尺寸为：

腰围（W）=人体净腰围+最少松量=W*+2cm=70cm。

臀围（H）=人体净臀围+松量= H*+10cm=100cm。

上裆长（BR）=0.25H+（3~4）cm= 28~29cm（含3cm腰宽）。

裤长（TL）=0.6h=96cm

脚口宽（SB）=0.2H ± a(a为常量)=20cm

图4-20 裤原型效果图

2. 结构制图（图4-21）

（1）画上平线、下平线确定裤长，需减去腰头宽度。

（2）由上平线向下量取上裆长，需减去腰头宽度。

（3）取上裆长下1/3处作臀围线。

（4）取前、后臀围尺寸分别为H/4-1、H/4+1。

（5）前上裆宽为0.4H/10，后上裆宽为1.1H/10。

（6）前裆倾斜1cm，做前裆弧线；后上裆倾斜角为10°～12°,后上裆开低量为1cm，后上倾斜增长量为2cm。

（7）取前、后腰围尺寸分别为W/4+0.5+省（2cm）、W/4-0.5cm+省(3cm)。

（8）前、后裤脚口尺寸分别为SB-2cm、SB+2cm。

（9）前、后裤中裆大尺寸分别为中裆大-2cm、中裆大+2cm，中裆大为脚口宽+2cm。

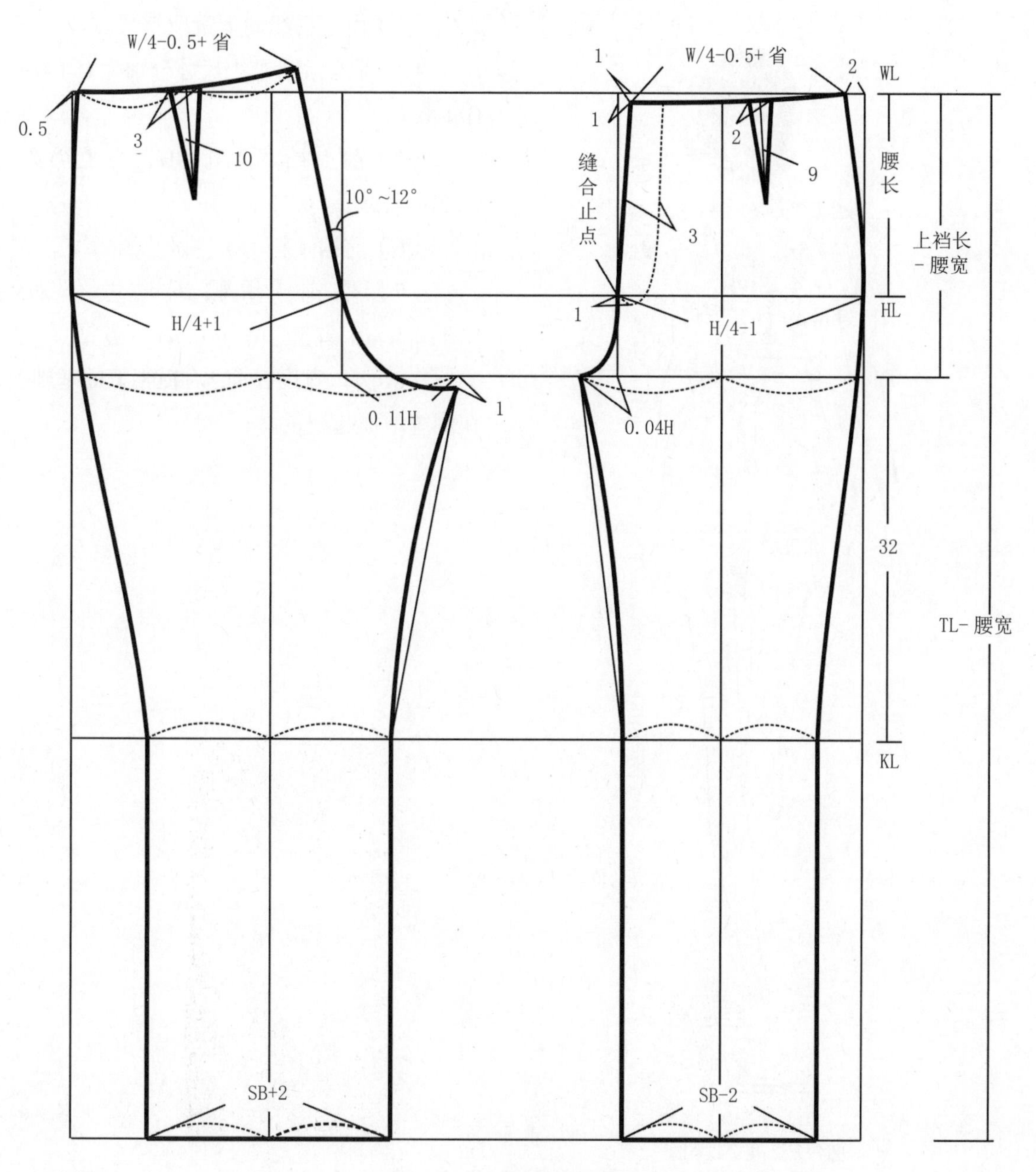

图4-21　裤原型结构图　　单位：cm

第四节 裤装原型变化

一、裙裤结构设计

裙裤结构是裙装结构向裤装结构演变的最初结构模式，即只增加上裆部，裤口扩展做成裙式，见图 4-22。

图4-22 裙裤效果图

1. 规格设计

TL（裤长）=0.4h~0.5h+a(a 为常量，视款式而定)=68cm

W（腰围）= W*+2cm=70cm

H（臀围）= H*+10cm=100cm

BR(上裆长)= 0.25H+(3~4)cm = 28cm（含 3cm 腰宽）

SB（脚口宽）> 0.2H+10cm

2. 结构制图（图4-23）

（1）画上平线、下平线确定裤长。

（2）由上平线向下量取上裆长。

（3）由上平线向下量取臀长。

（4）取前、后臀围尺寸分别为 H/4+0.5、H/4-0.5。

（5）前上裆宽为 0.09H，后上裆宽为 0.12H，总裆为 0.21H。

（6）前裆倾斜 1cm，做前裆弧线。

（7）取前、后腰围尺寸分别为 W/4+0.5cm + 省量、W/4-0.5cm+ 省量。

（8）脚口宽度在前、后横裆宽的基础上，在侧缝增加起翘量。

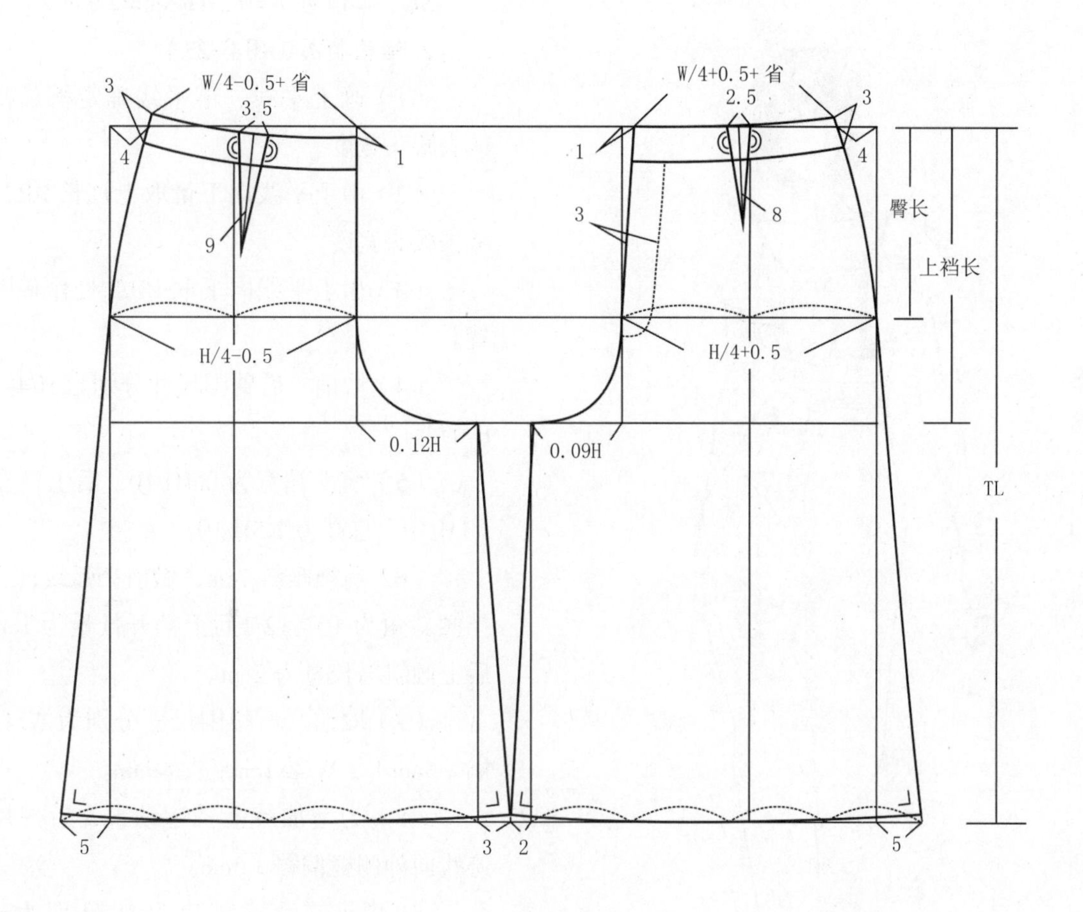

图4-23 裙裤结构图 单位：cm

二、较贴体女西裤

较贴体风格的裤身，前裤身作裥，后裤身收省，直筒造型，见图 4-24。

图4-24 较贴体女西裤效果图

1. 规格设计

TL（裤长）=0.6h+2cm=98cm

W（腰围）= W*+2cm=70cm

H（臀围）= H*+6~12cm=96~102cm

BR（上裆长）=0.25H+（3~4）cm= 28cm（含 3cm 腰宽）

SB（脚口宽）=0.2H+2cm=22cm

2. 结构制图（图4-25）

（1）画上平线、下平线确定裤长，需减去腰头宽度。

（2）由上平线向下量取上裆长 BR，需减去腰头宽度。

（3）由上平线向下取 BR/3 处作臀围位置。

（4）取前、后臀围尺寸分别为 H/4-1、H/4+1。

（5）前上裆宽为 0.4H/10，后上裆宽为 1.1H/10，总裆为 1.5H/10。

（6）前裆倾斜 1cm，做前裆弧线；后上裆倾斜角为 10°~12°，后上裆开低量为 1cm，后上倾斜增长量为 2cm。

（7）取前、后腰围尺寸分别为 W/4-1+裥（5cm）、W/4+1cm+ 省 (4cm)。

（8）为增加裤上裆运动量，后裤片烫迹线向外侧缝偏移 1.5cm。

（9）前、后裤脚口尺寸分别为 SB-2cm、SB+2cm。

（10）前、后裤中裆大尺寸分别为中裆大 -2cm、中裆大 +2cm，中裆大为脚口宽 +2cm。

（11）门襟长为臀线下 2cm，宽为 3.5cm；里襟与门襟同长。

（12）腰头宽度作 6cm，长为腰围加叠门宽 3.5cm。

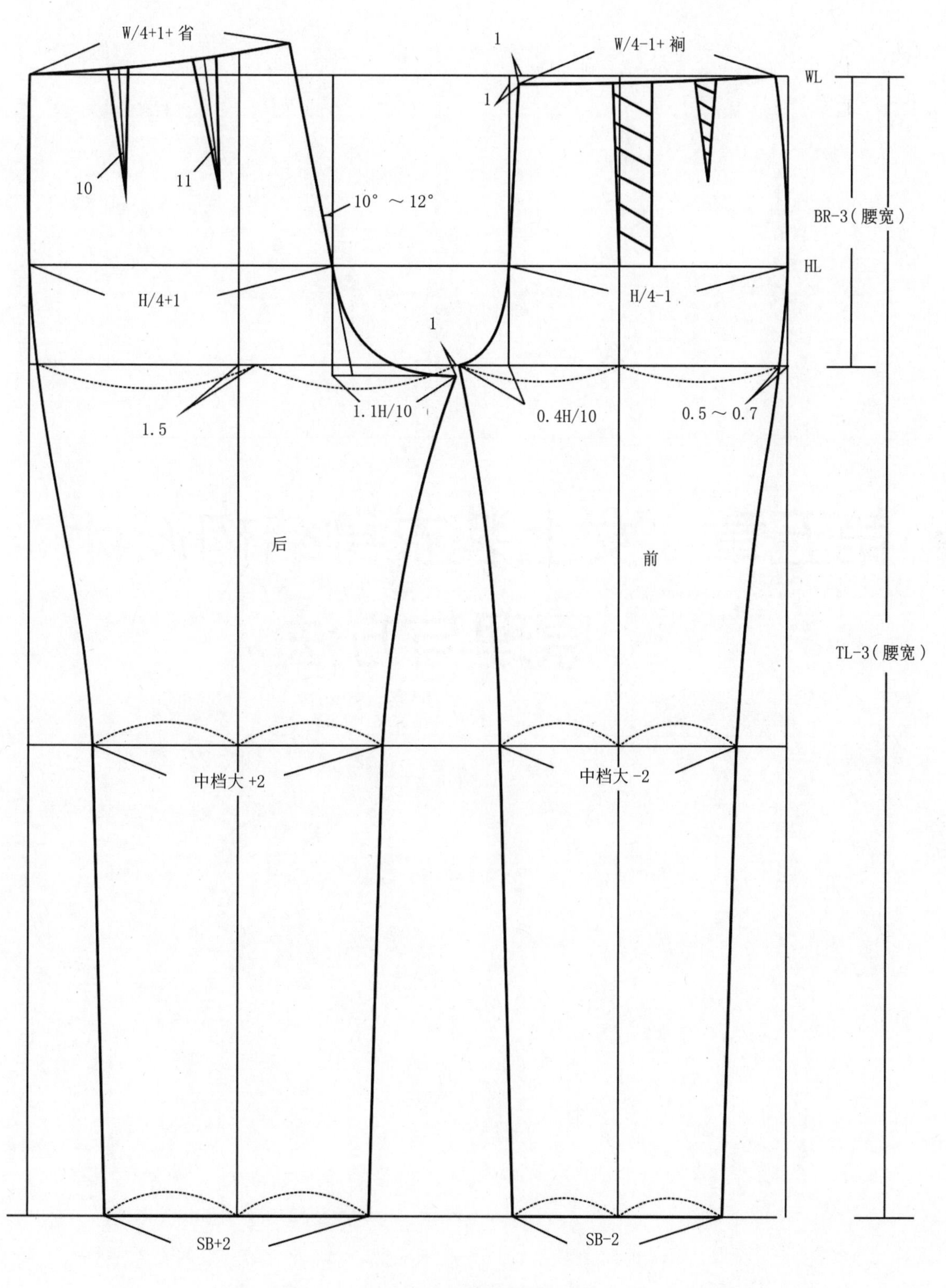

图4-25　较贴体女西裤结构图　　单位：cm

第五章　女上装衣身结构设计原理与方法

第一节 女上装衣身原型

原型是服装纸样中最基础的纸样。

按部件分，包括衣身原型、袖身原型、裙装原型、裤原型和连体原型。

按性别年龄分，包括儿童原型、少女原型、女子原型和男子原型。

按衣身的立体构成形态分，包括箱形原型和梯形原型。

一、衣身原型立体构成

将前后衣身原型的布样覆合于人台上，把在胸围线以上所产生的浮余量，分别在前后原型衣身的有关部位进行消除，根据胸围线以上浮余量的消除方法，衣身原型可分为下列两种类型。

（一）箱形原型

将前后衣身的前后中心线、胸围线与人台上所贴的标志线（前后中心线、胸围线）对齐后，把前衣身胸围线以上的浮余量推移至袖窿处，形成袖窿省，后衣身浮余量推移至肩缝处形成后肩省，展开后形成的原型纸样。我国的东华原型（图5–16）和日本文化式（第八代）原型（图5–17）皆属此种原型。

（二）梯形原型

将前后衣身的前后中心线、胸围线与人台上所贴的标志线（前后中心线、胸围线）对齐后，把前衣身胸围线以上的浮余量全部向下推移向袖窿以下，使之与胸围线以下的腰部浮余量合成一体，后衣身浮余量推移至肩缝处形成后肩省，展开后形成的原型纸样。日本文化式（第七代）原型属于此类原型。

（三）箱形原型立裁制作

1. 面料预裁（图5–1）

2. 前片取样

（1）布料上中心线与人台中心线对齐（前颈点上空留8~10cm，前中可空留至右BP点），见图5–2。

（2）BP点处预留0.5~0.7cm，稍往前推，以不影响前中心线纱向为宜，见图5–3。

（3）BP点正上面沿直丝推至颈侧附近，定针，见图5–4。

（4）预剪领圈弧线，空留1cm，并打剪口，见图5–5。

（5）构筑侧面立体面（1~1.5cm），见图5–6。

（6）将布料上的胸围线与人台上的胸围线对齐，见图5–7。

（7）在侧面定一直纱，见图5–8。

（8）围绕BP点做省，先做袖窿省，再做腰省，见图5–9。

3. 后片

（1）布料上中心线与人台后中心线对章，后颈点空留5cm，见图5–10。

（2）肩胛骨处将多余量沿直丝缕方向从肩胛骨推向颈侧点，清剪领口，并打剪口，见图5–11。

（3）肩胛骨放0.5cm松量，双针固定，见图5–12。

（4）在背宽直线处沿横丝缕方向将余量推至肩端点附近，见图5–13。

（5）做好后转折面，在侧面钉一针，见图5–14。

（6）捏取腰省和肩省，见图5–15。

（7）将别样获得的布样转换为平面纸样，见图5–16。

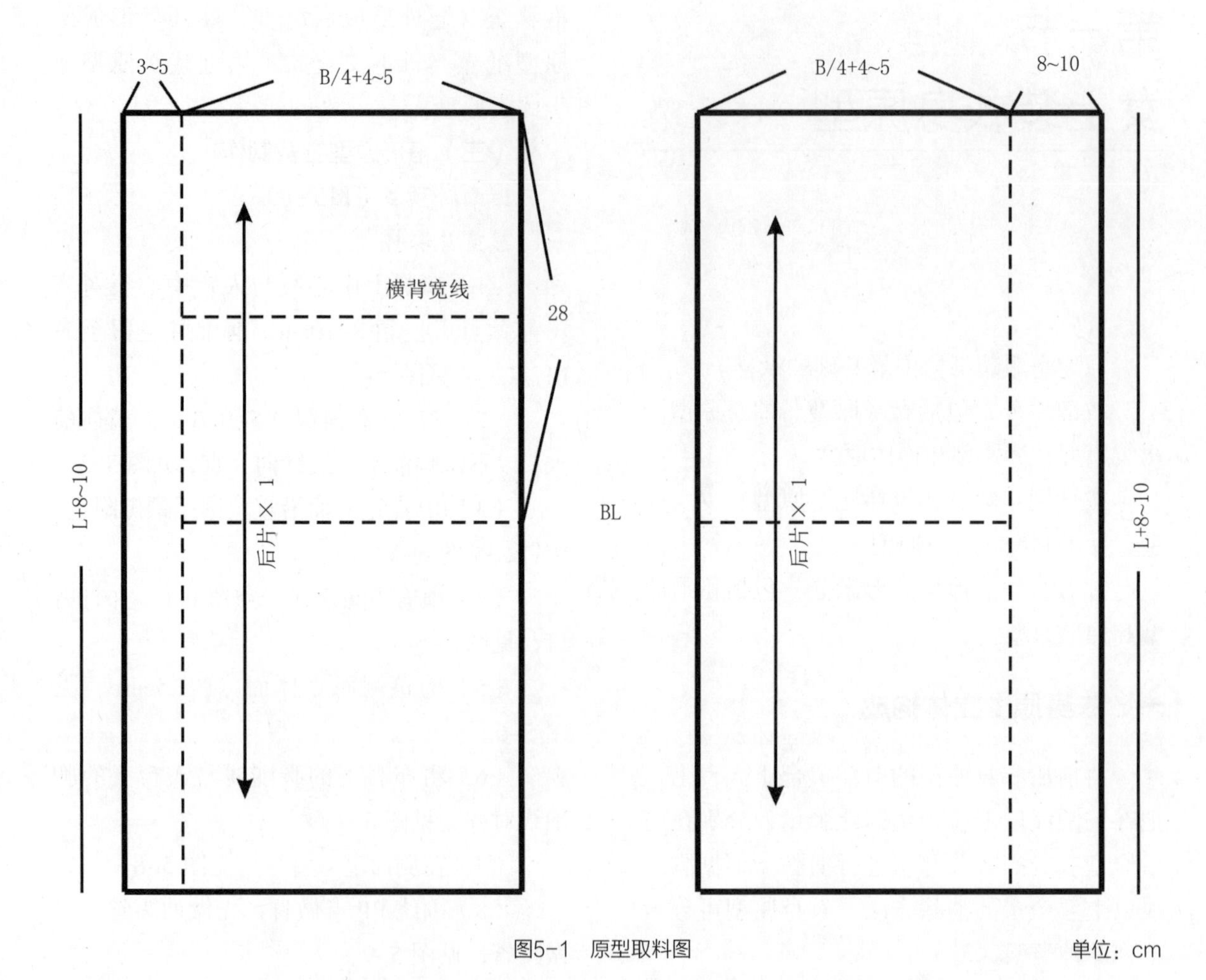

图5-1 原型取料图 单位：cm

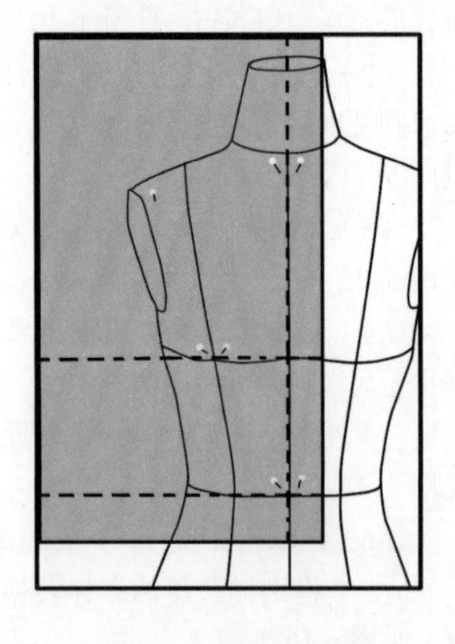

图5-2 原型立裁步骤图1

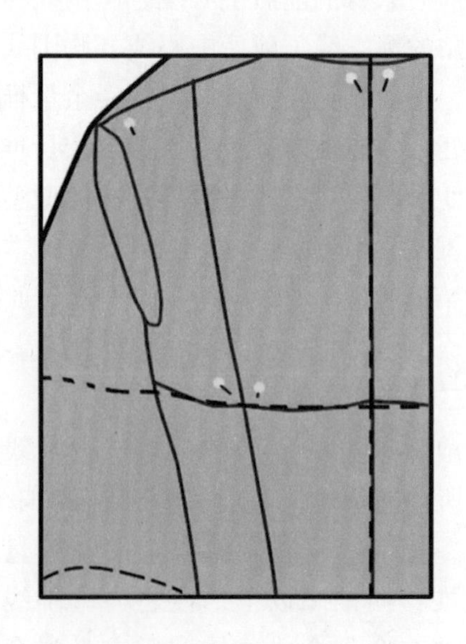

图5-3 原型立裁步骤图2

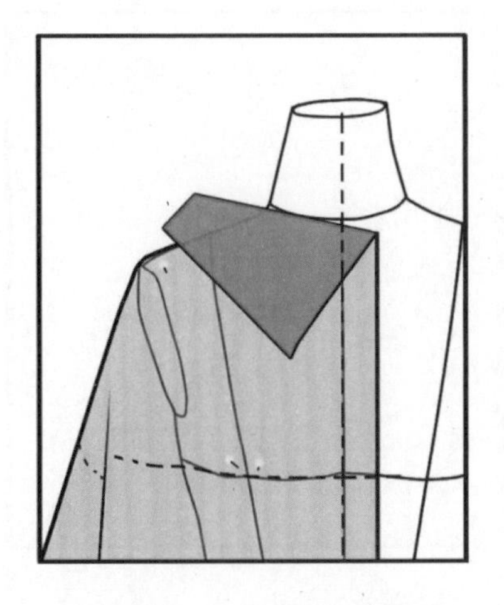

图5-4　原型立裁步骤图3

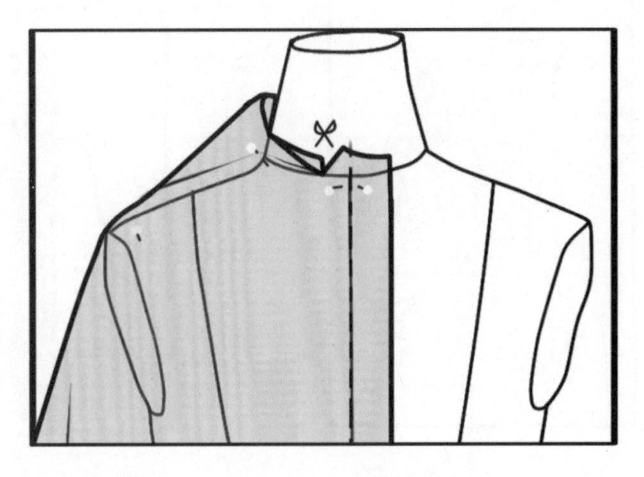

图5-5　原型立裁步骤图4

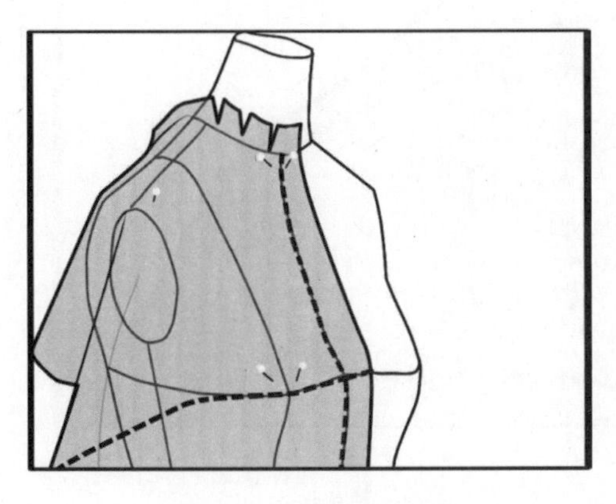

图5-6　原型立裁步骤图5

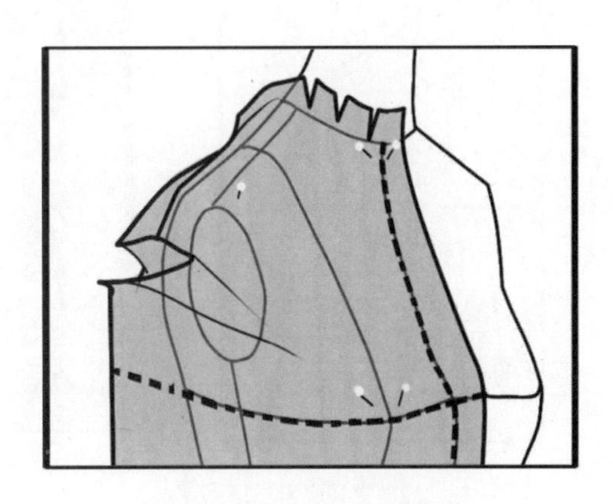

图5-7　原型立裁步骤图6

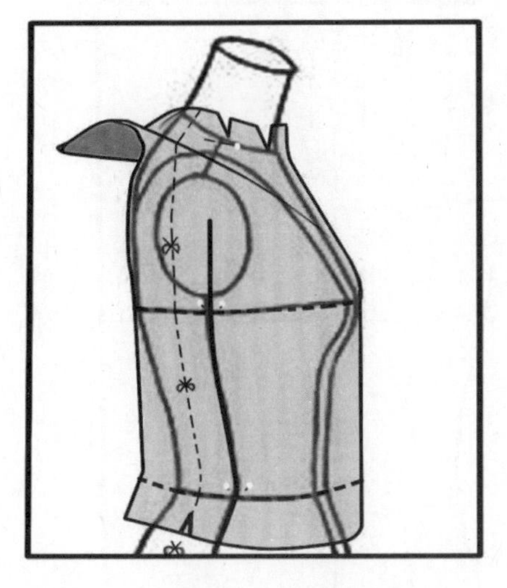

图5-8　原型立裁步骤图7

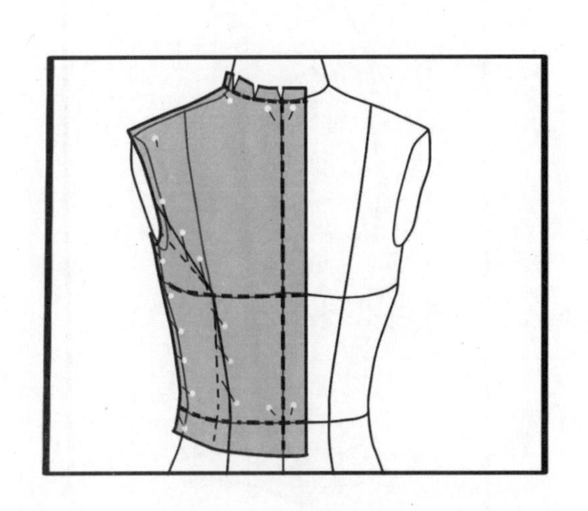

图5-9　原型立裁步骤图8

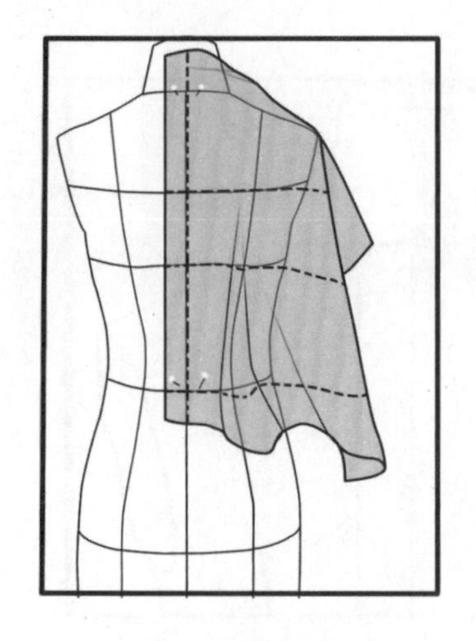
图5-10 原型立裁步骤图9

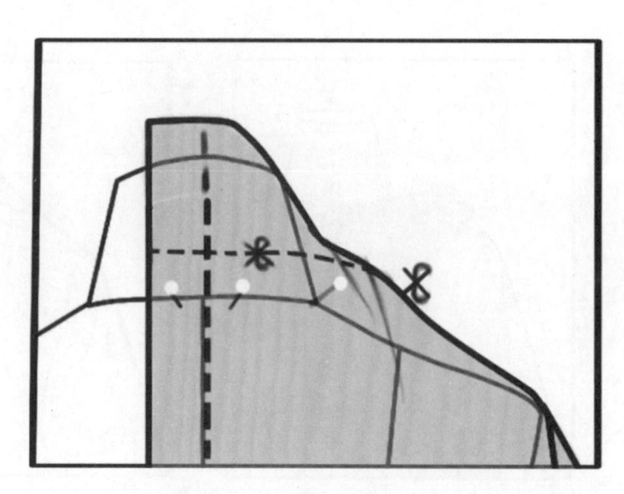
图5-11 原型立裁步骤图10

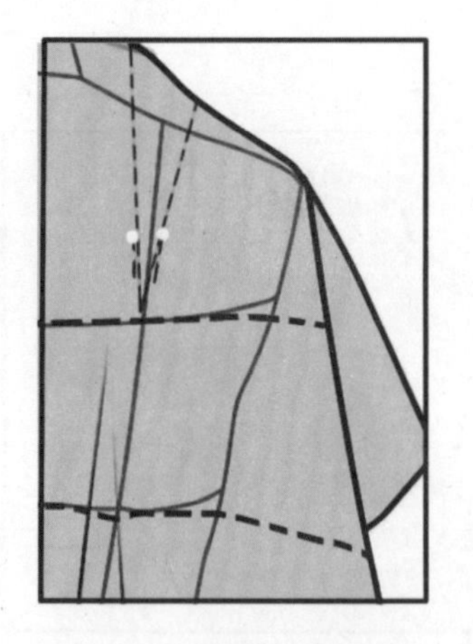
图5-12 原型立裁步骤图11

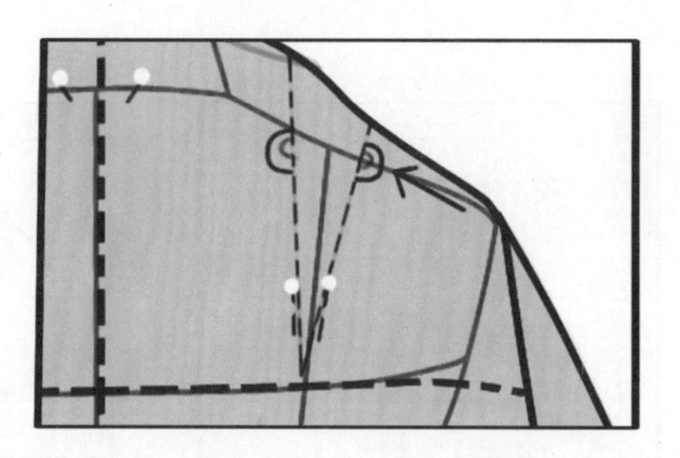
图5-13 原型立裁步骤图12

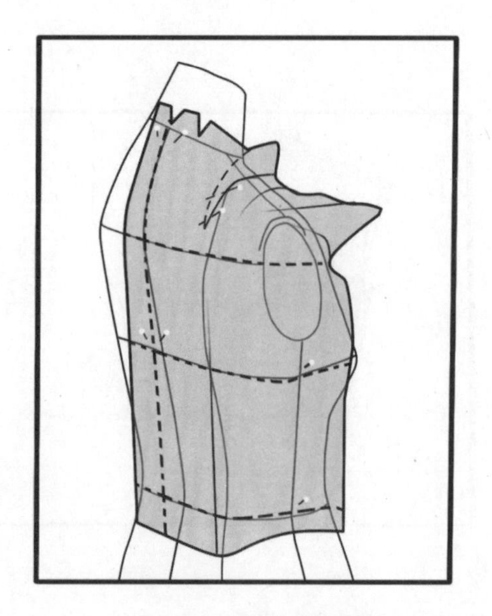
图5-14 原型立裁步骤图13

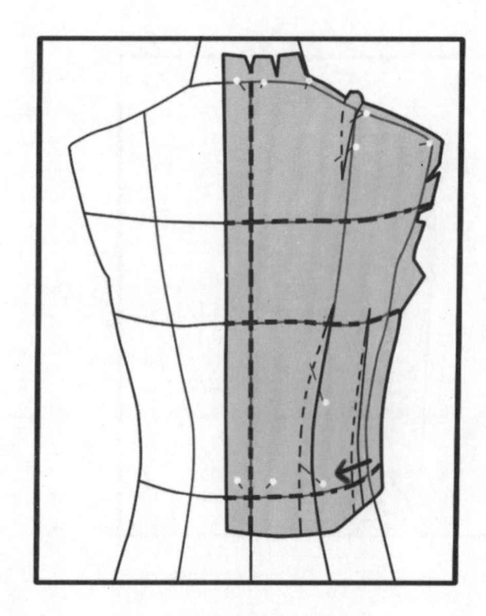
图5-15 原型立裁步骤图14

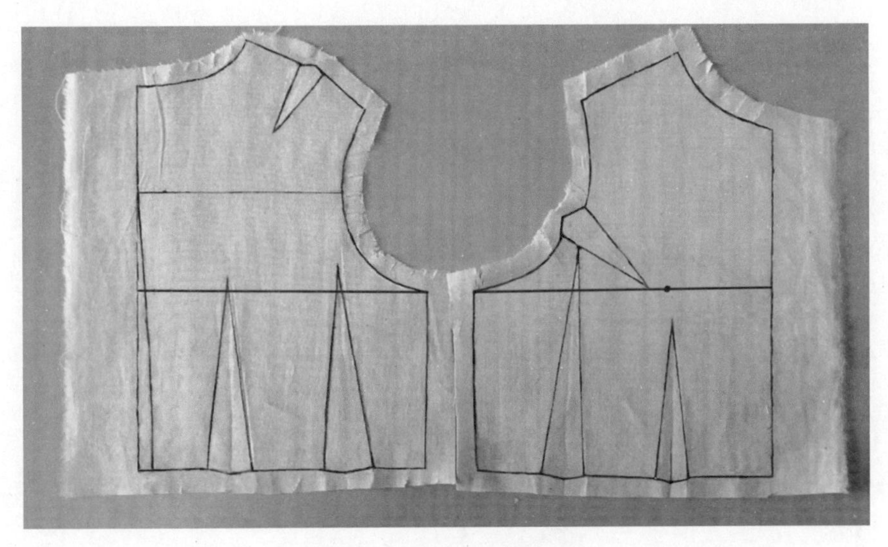

图5-16 箱型原型立裁展平图

二、衣身原型平面制图

（一）箱形原型——东华原型

东华原型是东华大学服装学院在对大量女体计测的基础上，得到人体细部数据的均值，在此基础上建立标准人台，再按箱形原型的制图方法制作出原型布样，最后将原型布样进行简化，转化为平面制图公式，形成适合中国女体的箱形原型，见图 5-17。

后衣身制图：

①画水平线 WL 线，在 WL 线上取 B/2+6cm（松量），以背长尺寸向上做 WL 的垂直线为后中线，取 0.05B+2.5cm 作水平线为后领宽，自后领宽处向上量取后领宽的 1/3 为后领高，并画水平线为后水平线。

②在后水平线上向上取 B/60 画水平线，为前水平线，自前水平线向下取 0.1h+8cm 画袖窿深线（BL 线）。

③将水平线 WL 分成二等分作为前、后胸围大，在袖窿线上取 0.13B+7cm 为后背宽。

④后肩斜取 18°，在后背宽外取充肩量 1.5cm，连接 SNP 画成后肩斜。

⑤画顺袖窿线后在袖窿深至后颈点间 2/5 处作水平线交于袖窿弧线，并在相交处取 B/40-0.6cm 为后浮余量，重新调整并画顺袖窿线。

前衣身制图：

①取后领宽 +0.5cm 画前领深，取后领宽 -0.2cm 画前领宽。

②在袖窿深线上取 0.13B+5.8cm 画前胸宽线，前肩斜为 22°，长度与后肩斜线等长。

③过前中线在袖窿深线上取 0.1B+0.5cm 为 BP 点，取前浮余量为 B/40+2cm，然后向 BP 点画线，最后画顺袖窿。

（二）箱形原型——日本文化式新文化原型

日本文化式新文化原型属箱形原型，其前浮余量采用袖窿省的形式消除，后浮余量用后肩省形式消除，见图 5-18。

（三）梯形原型——日本文化式原型

日本文化式原型属梯形原型，其前浮余量用将省量全部向下推移到腰省位置的形式消除，后浮余量采用肩部缝缩或做肩省的形式消除，见图 5-19。

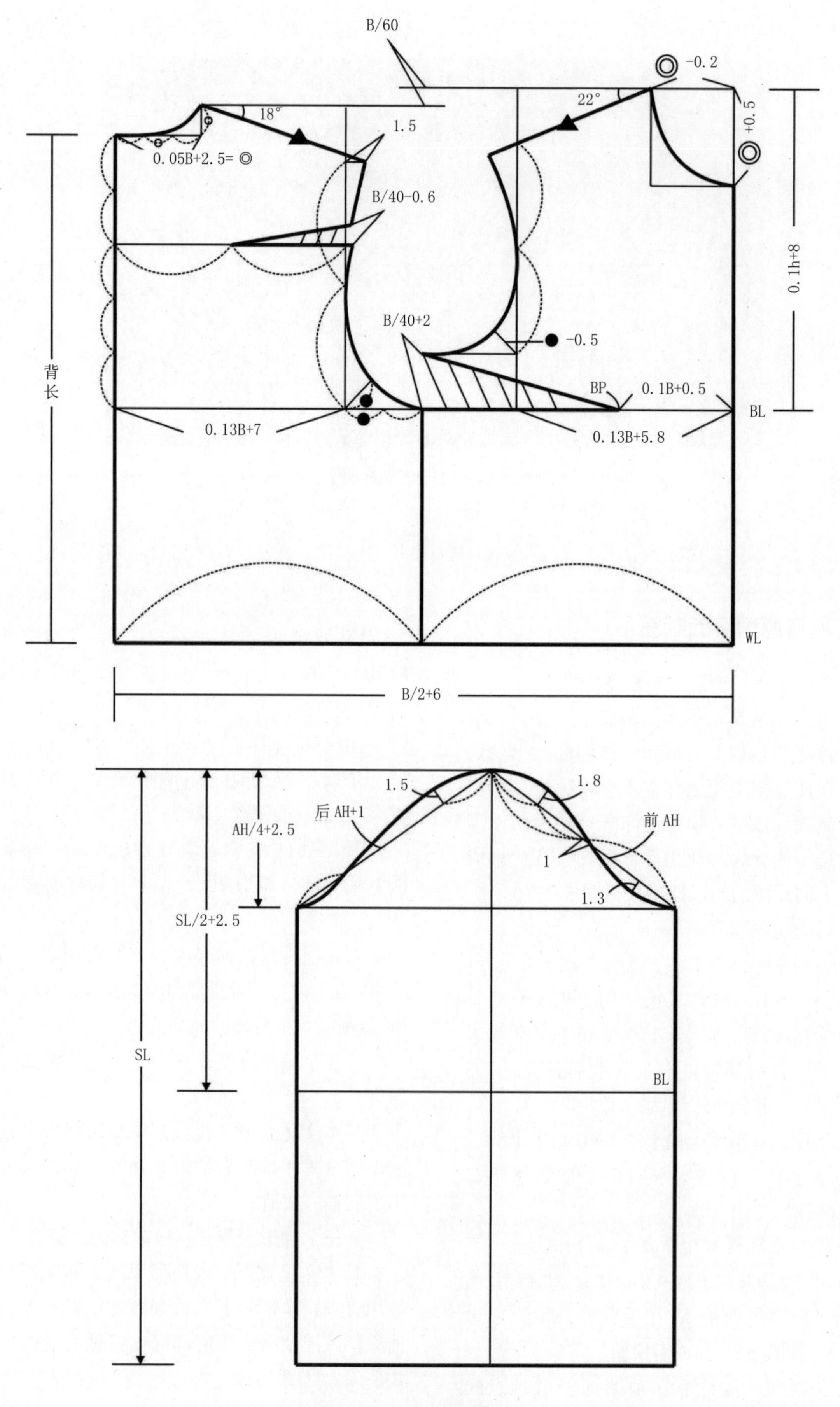

图5-17 东华原型结构图 单位：cm

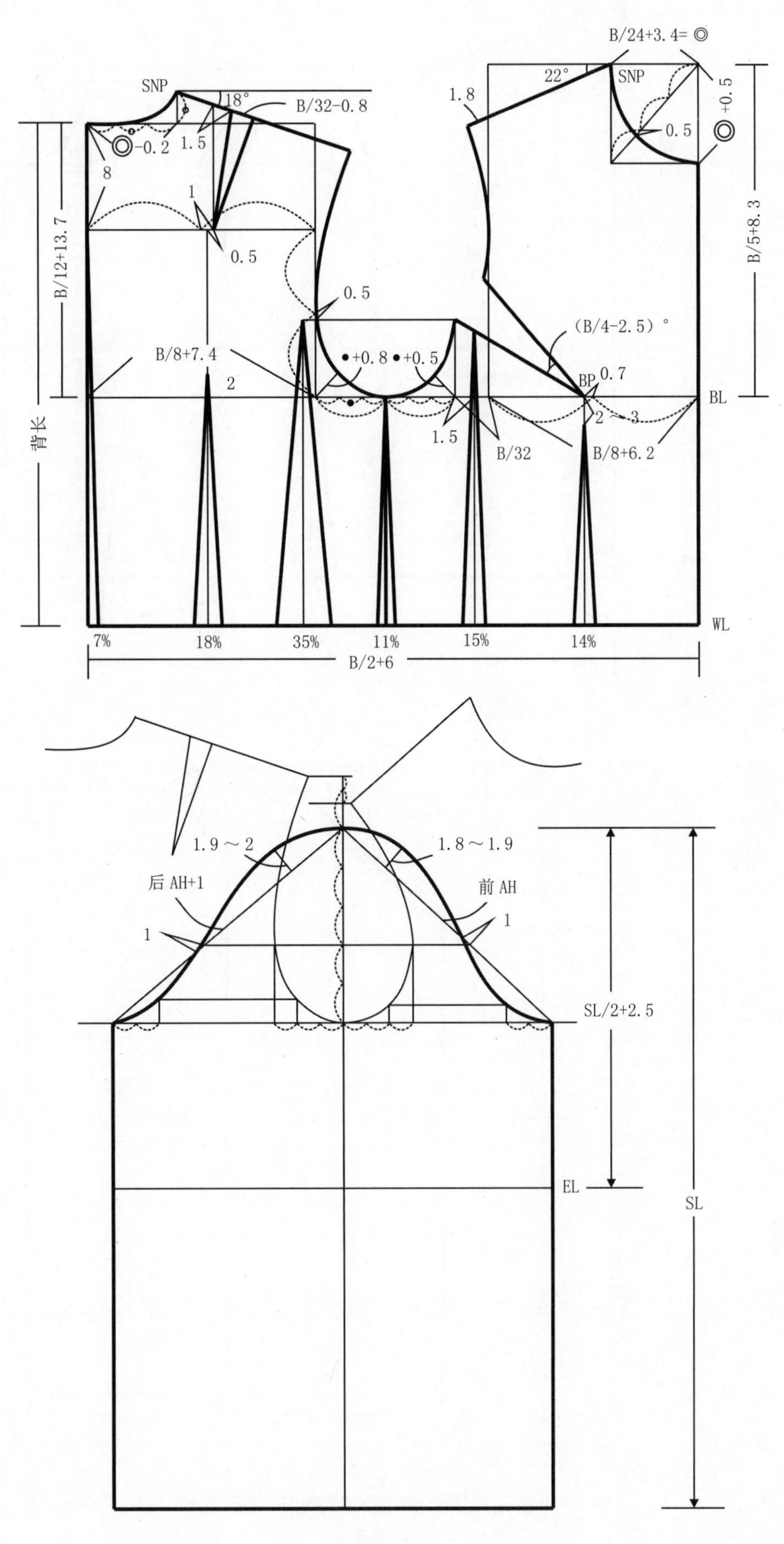

图5-18　新文化原型结构图　　单位：cm

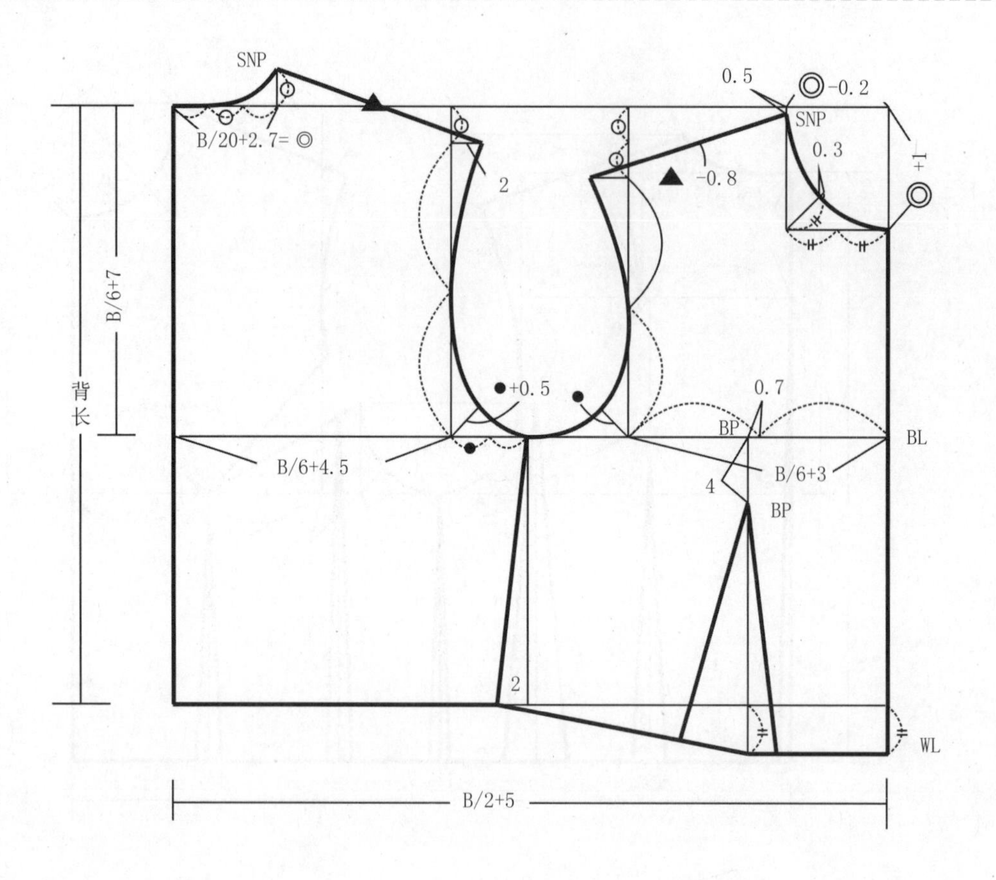

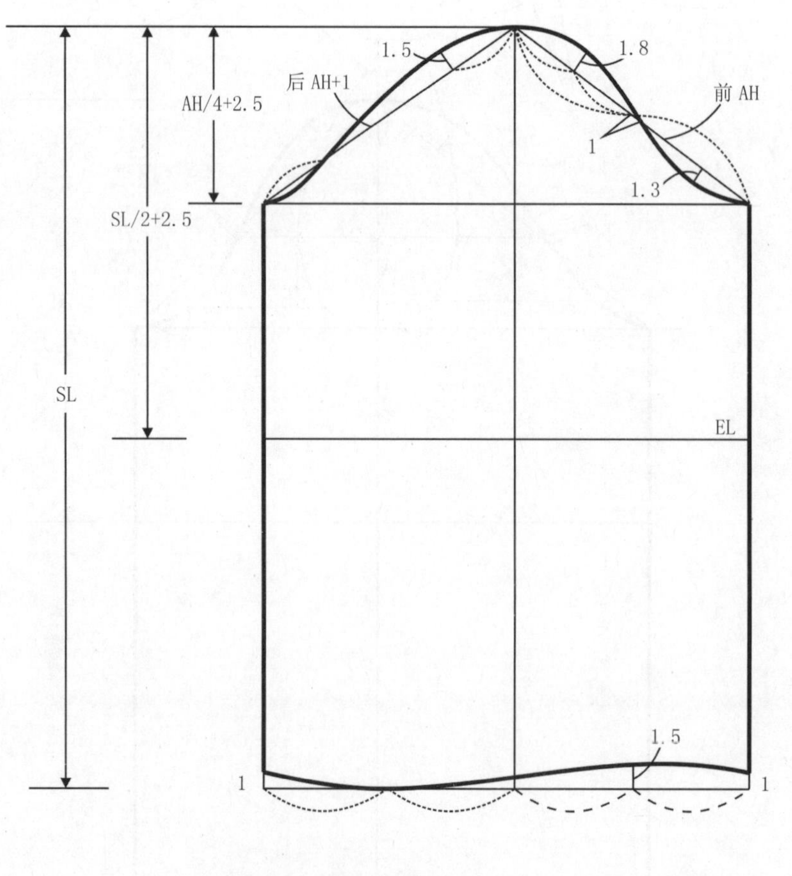

图5-19 文化式原型结构图 单位：cm

第二节
衣身结构分类

一、人体形态产生的衣服浮余量

衣身前后浮余量是将平面的面料覆合在人体上，将衣身纵向及横向分别与人体覆合一致后，前衣身在胸围以上出现的多余量称前浮余量，亦称胸凸量或省量。后衣身在横背宽线以上出现的多余量称后浮余量，亦称背凸量或省量。

二、衣身廓型分类

衣身是覆盖于人体身体躯干部位的服装部件，其形态既要与人体曲面相符，又要与款式造型相一致，故衣身的浮余量对衣身廓型有一定的影响，在定制的过程中个人的穿着习惯、穿着场合等也对廓型有一定的影响。

1. 按衣身整体造型分类

衣身廓型分类方式有很多，从整体外观造型分，主要有五种基本类型，见图5-20、图5-21。

（1）H型（矩形），指直筒式的服装造型，弱化了肩、腰臀之间的宽度差异，外轮廓类似矩形，不突显腰线位置，使整体类似H字母。

（2）A型（梯形），指上窄下宽，上贴下松的服装造型，如字母A。其为肩至胸部为贴身线条、自胸部以下向外散开的服装造型。

（3）T型（倒梯形），指上宽下窄的服装造型，肩宽造型宽阔或夸张，在腰部、臀部渐渐向内收拢，由上至下呈现为由宽松渐渐变为贴体的造型。为了强调和突出肩宽，一般在肩部装有垫肩或其他支撑材料。

（4）X型（人体模型形），指宽肩、收腰、大臀围和加放下摆的服装造型，该造型比较接近人体体型的自然状态。

（5）O型（椭圆形），又称气球形。

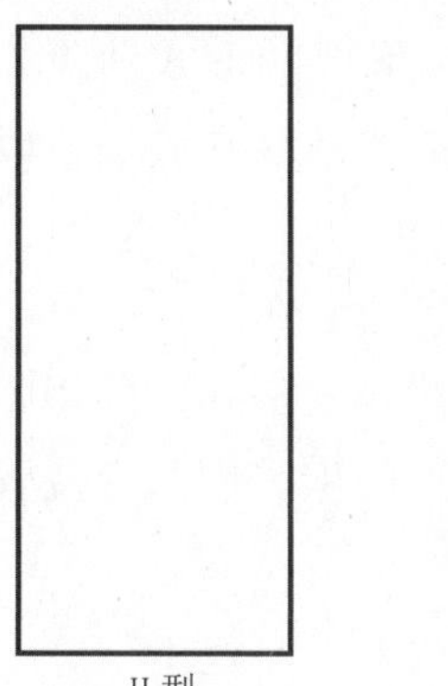

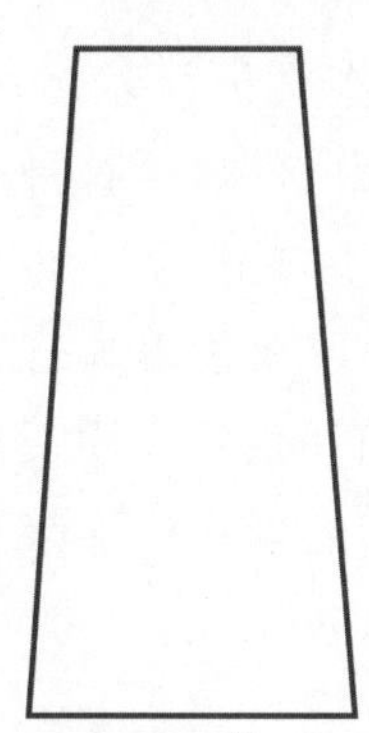

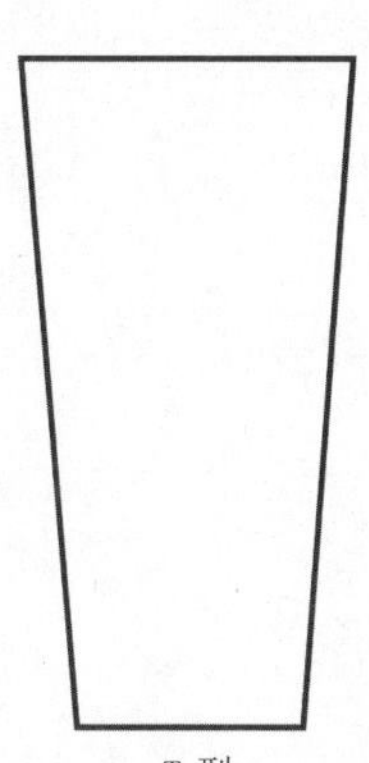

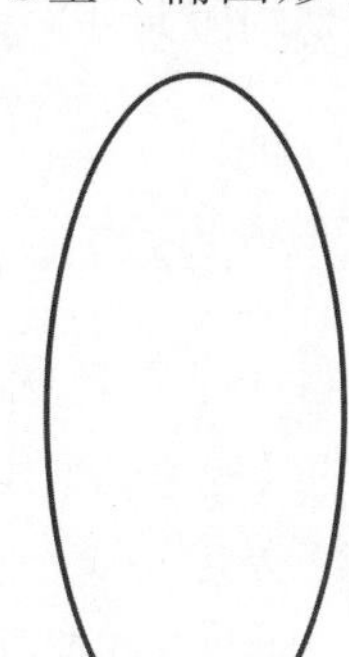

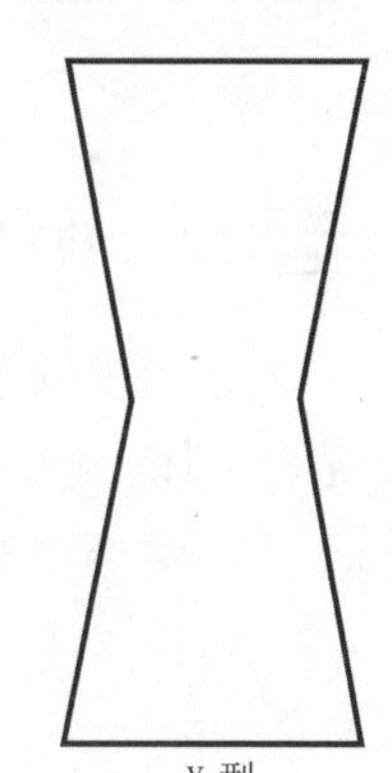

图5-20　衣身廓型几何图

图5-21　衣身廓型图

下摆收拢，中间膨胀，在腰、臀位置向外扩张，而在下摆的位置又向内收拢，形成上下较窄中间较宽的造型。

2. 按衣身宽松程度分类

衣身廓型按照从宽松趋于贴体分为四类：宽松型、较宽松型、较合体型、合体型，见图5-22。

（1）衣身廓型的分类主要依据胸围与腰围之间的差值划分。

宽松型为B*-W*≤0~6cm

较宽松型为B*-W*=6~12cm

较合体型为B*-W*=12~18cm

合体型B*-W*=18~24cm

（2）胸围与腰围差值的结构处理形式，可以采用省道、褶裥、抽褶和分割线等多种形式进行处理。

采用省道、褶裥或抽褶的形式只能单独解决胸围与腰围之间的差值（胸、腰差）或是解决臀围与腰围之间的差值（臀、腰差），而用分割线的方法可同时解决胸腰差及臀腰差，故合体型的服装一般多用分割线的结构形式。

三、前、后浮余量的消除方法

浮余量的消除目的是使衣身能够更好地贴合人体，即衣身的结构达到平衡。

1. 前浮余量消除方法

前浮余量消除方法有两种处理形式，一种是结构处理方法，另一种是工艺处理方法。结构处理方法又分收省（含省道、抽褶、折裥等形式）、分割线和下放等方法。

2. 后浮余量消除方法

后浮余量可用与前浮余量相同的方法进行消除，即采用结构处理方法和工艺处理方法，工艺处理方法通常采用缩缝的方式进行。

四、衣身结构平衡原理与方法

衣身结构平衡是指服装穿着在人体上时，其前、后衣身在腰节线以上的部位能保持与人体的体型相贴合，且表面平整无皱褶（有褶的服装造型除外）。

（一）衣身结构平衡形式

1. 前浮余量用结构的形式消除

（1）将前浮余量采用收省的形式消除，即将前浮余量转化为省量。在转化为省量时，省道的省尖有对准BP点和不对准BP点两种。省尖对准BP点时其省位可围绕BP点360°的任一方位；不对准BP点的省道包括撇胸及其他形式的胸省。

（2）将前浮余量用下放的形式消除，即将浮余量推移至衣身的腰节线和底边，以起翘量的形式进行消除。

2. 前浮余量用工艺形式消除

将前浮余量采用工艺形式消除，即用归拢或缩缝的形式将袖窿、门襟、肩部等位置的浮余量进行消除。

（合体型） （较合体型） （较宽松型） （宽松型）

图5-22 衣身合身状态

（二）浮余量消除的具体方法

1. 前浮余量消除

（1）前浮余量转化为撇门量。

在衣身原型上，过BP点作前中线垂线，折叠侧缝省量的一部分，将≤1.4cm的量转移至前中线，则领口上平线产生撇门量，即将部分前浮余量转化为撇门量，见图5-23（a）。

（2）前浮余量转化为袖窿松量或省量。

将前衣身原型与后衣身原型在同一水平线上放量，将前、后衣身原型侧缝多余的量（前浮余量）转化为袖窿松量或省量，见图5-22（b）。

（3）前浮余量转化为腰省量或起翘量。

使前衣身原型的腰线低于后衣身原型腰线放量后，将前、后侧缝的差数转入前衣身腰省量或起翘量，见图5-23（c）。

（4）前浮余量转化为肩改斜。

将前片肩部改斜，可消除前浮余量0.7cm，见图5-23（d）。

2. 后浮余量消除

后浮余量的消除只关系到衣身后部的局部平衡。

（1）后浮余量转化为省道。

省尖位置以肩胛骨中心为圆心进行旋转，见图5-24（a）。

（2）后浮余量转化为肩缝缝缩。

后浮余量转入肩缝呈分散的省的形式，然后用缝缩的方法解决，见图5-24（b）。

（3）后浮余量转化为肩改斜。

将后片肩部改斜，可消除前浮余量0.4cm，见图5-24（c）。

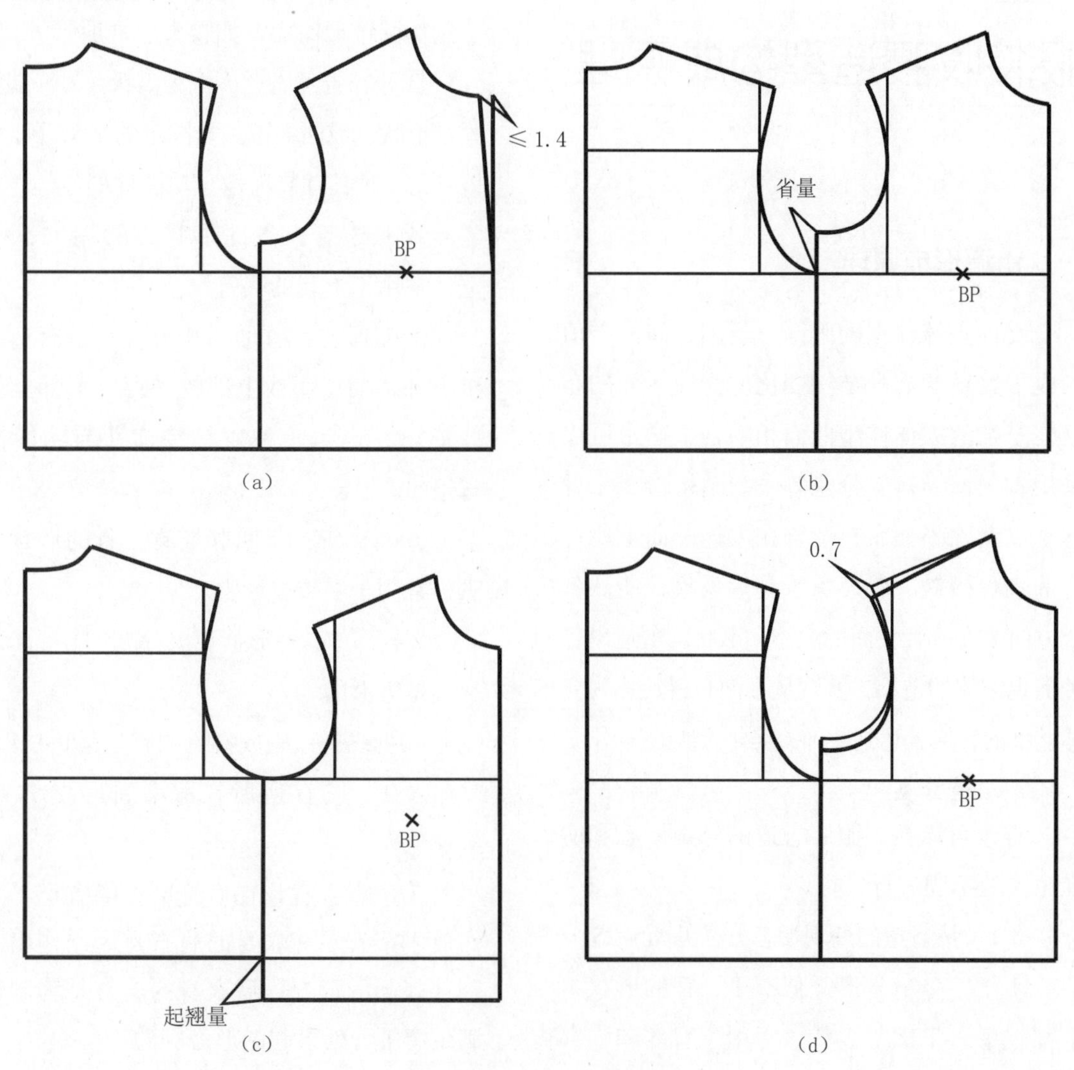

图5-23　前浮余量消除　　单位：cm

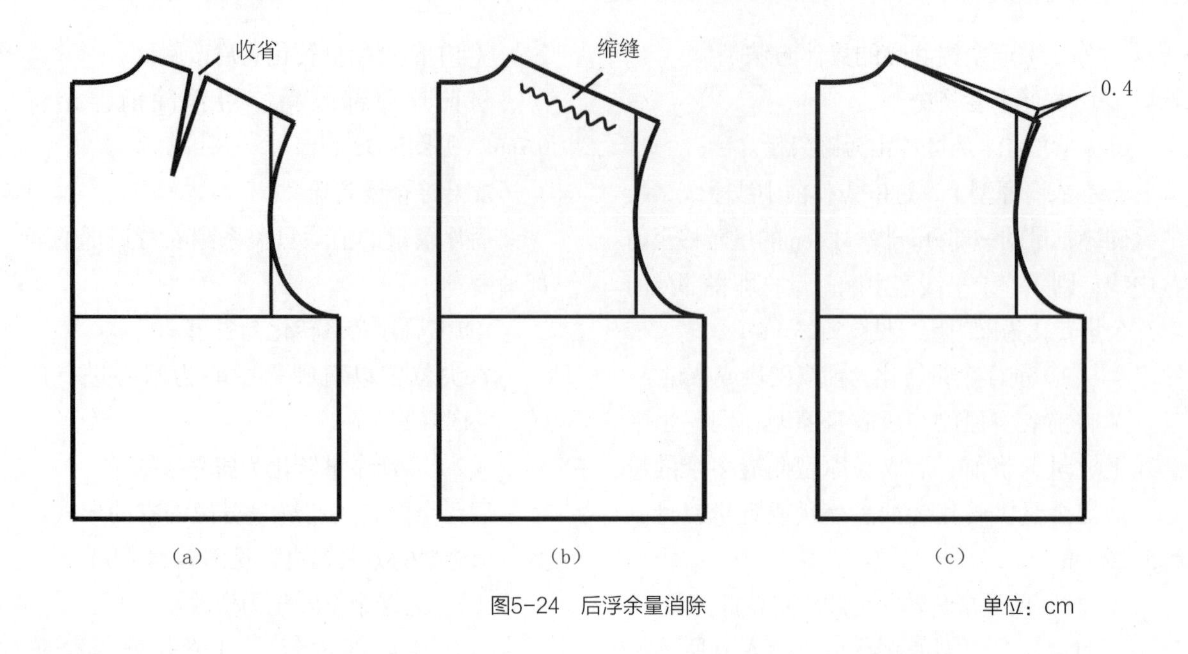

图5-24 后浮余量消除 单位：cm

第三节 服装收腰造型构成原理

一、省道形成原理

女性人体体型的胸围、腰围之间的差值构成了繁杂的衣身结构变化。为使平面的布料与复杂的人体体型曲面相吻合，通常可以采用省、褶、裥、分割等服装结构形式来处理，以消除平面布料覆合在人体曲面上所产生的各种褶皱、斜裂、重叠等现象，能从各个方向改变衣片块面的大小和形状，塑造出各种美观贴体的造型，实现从平面布料转化为立体造型的转换，达到装饰、美化人体的作用。

1. 省道分类

省道可以按照服装省道的外观形态和所在位置的不同进行分类。

（1）按省道的外观形态分，见图5-25。

①丁字省：省形类似“丁”字的形状，上部较平，下部呈尖状。常用于肩部和胸部等复杂形态的曲面，如肩省、领口省等。

②锥形省：省形类似锥子的形状。常用于制作圆锥形曲面，如腰省、袖肘省等。

③开花省：省道一端为尖状，另一端为非固定形状，或两端都是非固定的平头开花省。该省是一种具有装饰性与功能性的省道。

④橄榄省：省的形状为两端尖，中间宽，常用于上装的腰省。

⑤弧形省：省形为弧形，省道有从上部至下部均匀变小或上部较平行、下部呈尖状等形态，也是一种兼具装饰性与功能性的省道。

⑥喇叭省：又叫胖形省，省的形状似喇叭，常用于下装设计中。

⑦S形省：外形似英文字母“S”，省的两端是尖形的。

⑧折线省：构成省道的省边呈折线形。

（2）按省道所在服装部位分，见图5-26。

①肩省：省量在肩缝部位的省道，常制作成丁字省。前衣身的肩省是为制作出满足胸部窿起的形态；后衣身的肩省是为制作出满足肩胛骨处窿起的形态。

②领口省：省量在领口部位的省道，常

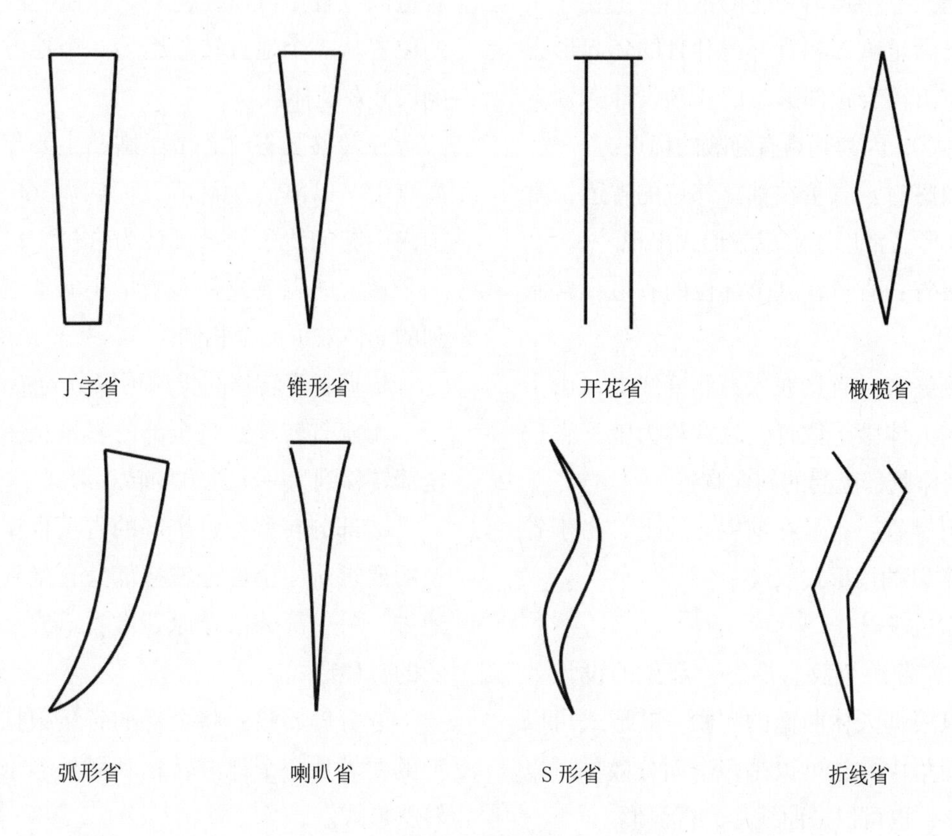

图5-25　省道形态

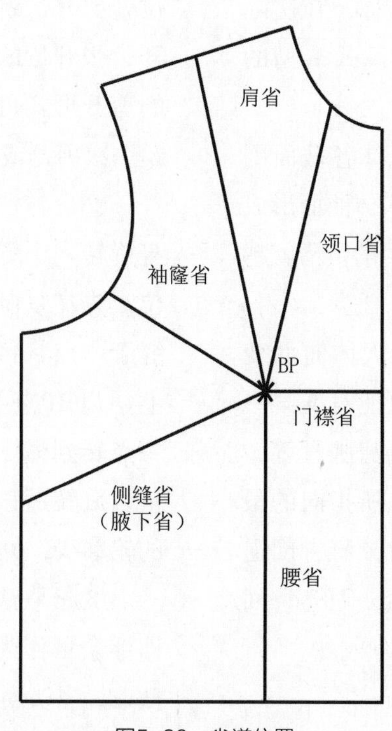

图5-26　省道位置

制作成上大下小均匀变化的锥形。主要作用是制作出满足胸部和背部肩胛骨的隆起形态以及制作出符合颈部形态的衣领设计。领省常代替肩省，因为其具有隐蔽的优点。

③袖窿省：省量在袖窿部位的省道，常制作成锥形。常以连省成缝形式出现。

④腰省：省量在腰节部位的省道，常制作成锥形。

⑤侧缝省：省量在衣身侧缝线上，由于侧缝处在人体腋下位置，故常称为腋下省，常用于制作胸部隆起的斜向胸省。

⑥门襟省：省量在前中心线上，由于省道较短,常以抽褶形式取代。

2. 省道设计

（1）省道个数、形态、部位的设计：省道可以根据人体曲面的需要，其形式可以是单个而集中，也可以是多个而分散；可以是直线形，也可以是曲线形、折线形。

单个集中的省道由于省道缝去量大，往往形成尖点，外观造型较差，见图5–27。

多个分散的省道由于各个省道缝去的量小，可使省尖处造型较为平缓匀称，在实际使用时，还需考虑面的特点以及款式造型的要求，见图5–28。

（2）省道量的设计：以人体各截面围度量的差数为依据，差数越大，人体曲面形成角度越大，面料覆盖于人体时产生的余褶就越多，即省道量越大。

（3）省尖点的设计：由于人体曲面变化是平缓的，在省尖点的设计只能对准某一曲率变化最大的部位，如BP点、肩胛骨等，在实际缝制省道时，省尖点应从所指向的最高点回退一段距离。具体设计时，肩省回退约5~7cm，袖窿省回退约3~4cm，侧缝省回退约4~5cm，腰省回退约2~3cm 等。

3. 省道转移原理与方法

（1）省道转移原理：对于服装来说，省道的位置是可以变化的，在同一衣片上省的位置从一个地方转移至另一个地方，不影响尺寸及适体性。

在转移胸省时，由于胸凸主要集中在胸高点上，以BP点为圆心，向四周360°任意范围内引起的线条均可设计为省位，可以设计一个量大的省道或是多个量小的省道，其得到的立体效果完全相同。

根据省道转移的类型可以分为：

①全省转移：将全部的省量从一个地方全部转移到另一个地方的转移形式。

②部分转移：将全部的省量根据款式造型的要求从一个地方转移部分省量到另一个地方，另一部分留在原处做省道或是作为松量的转移形式。

③分解转移：将全部的省量根据款式造型的要求从一个地方转移到另外多个地方的转移形式。

（2）省道转移方法：

①折叠法。又称剪开法，在复制的原型纸样上确定新的省道位置，然后在新的省位处剪开，将原省道折叠，使剪开的部位张开，张开量的大小即是新省道的量。新省道的剪开形式可以是直线形或曲线形，也可以是一次剪开或多次剪开，见图5–29。

②旋转法。以省尖端点为旋转中心，衣身旋转一个省角的量，将省道转移到其他部位。先在复制的原型纸样上画侧缝省线交侧缝于一点，将复制的基础纸样放在另一张纸上，以BP点为旋转中心旋转复制原型，使一点转到另一点上，两点之间的差为侧缝省量，旋转后该省量转移到新的位置，得到新的轮廓线，见图5–30。

③量取法。将前、后衣身侧缝线的差量即浮余量作为省量，用该量在腋下任意部位截取，省尖对准胸高点BP，在画图时要使省道两边等长，见图5–31。

图5-27　单个省道

图5-28　多个省道

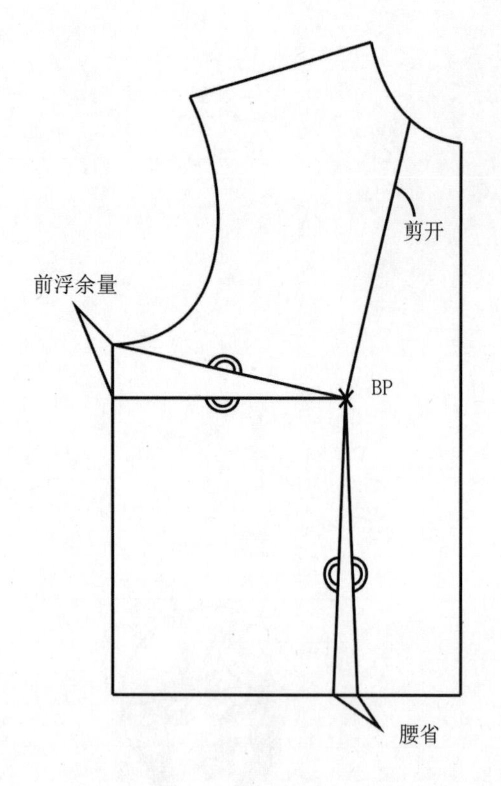

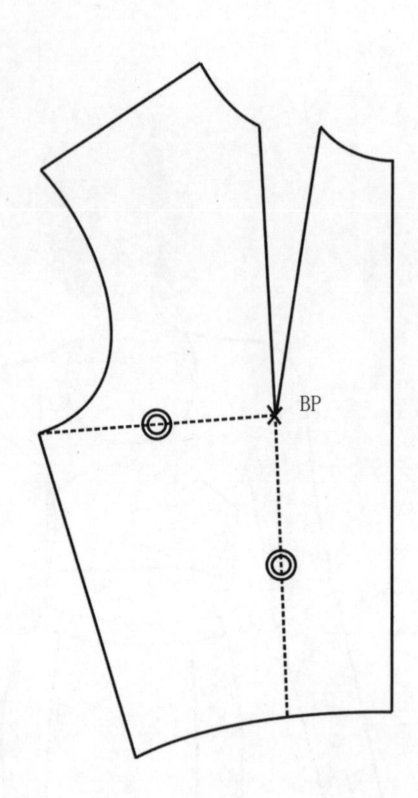

图5-29 折叠法

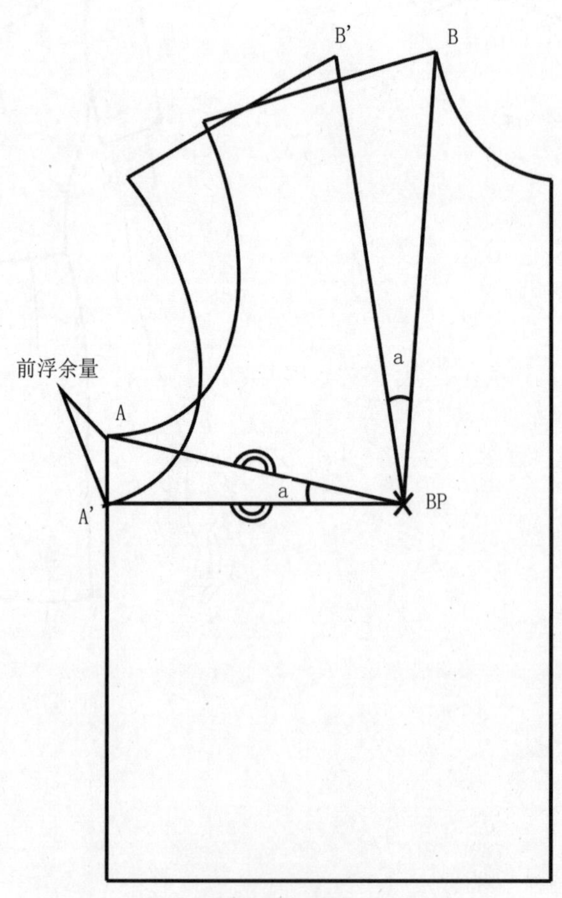

图5-30 旋转法

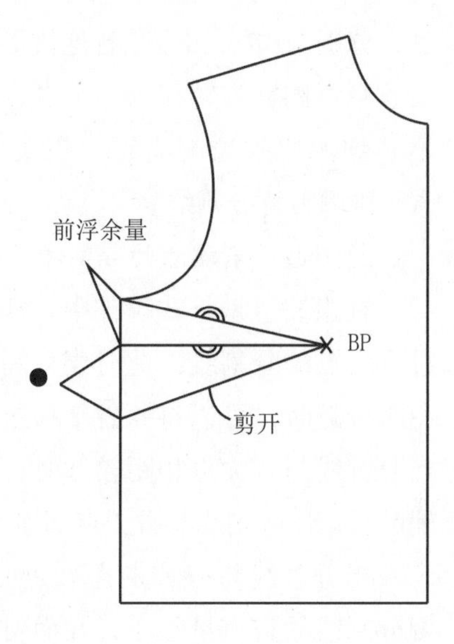

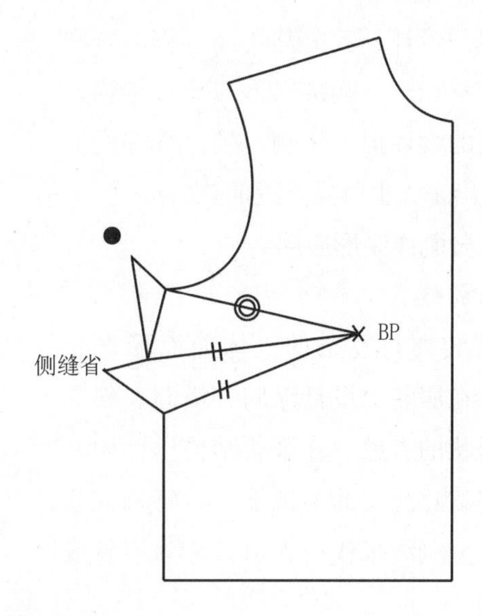

图5-31　量取法

二、连省成缝——分割缝形成原理

（一）分割线分类

服装衣身上的分割线根据其款式造型要求不同形态也各异，有纵向分割线、横向分割线、斜向分割线和自由分割线等。它们在构成服装多种形态的装饰作用下又决定了服装的合体性。分割线通常分为装饰性分割线和功能性分割线。

1. 装饰性分割线

装饰性分割线是指为了符合款式造型的需要，根据造型要求及位置直接在服装上进行剪切分割。分割线主要起装饰作用，不同位置的分割线会引起服装款式造型效果的艺术形态改变，可简单理解为在分割线中不含省量，见图5-32。

分割线在设计时要考虑因数量及位置的改变，会使人们产生视错觉而改变服装造型风格，在进行纵向分割线设计量时，两条分割线会比一条分割线更能体现服装的修长效果。在进行横向分割线设计时，要尽可能选择黄金比例进行分割，须使分割线保持服装造型的整体平衡。

2. 功能性分割线

功能性分割线是指分割线具有适合人体体型及工艺制作简便的特征，可简单理解为在分割线设计中含有省量，如公主线分割、刀背缝分割等，见图5-33。

图5-32　装饰分割

图5-33　功能分割

公主线的设计，其分割线经过胸部，胸部以上与肩省相连，胸部以下与腰省相连，通过分割线的设计把人体胸、腰、臀部的曲面形态描绘出来，也就是常说的连省成缝。

（二）分割线变形应用

1. 连省成缝

合体服装要与复杂的人体曲面形态相吻合，需要在服装上设计纵向、横向、斜向或是其他形状的省道。在服装结构设计中，在符合服装款式造型的前提下，常将相关联的省道作成分割线来代替省道，称为连省成缝。

连省成缝的基本原则：

①省道在连省成缝时，连接线须通过或接近该连接线所处部位的最高凸起处，使连接线在服装造型上达到合体的作用。

②省道连省成缝时，须考虑工艺制作的可加工性和简便性，还应考虑面料的强度及厚度，轻薄柔软的面料在连省成缝工艺制作时容易产生缝皱及不平服的现象，故连省成缝通常使用具有一定厚度的面料进行制作。

③当按原来省位进行连省成缝所得出的造型效果与款式造型不相符时，则可对原省道进行偏移或转移后再进行连接。

④省道连省成缝时，须将连接线或分割线重新画圆顺。

（1）公主分割线

款式为连省成缝形成的公主分割线，见图5–34。

选取前衣身基础纸样，将侧缝省转移至肩部，形成肩省，并分别与腰省相连，在连省成缝时可不必拘泥原省位，以美观的造型连省，画顺公主分割线。

（2）刀背分割线

款式为连省成缝形成的刀背分割线，见图5–35。

选取前衣身基础纸样，选择前袖窿切点，分别与BP点和后腰省连接形成分割线，前衣身将侧缝省转移为袖窿省；连省成缝时不必拘泥原省位与省形，以美观的造型连省，画顺刀背分割线。

2. 不通过省端点的分割线

在服装造型款式设计中，常会碰到不经过省尖点的分割线，此时当分割线与省尖点相距较近时，可以将原省平移至分割线处；当分割线与省尖点相距较远时，应设法增加辅助线，使分割线与省尖点相连。

当分割线与BP点相距较近时， BP点一侧分割线的省道量很小，在面料较厚实的情况下可采取归拢的工艺处理方法（须与款式造型相符，或可调整分割线两侧等长）。当分割线与BP点相距较远时，辅助线处的省道量较大，此时必须保留该省道，调整省道，重新画圆顺分割线。除此之外，还应根据服装款式造型来确定是采取工艺归拢的处理方式还是采取保留省道的方式，见图5–36。

（三）左右非对称造型

当左右呈现非对称造型时，则必须将衣身的左右片展开连成一体，再依据款式造型画出新省位置，采用省道转移方法将前浮余量和腰省分别转移至新省处，转移成符合款式造型的新省后将省尖沿省道回退3cm，画顺轮廓线，见图5–37。

三、收腰造型的构成形式

1. 单个集中省道

腰部合体的单个侧缝省设计，在侧缝距腰节5~7cm处设计新省位线，剪开新省位线，合并前浮余量和腰省，将省量转移至新省位，新省位成型后将省尖回退4~5cm，见图5–38。

2. 多个分散省道

腰部呈合体状态、领口处设计有多省道，按款式造型画出新省位置线，当新省省尖点不在BP点上则须画辅助线，并将新省与BP相连形成折线省状态，再运用省道转移方法，将前浮余量和腰省量合并转移至新省中，转移时总省量不变，新省量大小须一致，最后按款式造型确定新省长度，画顺省道轮廓线，见图5-39。

3. 抽褶变化

抽褶位置包括需要消除的浮余量和省量，并在此基础上采用切展的方法增加抽褶量。仅起装饰作用的抽褶造型，可通过增加切展时所需要的辅助线剪切展开完成，见图5-40。

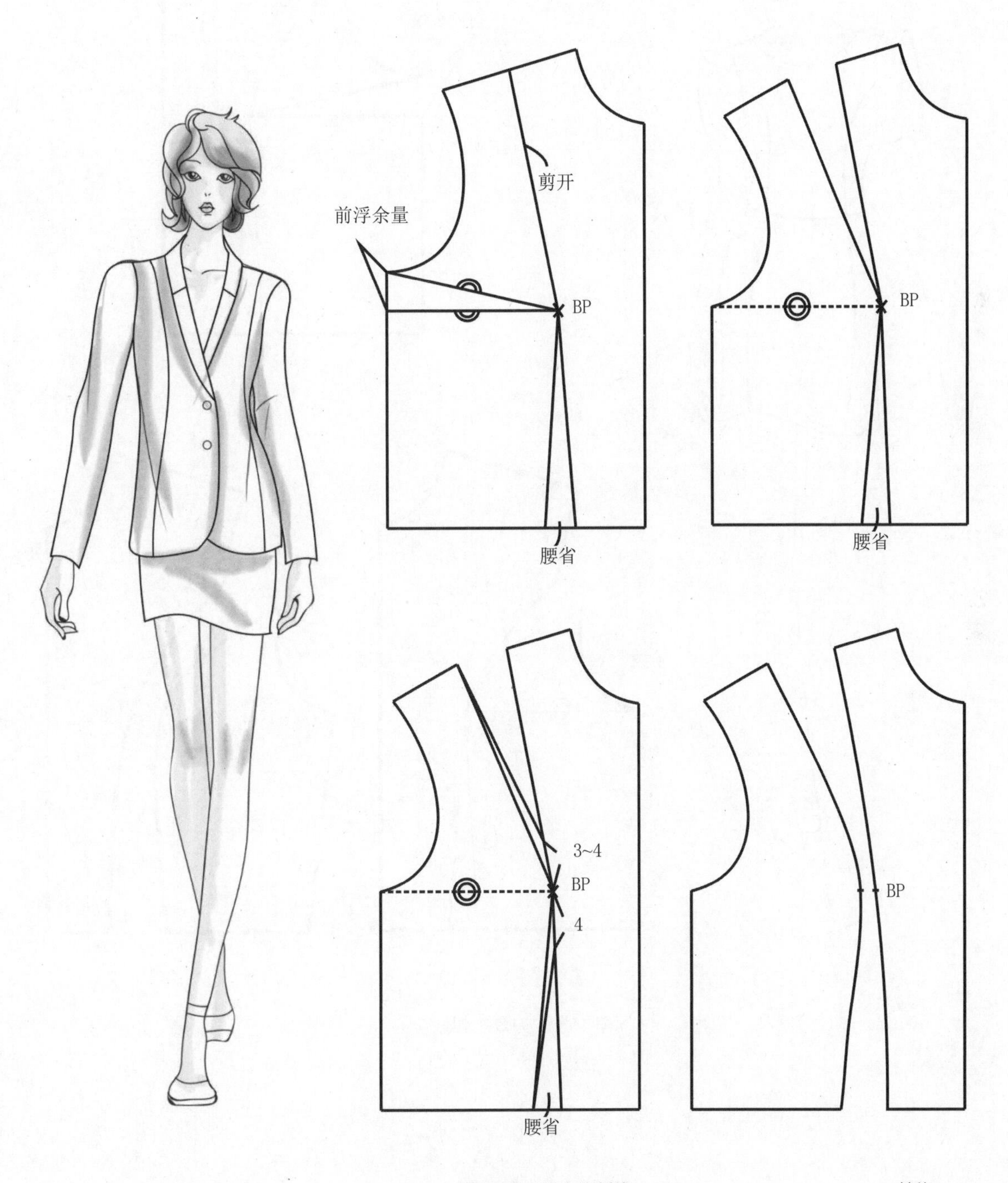

图5-34 公主分割线 单位：cm

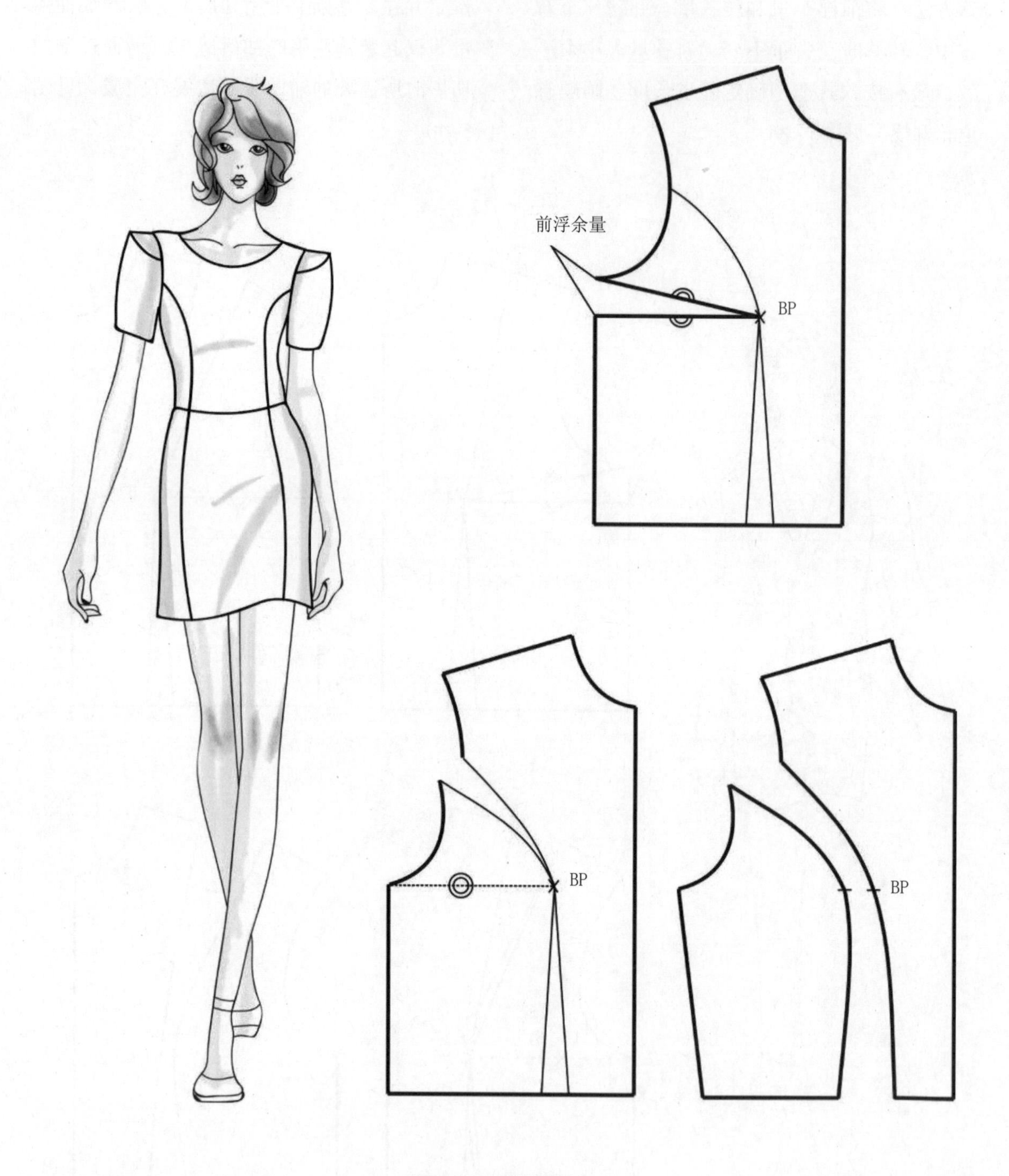

图5-35 刀背分割线

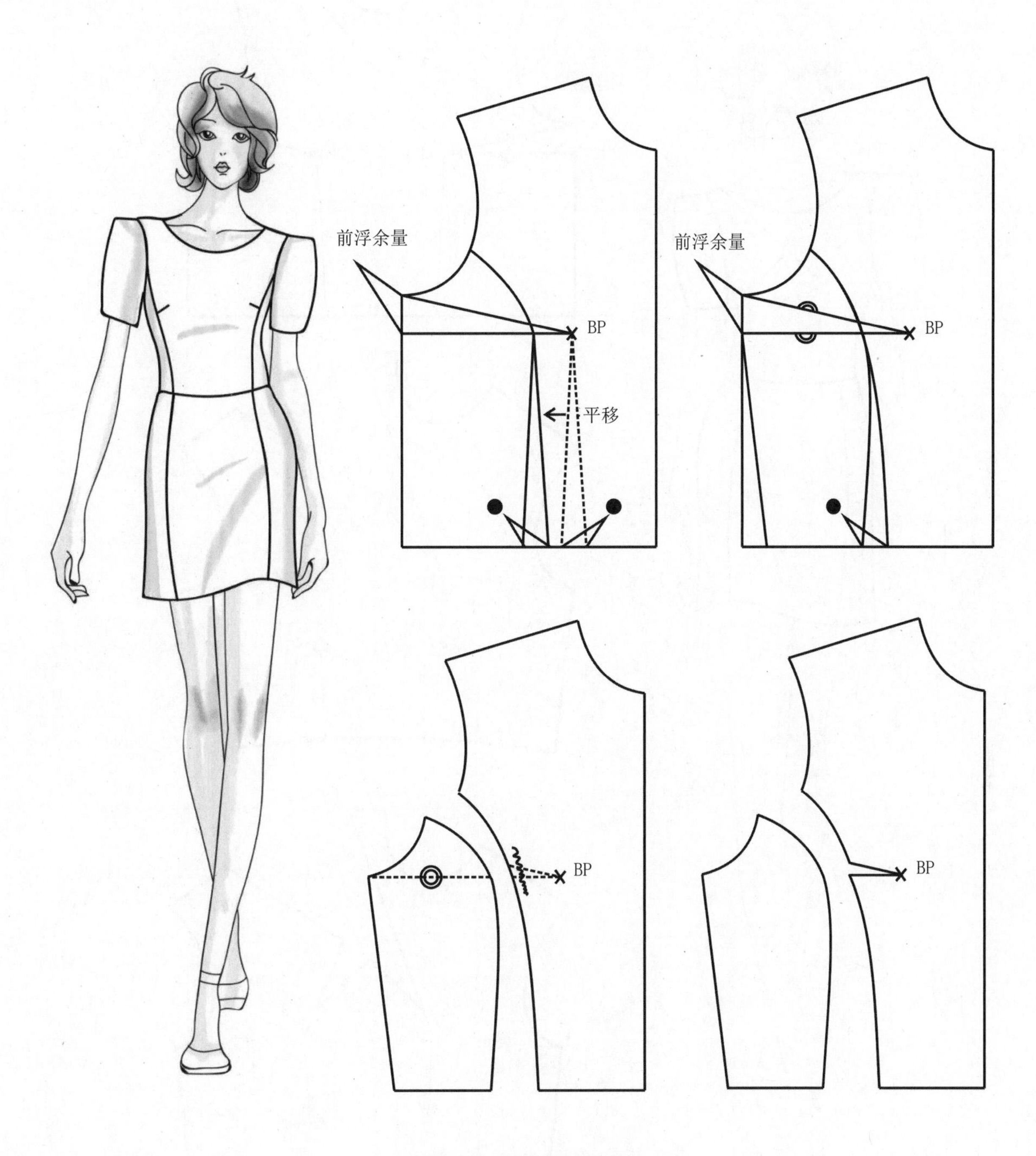

图5-36　不通过省尖点分割

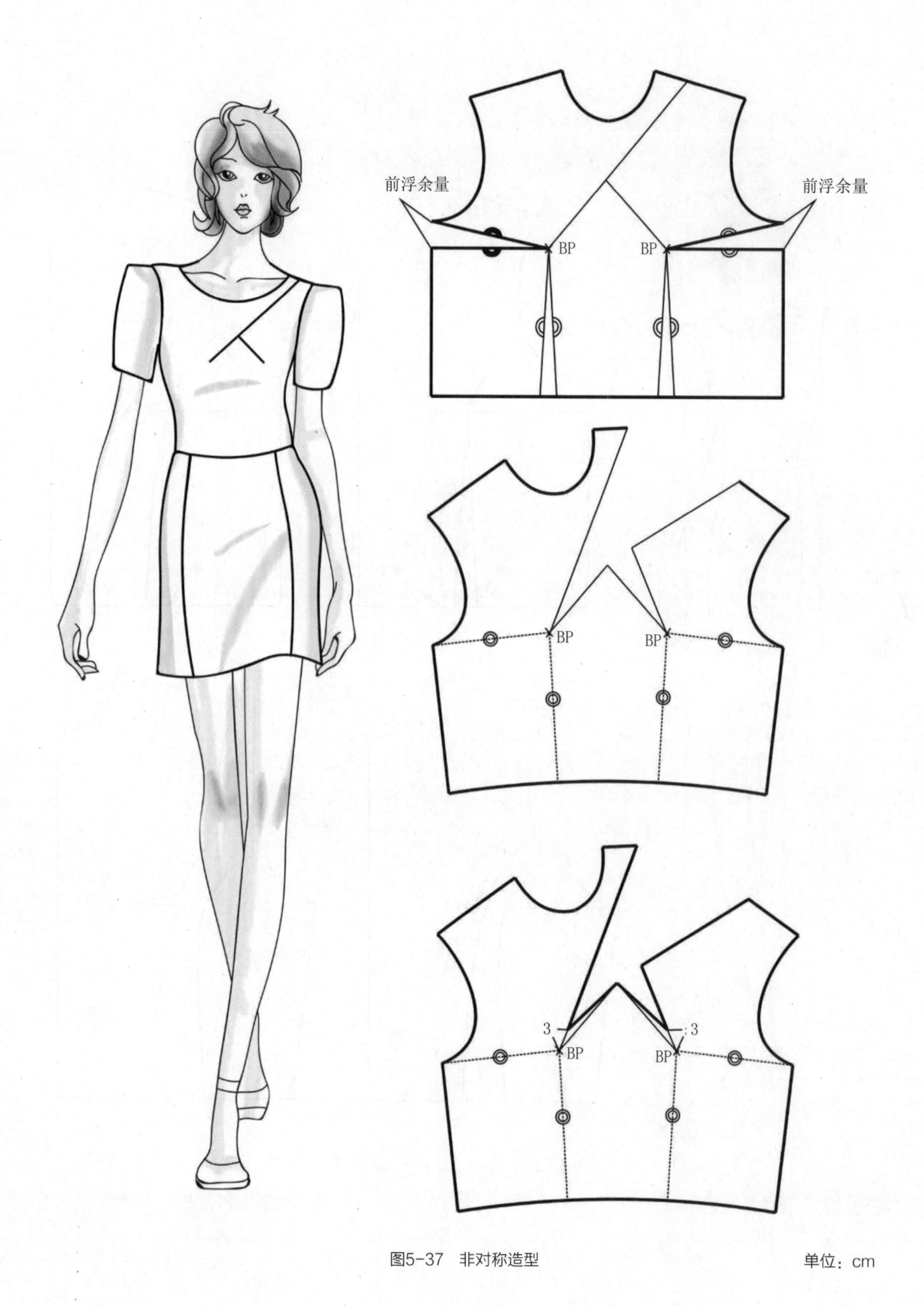

图5-37 非对称造型 单位：cm

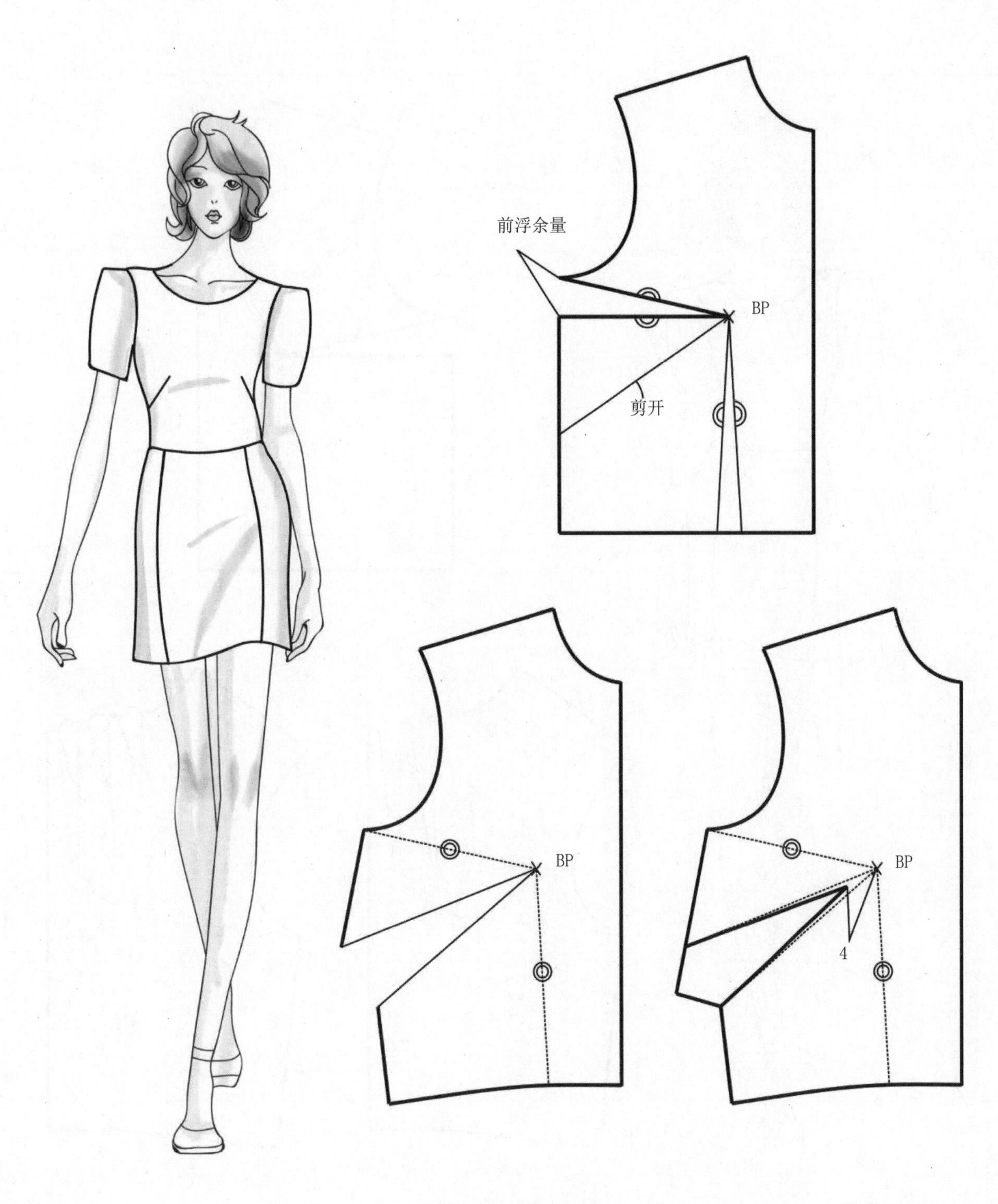

图5-38　单个省转移　　单位：cm

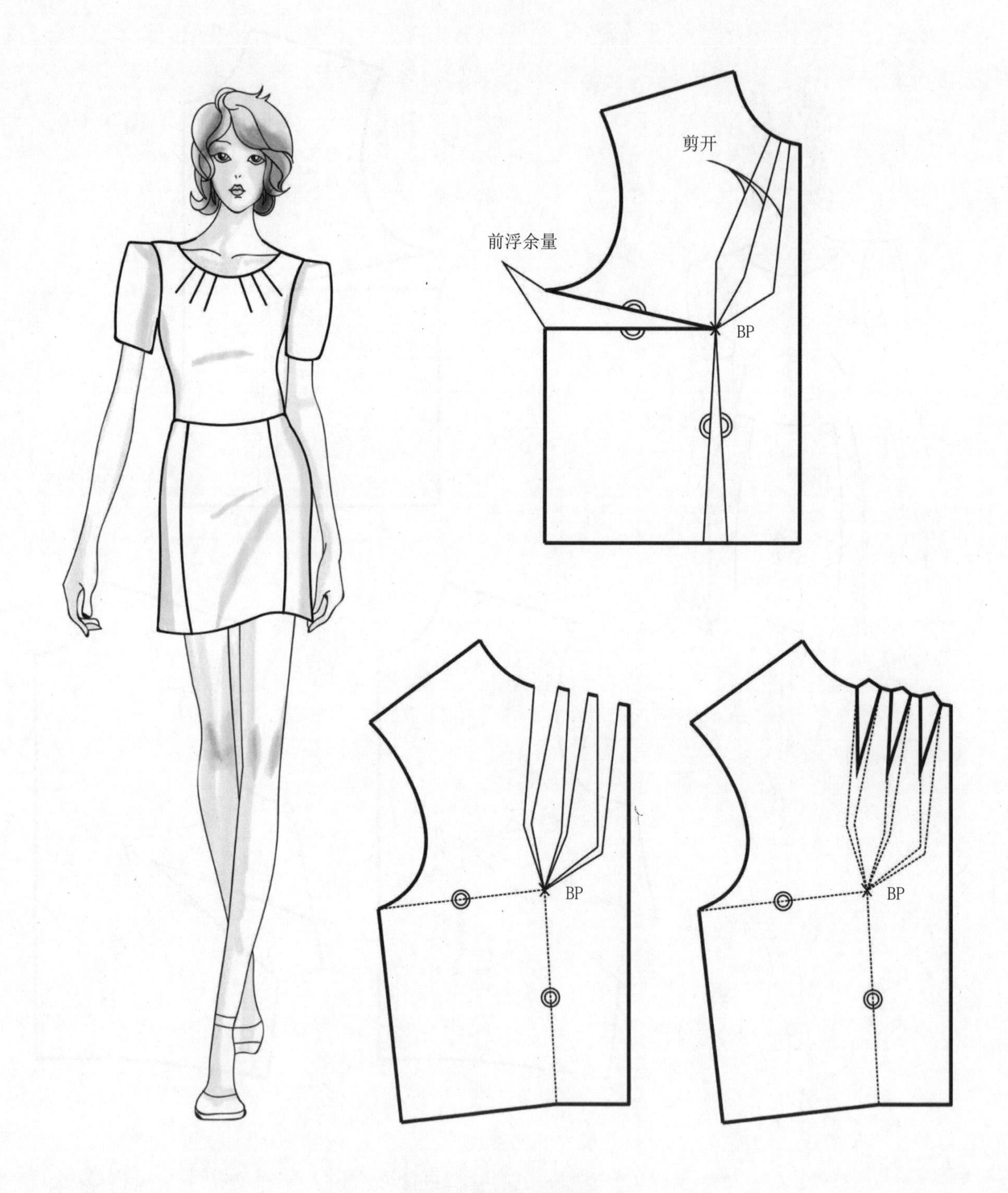

图5-39 多个分散省转移

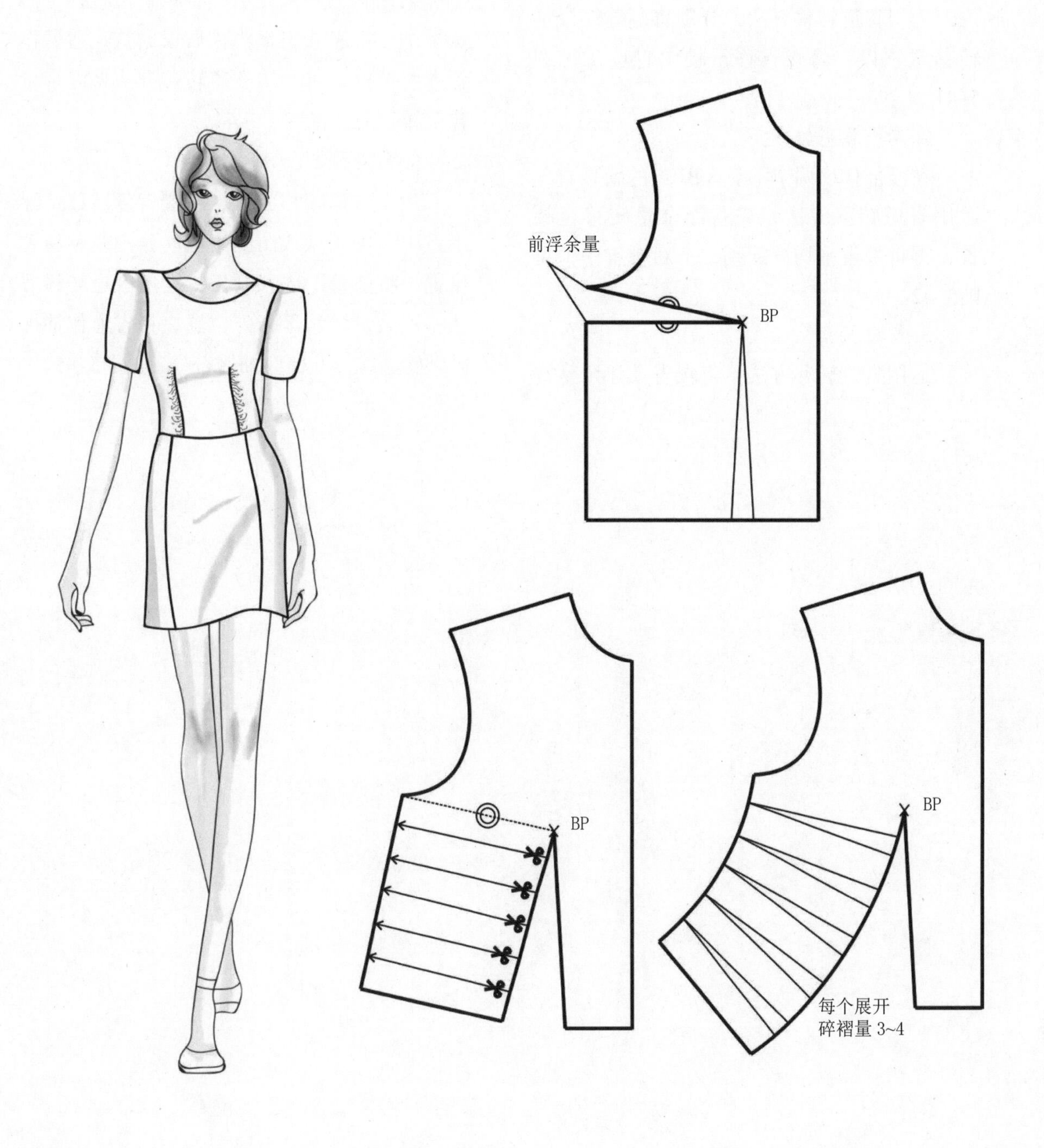

图5-40　抽褶变化　　单位：cm

四、省道变化应用

1. 领口省及腰省转移

分别在前领窝中点、腰中点作出新省位，运用省道转移方法，分别将侧缝浮余量转移至领口，将腰省移至腰中省位，见图5-41。

2. 两个腰省转移

在腰部作出两个不对准BP点的新腰省，运用省道转移方法，先将浮余量转移至腰省，再将腰省平均分配到二个新腰省中，见图5-42。

3. 前中抽褶

运用省道转移方法，将腰省及浮余量转移至前中心省，将省道作抽褶画顺轮廓线，并标注抽褶符号，见图5-43。

4. 不对称省

运用省道转移方法，将腰省量转移至浮余量中，将衣片完整对称后根据款式造型作新省线位置，再运用省道转移方法将浮余量转至新省中，将见图5-44。

5. 前身分割抽褶

运用省道转移方法，将腰省量转移至浮余量中，按照款式图画出横向分割线及新省位置，将前身上部移开后，运用省道转移方法将浮余量转移至新省位置，将省道作抽褶画顺轮廓线，并标注抽褶符号，见图5-45。

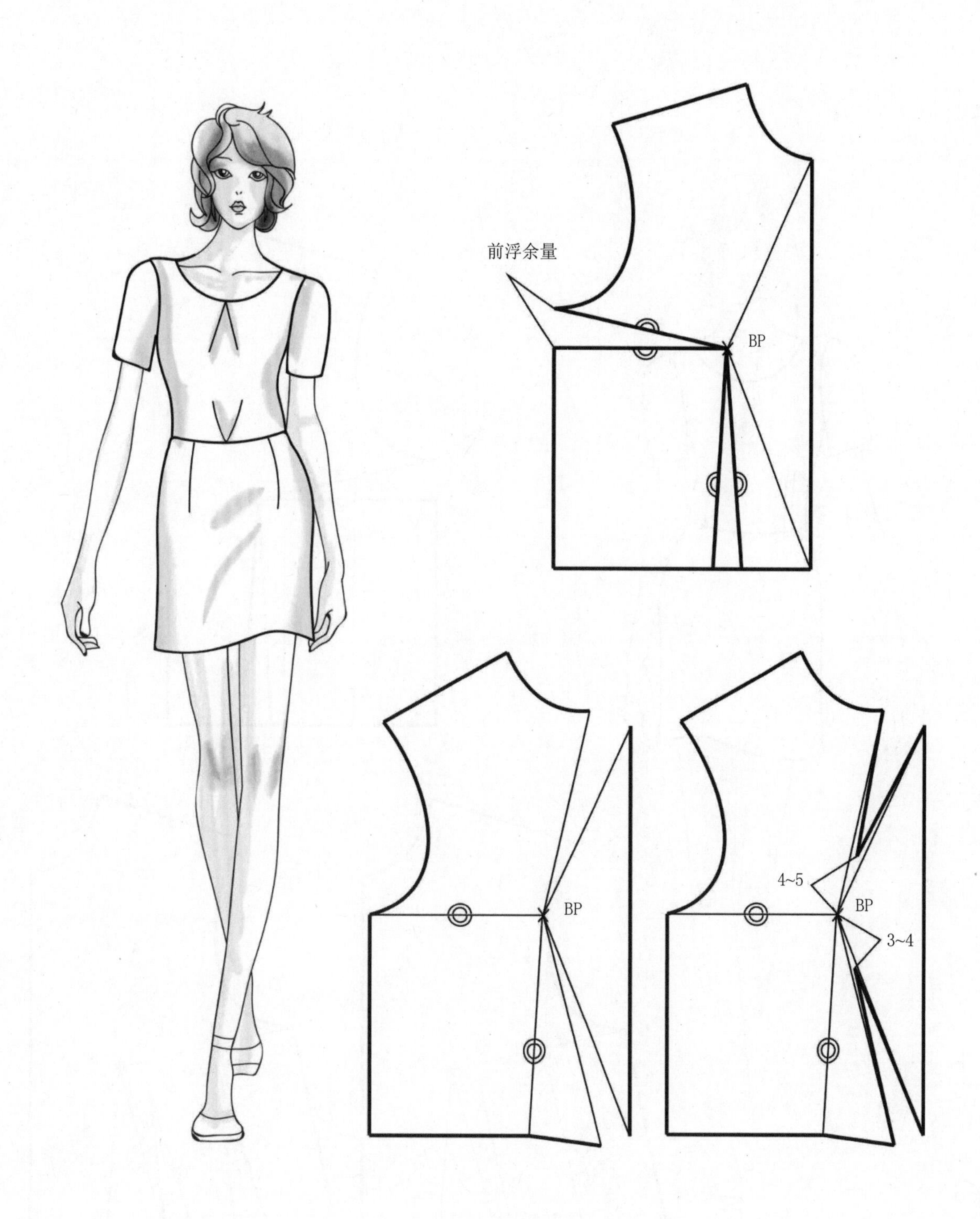

图5-41　领口省及腰省转移

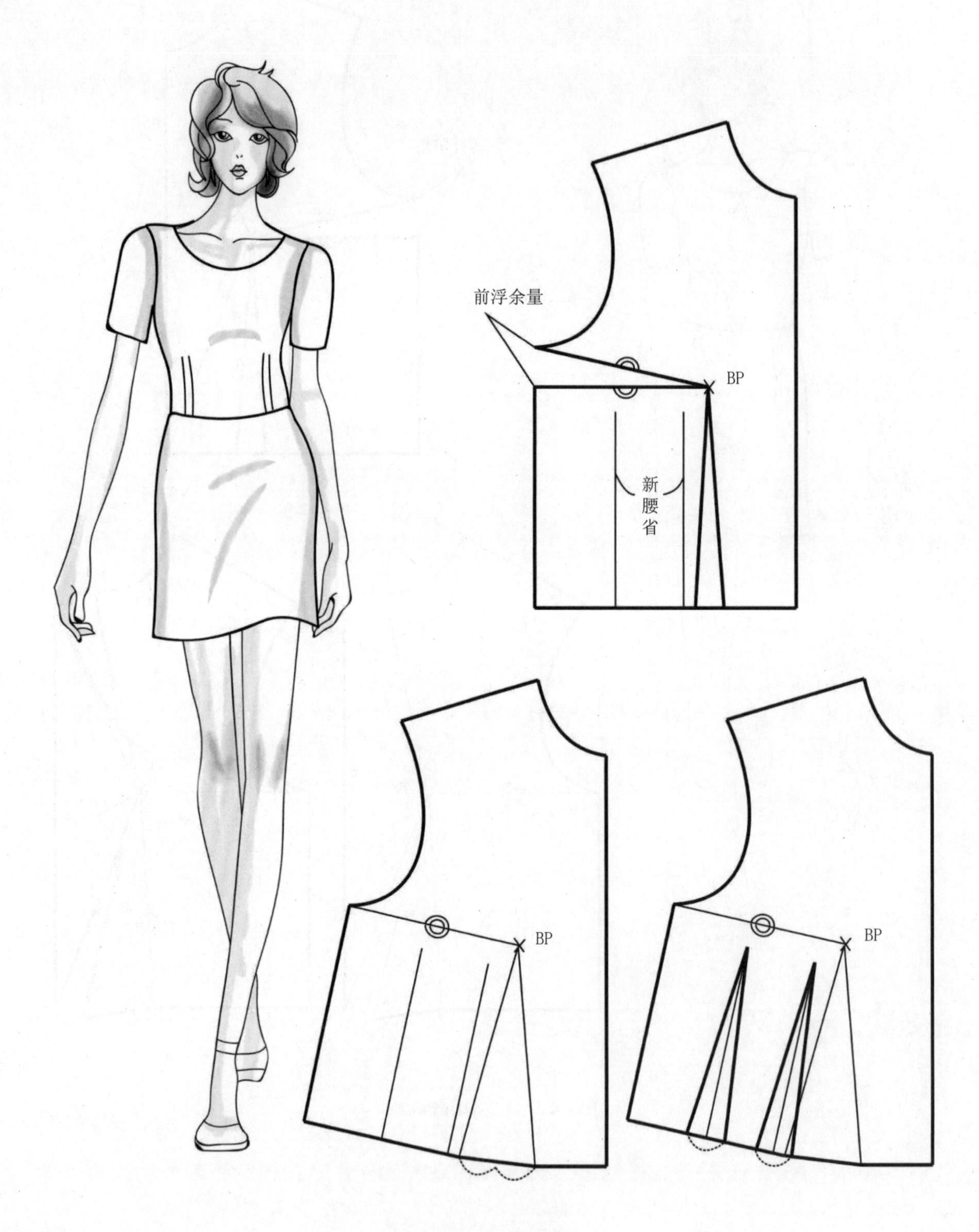

图5-42 两个腰省转移

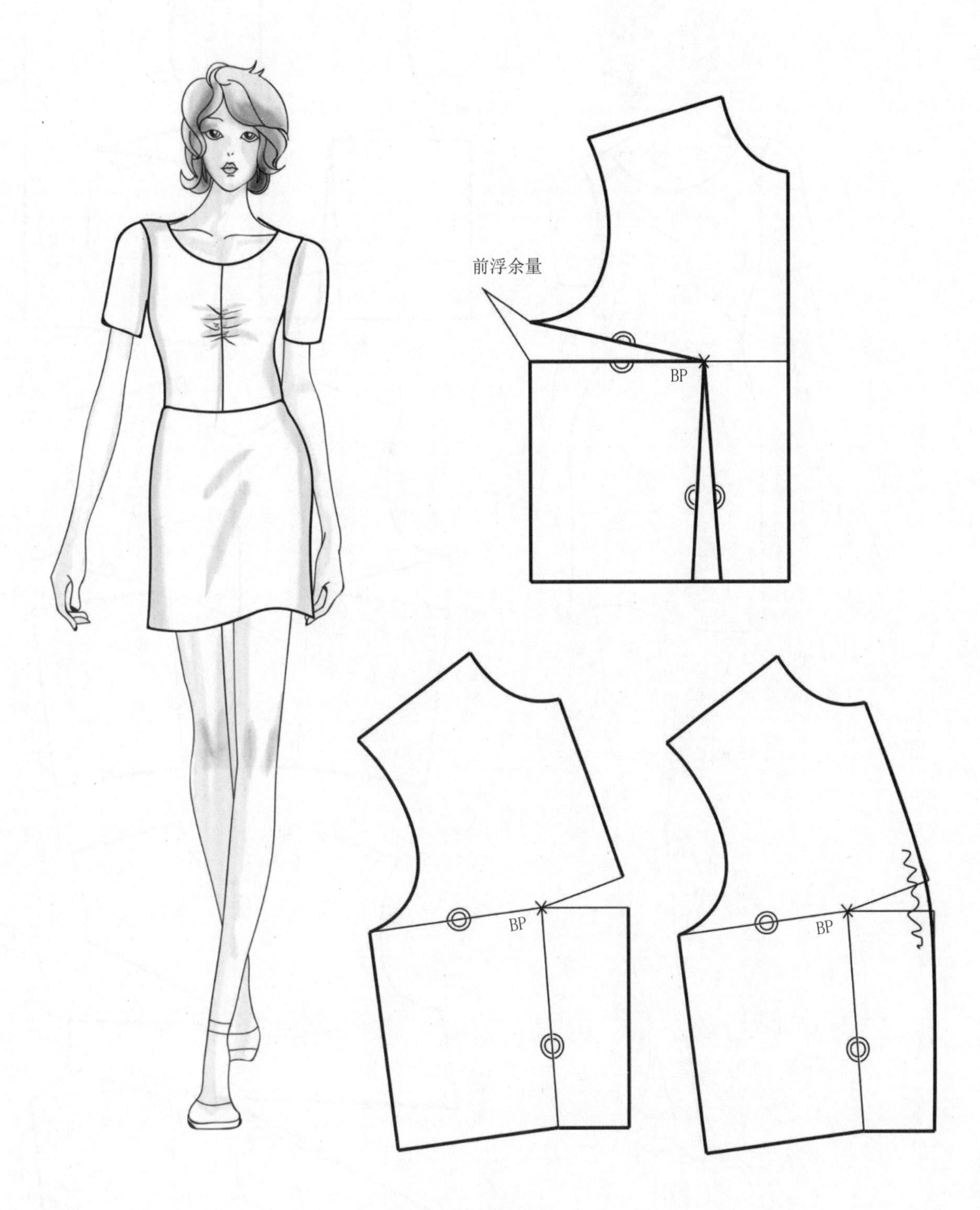

图5-43　前中抽褶

图5-44 不对称省

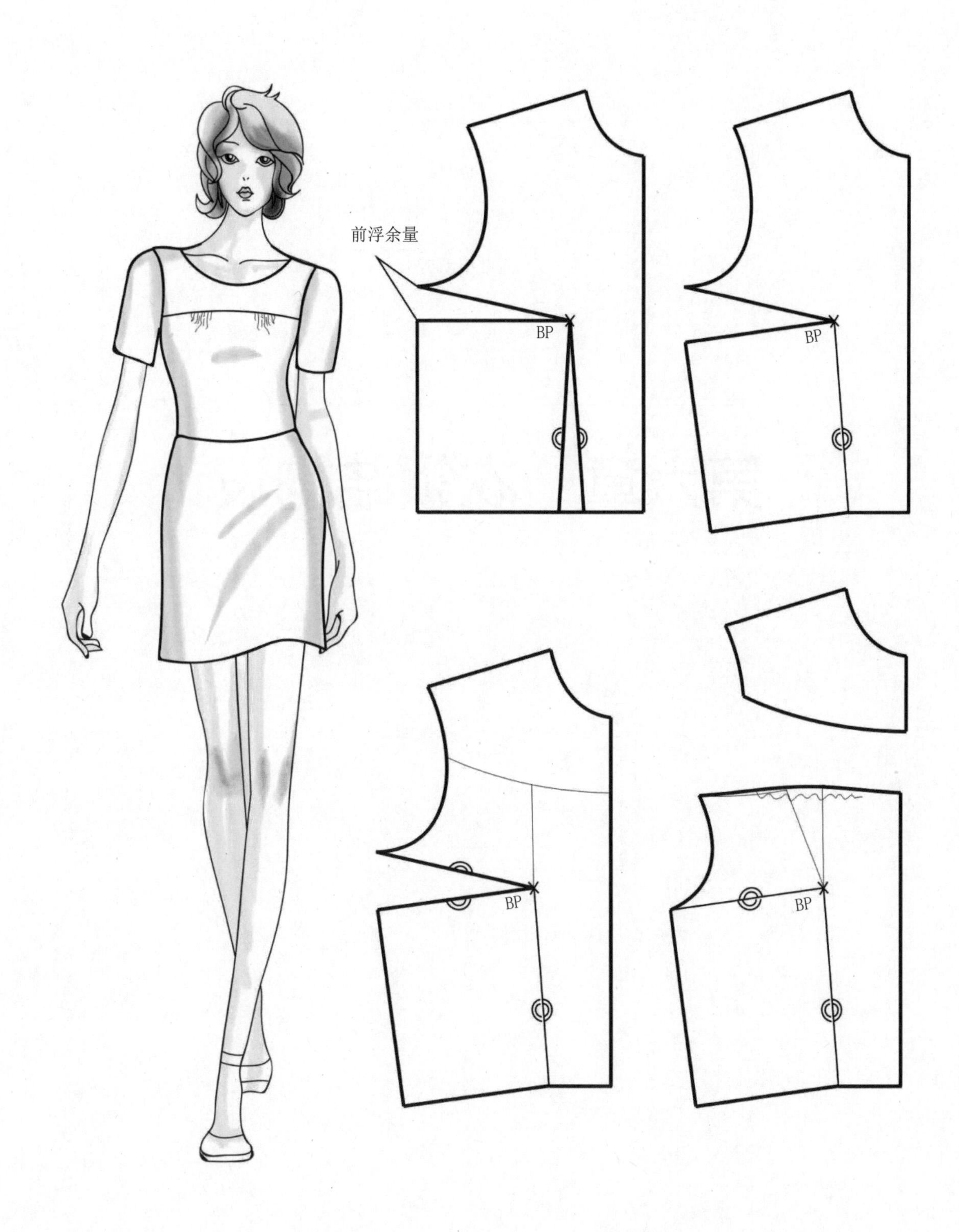

图5-45　前身分割抽褶

第六章　衣领结构设计

衣领是影响服装美感及外观质量的关键部位之一。衣领装于衣身的领口上，位于人体颈脖部位，是视觉的焦点之一，既能装饰颈部、衬托脸型，又是展现服装整体风格的重要载体。

一、衣领的组成

（1）领口部分：衣身领口部位，是安装领子或根据款式造型作为衣领造型的独立部位，如一字领。

（2）领座部分：可单独成为领身部位，如立领，亦可与翻领面采取缝合或是连裁的形式组合成新的领型，如衬衫领。

（3）翻领部分：缝合或连裁于领座上的领身部分。

（4）驳头部分：衣身领口门襟与领身相连，且向外摊折的部位，如西服中的翻驳领。

二、衣领构成名称

（1）装领线：是领座与领窝缝合在一起的线，亦称领下口线。

（2）领上口线：领座上边缘与领面缝合的线条。

（3）翻折线：翻领面向下翻形成的折线。

（4）翻折止点：驳头翻折的最低位置。

（5）领外轮廓线：翻领面外部轮廓的造型线。

（6）串口线：将领身与驳头部分缝合在一起的线条。

图6-1为衣领各部位名称。

三、衣领的分类

（一）无领

亦称领口领，是指既无翻领面亦无领座，见图6-2，以衣身领口部位的形状为衣领造型的领子。根据穿着形式又分为前开襟型和套头型两种。

（二）有领

领身装于领口线上，包括领座和翻领面两部分，见图6-3。

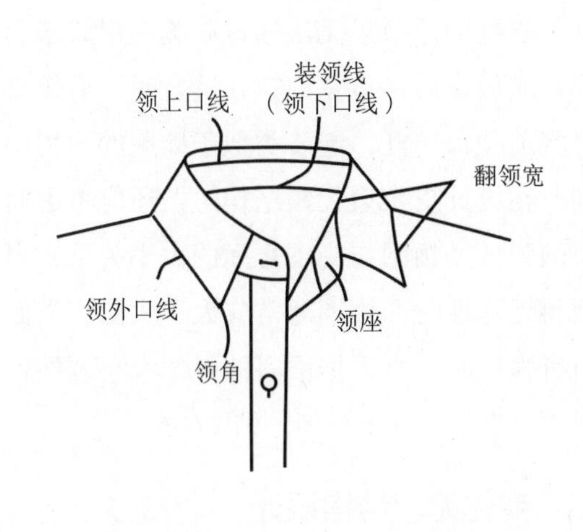

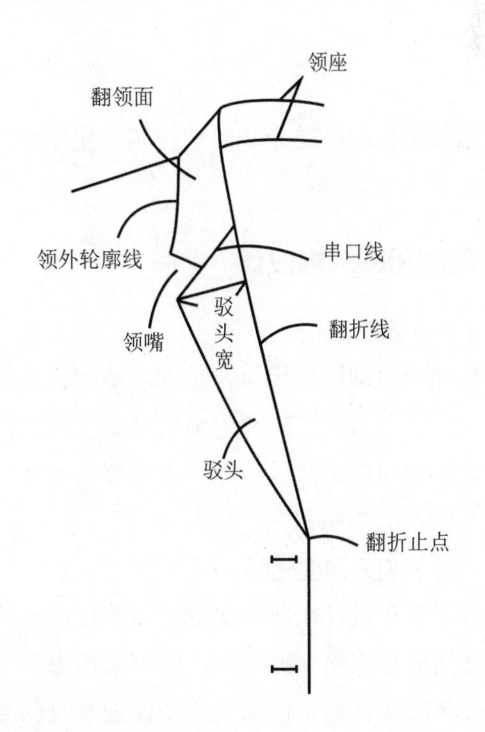

图6-1　衣领各部位名称

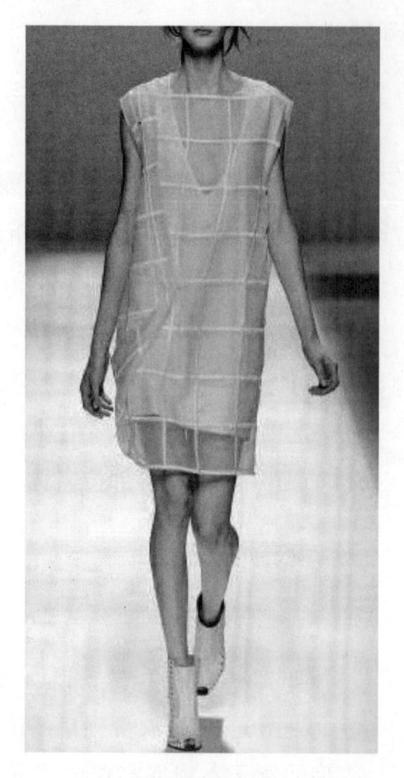

图6-2 无领

图6-3 有领

第一节 无领

无领结构的种类分基础结构和变化结构两大类。

一、基础无领结构设计

（一）基础领口

基础领口即原型领口，是衣领结构设计的基础。任何衣领结构须先画出基础领口，然后将基础领口加宽、加深、改变弧度后才能构成具体款式的领口，见图6–4。

（二）前开襟型无领

由于开襟设计在前中线处，当前浮余量不能被其他形式完全消除时，则可采用撇胸（不对准BP点的省）的形式来消除前衣身的浮余量，撇胸的大小受未消除的浮余量大小和胸部丰满度的影响，见图6–5。

（三）套头型无领

套头型无领指前、后中线处于连裁状态的结构。由于前、后中线为连折状态，因此前衣身的浮余量无法通过撇胸的形式来消除，应放在后领口宽内，在缝合时，后领口可将前领口拉开，起着类似于撇胸的作用。同时在设计贯头型无领结构时，还应考虑面料的弹性及领围与头围之间的大小关系，当面料无弹性时，领围通常应大于头围；当面料有弹性时，可根据面料的弹性大小调整，通常取小于或等于头围，见图6–6。

二、变化无领结构设计

（一）无领加垂褶的无领结构

在无领的基础上加垂褶可形成垂褶型无领。先画出无领基础图，再画出垂褶造型分割线并沿其剪开，拉展出褶裥量和垂褶量，最后使等于并且与前中心垂直，构成垂褶无领结构图。实际制作时需选择垂荡性较好的面料进行制作，见图6-7。

（二）无领加抽褶的无领结构

按款式造型将基础领窝开大，做成一般的无领。在衣身上画辅助分割线，并剪开拉展，展开量=抽褶个数×(2~3)cm，然后画顺领口线，即构成抽褶型领口线，见图6-8。

（三）无领结构变化应用

1. 贯头式圆领结构

在原型领窝基础上，同步增加前、后横开领，应保证前、后横开领差数不变，同时还应考虑头围与领围的关系，通常领围应大于头围，所以领围一般取60cm以上，如果领围小于头围，则需采用开衩等方式，以便于穿脱，见图6-9。

2. V形领结构

V形领结构与贯头式圆领结构相似，只是前领窝开低量应加大，见图6-10。

3. 一字领结构

在原型领窝基础上，同步增加前、后横开领，应注意一字领领围线较平，前领窝应适当抬高，见图6-11。

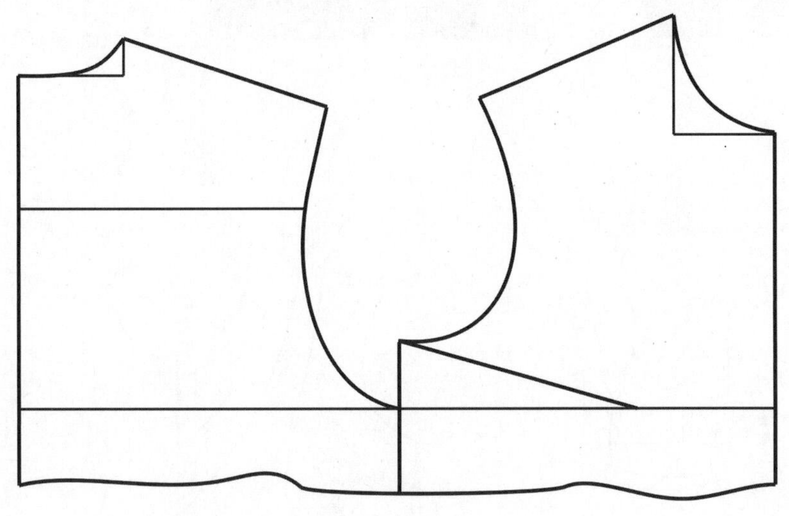

图6-4 基础领口

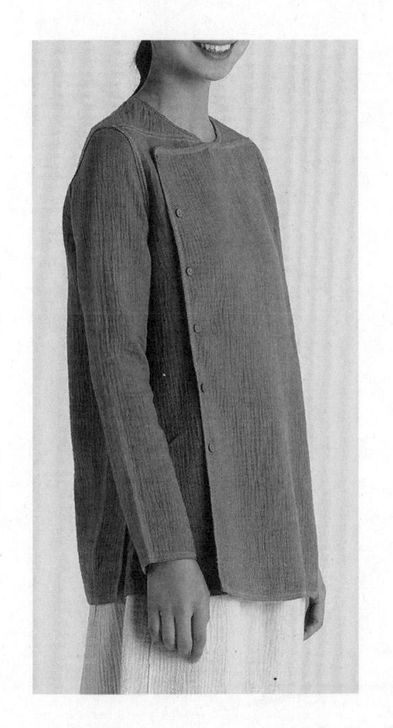

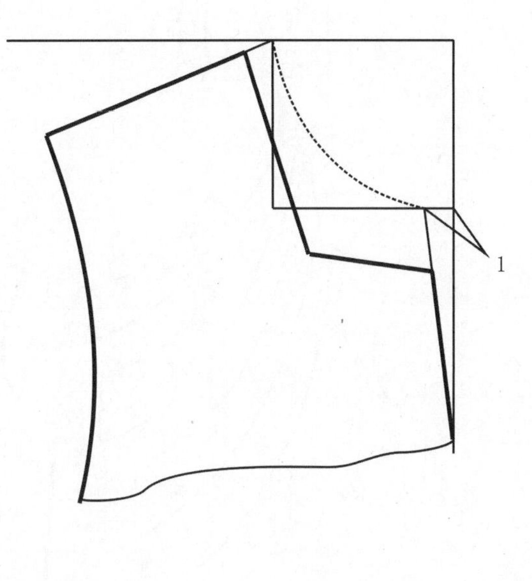

图6-5 开襟无领 单位：cm

图6-6 套头无领

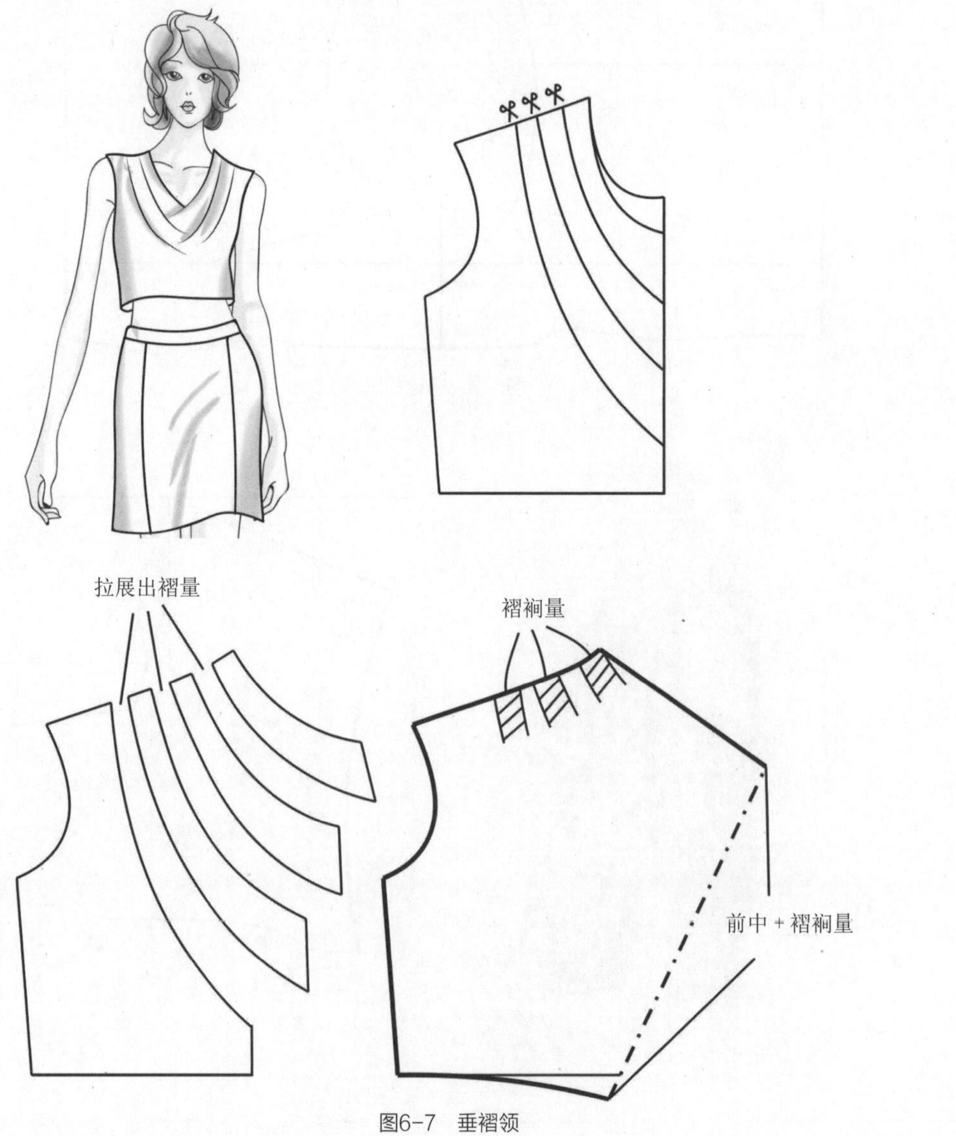

图6-7 垂褶领

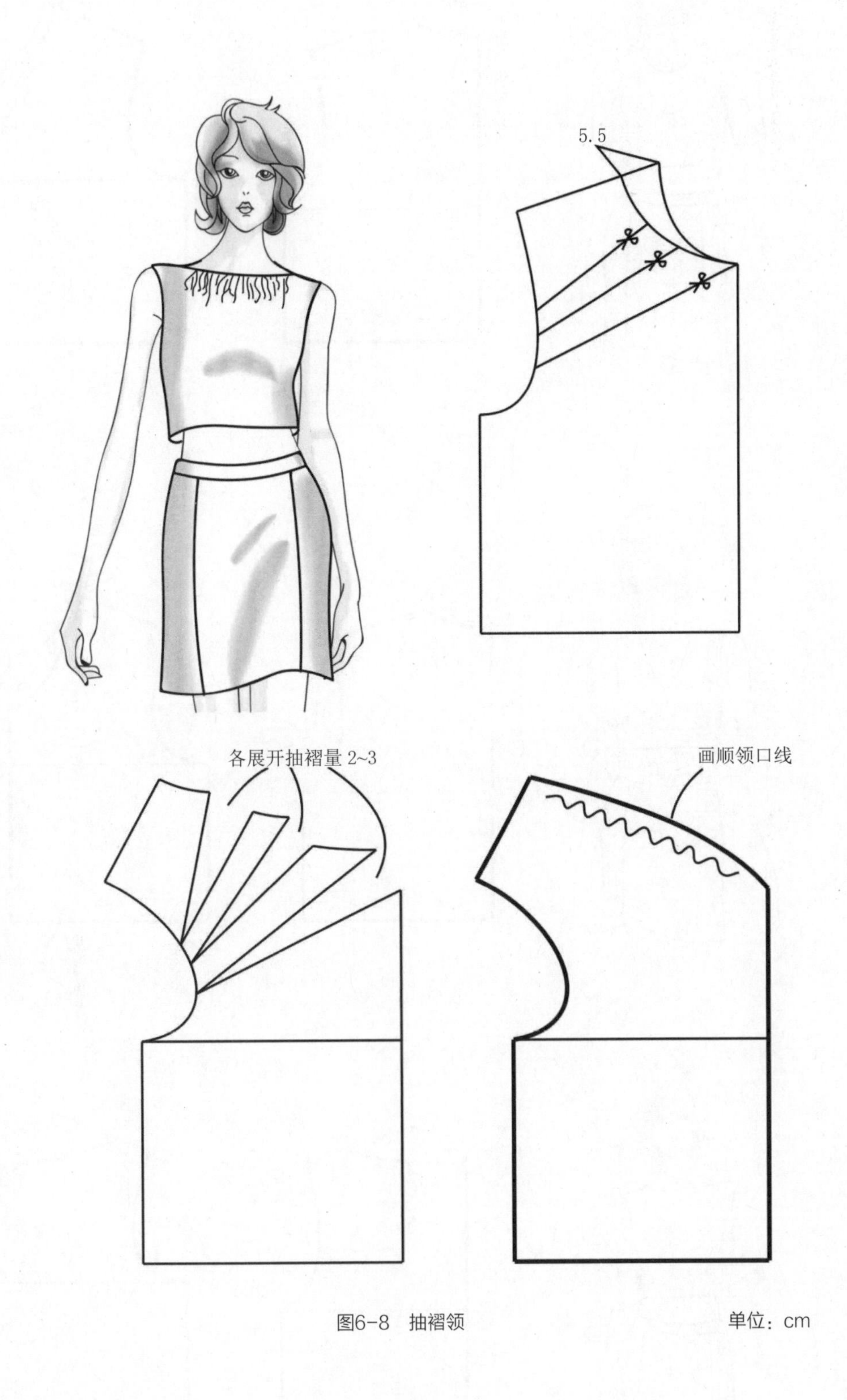

图6-8　抽褶领　　单位：cm

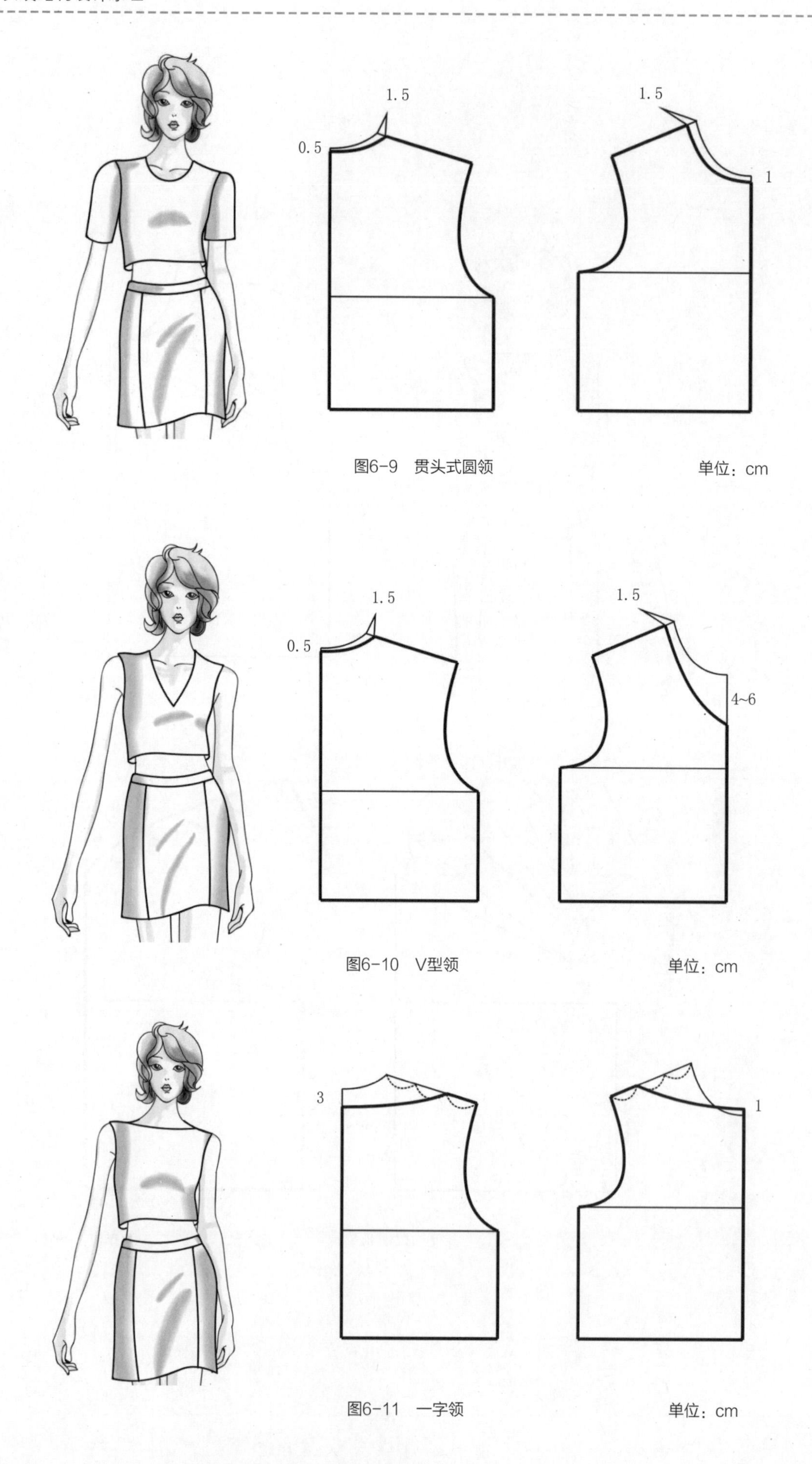

图6-9 贯头式圆领 单位：cm

图6-10 V型领 单位：cm

图6-11 一字领 单位：cm

第二节 立领

一、立领种类

立领是一种只有领座，没有翻领的领型，属于典型的关门领。在外观上，立领呈直立状，常用于旗袍、中式服装、夹克衫等服装，见图6–12。

立领的结构种类有两种，即基本结构和变化结构。

图6–12　立领旗袍

二、基础立领结构设计

（一）单立领的结构原理

立领的领型变化，与立领倾斜度有非常重要的关系。当立领的倾斜度为垂直状态时，立领上口线与下口线相等，立领为直立状态；当立领的倾斜度小于垂直状态时，立领上口线小于下口线，立领呈内倾状态，且贴近于脖颈部；当立领的倾斜度大于垂直状态时，立领上口线大于下口线，立领呈外倾状态。

内倾型立领的起翘量设置是非常关键的，要根据立领与颈部的空隙量，调节增加起翘量，空隙越小，起翘量越大。起翘量可参考：（领窝弧线–实际颈围）/2=起翘量，见图6–13。

（二）单立领的结构设计

（1）按图6–14（a）作基础领高。

（2）在基础领窝侧颈点外按领前型及领侧角$\frac{\delta-95^\circ}{5^\circ}\times 0.2$作实际领窝线，见图6–14（b）。

（3）按领上口线形状为直线形、稍圆弧形、圆弧形，选择适当的重合点，连领窝上作单立领，见图6–14（c）。

（三）单立领的实例

前领型为直线形的单立领。

制图方法：见图6–15。

（1）按领围（N）作基础领窝。

（2）按造型在基础领窝上以$\frac{\delta-95^\circ}{5^\circ}\times 0.2$为开宽量画实际前、后领口线。

（3）将实际领窝线分成三等分，并以前1/3点为切点，在切点前区域画前领身，与前颈窝线重合。

（4）在切点后作切线，按领下口线长=实际领窝弧长+0.3cm，向上作垂直线为领高，领上口线长=N/2画出领身。

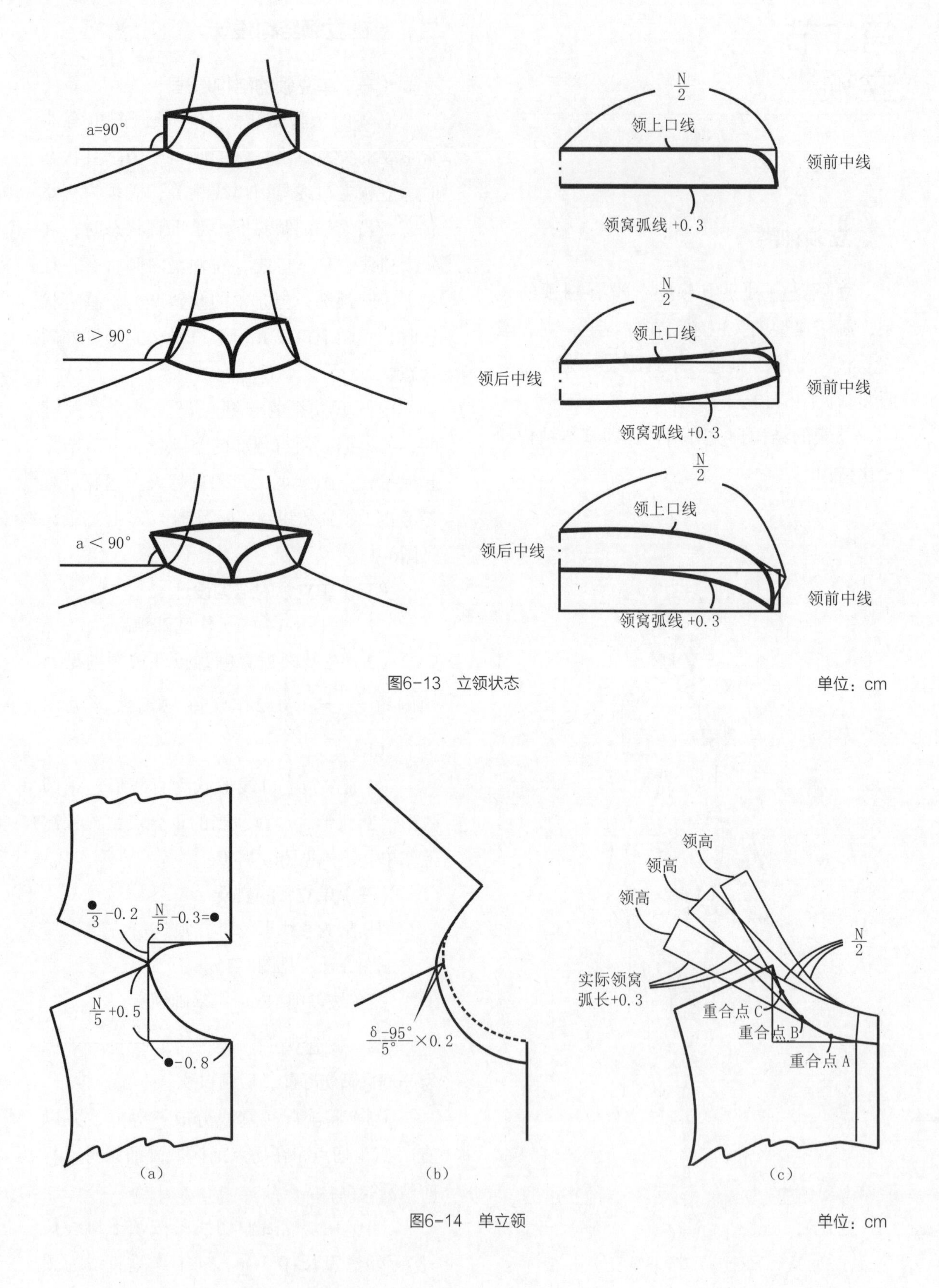

图6-13 立领状态 单位：cm

图6-14 单立领 单位：cm

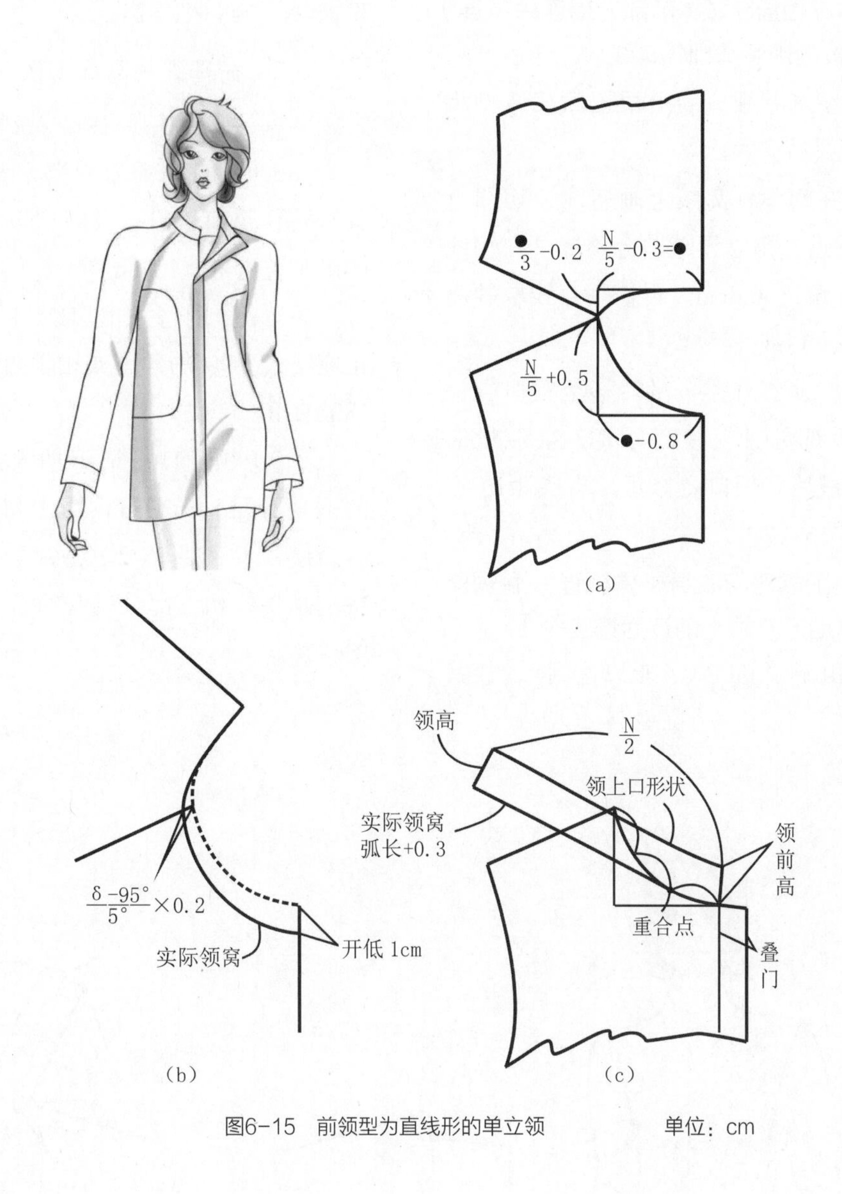

图6-15 前领型为直线形的单立领 单位：cm

三、连身立领

连身立领是领座与衣身整体或部分相连的领型，可分为：

（1）前领座与衣身整体相连，后领座与衣身整体不相连。

（2）前领座与衣身部分相连，后领座与衣身整体不相连。

（3）前领座与衣身整体相连，后领座与衣身整体相连。

（一）前领与衣身整体相连，后领座与衣身整体不相连立领（前连后不连）

（1）按领围画基础领口线。

（2）在基础领口线上根据款式造型将前、后领宽进行开宽。

（3）在实际领窝线上画切线，切线点离侧颈点越近，则立领越贴合颈部。在切线上量取后领弧长+0.3cm，再作垂直线取领座高，画顺领上口线，见图6-16。

（二）前领座与衣身部分相连，后领座与衣身整体不相连立领（前部分相连后不连）

（1）按领围画基础领口线。

（2）在基础领口线上根据款式造型将前、后领宽进行开宽。

（3）在实际领窝线上画切线，切线点离侧颈点越近，则立领越贴合颈部。在切线上量取后领弧长+0.3cm，再作垂直线取领座高，画顺领上口线。

（4）将前衣身浮余量转移至领口省，使立领的后部领身与领窝分离，空隙量应≥1.5cm。最后将领口省修正，省尖距BP点≥4cm，见图6-17。

（三）前领座与衣身整体相连，后领座与衣身整体相连立领（前连后连立领）

（1）由于领上口大，难以达到N，故其领围大应按N'=N+3cm进行制图，以保证领上口大=N，画基础领窝线。

（2）在基础领窝线上按 $\frac{\delta-95°}{5°}\times0.2$开大领窝宽，画出实际领窝线及领前部造型。

（3）将前衣身浮余量和后衣身浮余量分别转移至前领口省及后领口省处，使拉开的最小省道量≥1.5cm。

（4）分别将领上口线与领身的交角修正成略大于90°的角，或相领两角画成略大于180°的角。

（5）领上口可适当加入补足量，一般前上口补足1cm左右，后上口补足0.5cm左右，使领上口线=N/2。将领上口线画圆顺，特别是将各相关部分领身拼合后画圆顺，见图6-18。

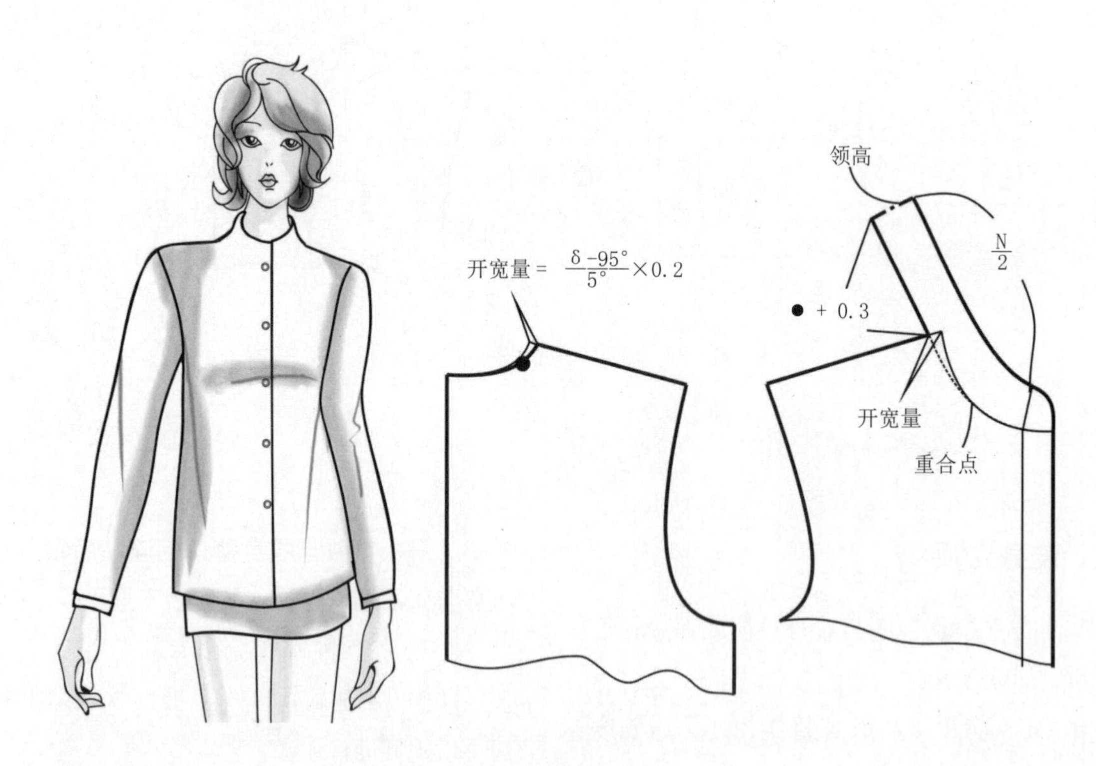

图6-16 前连后不连立领　　单位：cm

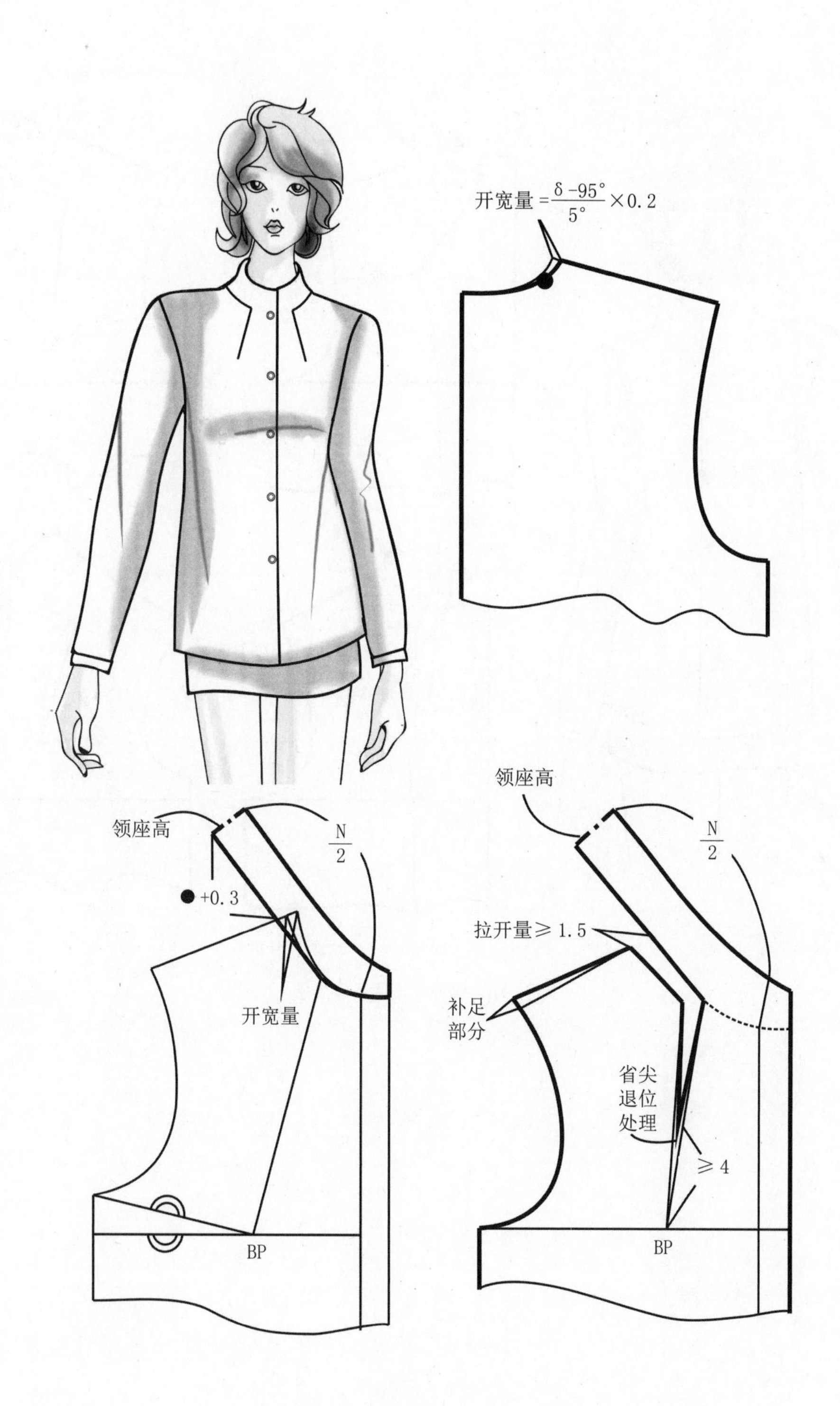

图6-17　前部分相连后不连立领

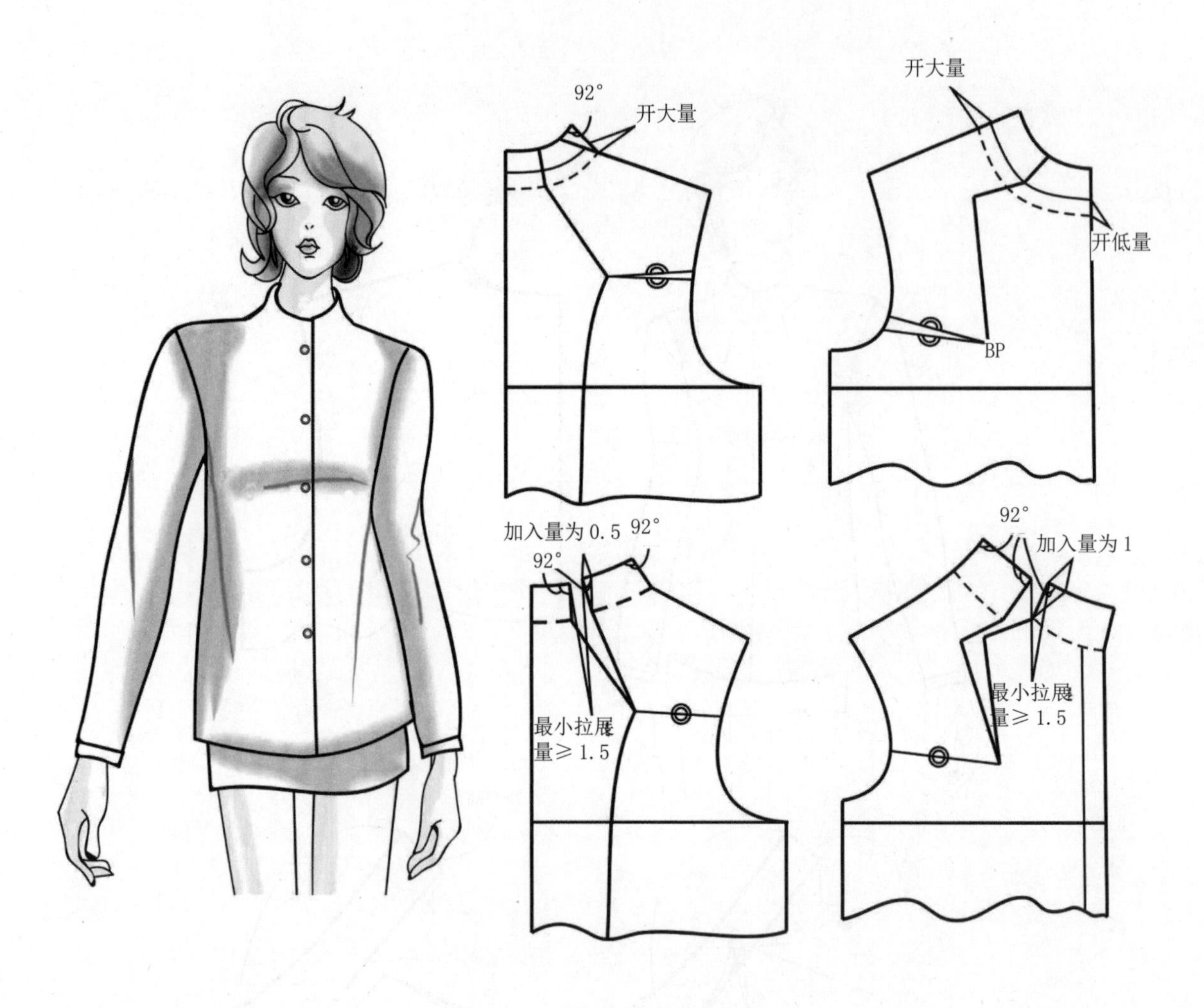

图6-18 前连后连后不连立领

第三节 翻立领结构设计

翻立领是领座与翻领缝合成一体的立领，如中山装领、衬衫领、风衣领等。在结构设计中领座的设计方法与单立领相同（图6–19）。

一、翻立领的结构设计

（一）分体式

（1）在基础领口上画实际前、后领口线。

（2）量取前、后领口线长度，做矩形框，领下口起翘量为2cm。

（3）在叠门宽与领上口线相交处沿领上口线向领后中偏0.3~0.5cm定装领止点，并做水平线交于领后中线。

图6–19 翻领成衣

（4）于交点上抬2cm做翻领面下翘量，并画顺于装领止点，再根据款式造型将翻领面外轮廓造型画出，见图6–20。

（二）连体式

连体式翻领以翻折线为界由领座与领面连裁的一片式领型。

当领宽相同时，领面宽与领座宽的差数越小，领后翘势就越小，领外口线与领下口线的长度差也越小，则领型围绕颈部呈竖立状；领面宽与领座宽的差数越大，领后翘势就越大，领外口线与领下口线的长度差也越大，则领型越平坦于颈肩部。

翘势量=2×（领面宽–领座宽），见图6–21。

二、变化翻领的结构设计

（一）波浪领

（1）根据造型在基础领口上画实际前、后领口线。

（2）将前、后衣片肩部拼合，在肩点位置重合3cm。

（3）根据款式造型画出后领宽及翻领造型。

（4）将翻领复制移出后分成若干份并剪开进行切展，加出褶量，褶量大小视造型效果而定，见图6–22。

（二）坦领

（1）将前、后衣片肩部拼合，在肩点位置重合3cm。

（2）基于领窝后颈点、侧颈点沿出0.5cm，前颈点下落0.5cm，修画领下口线。

（3）后领宽=5.5cm，前领宽6.5cm，画领外口线，并修前领外口圆弧线，见图6–23。

（三）海军领

（1）将前、后衣片肩部拼合，在肩点位置重合1.5cm，前领深下落8cm，追加1.5cm叠门量，修画新衣领弧。

（2）后颈点延出0.5cm，修画领下口线。

（3）后领=13cm×15cm，前领宽6.5cm，

画后方形领外口线，并延伸连至前领深点画弧线，见图6-24。

(四)披肩领

(1)将前、后衣片领口分别开宽8cm，后领深开深3cm，前领开深2cm。

(2)将前、后肩端点处重叠1cm，将后领窝深线向上抬高0.5cm，侧颈点也量出0.5cm，把前、后衣片领画圆顺。

(3)在后中心线上由后颈点向下量取后领长19cm，在肩线上量取21cm，在前中心线上由胸围线向下量取7cm作垂线长3cm，画顺领外口弧线，见图6-25。

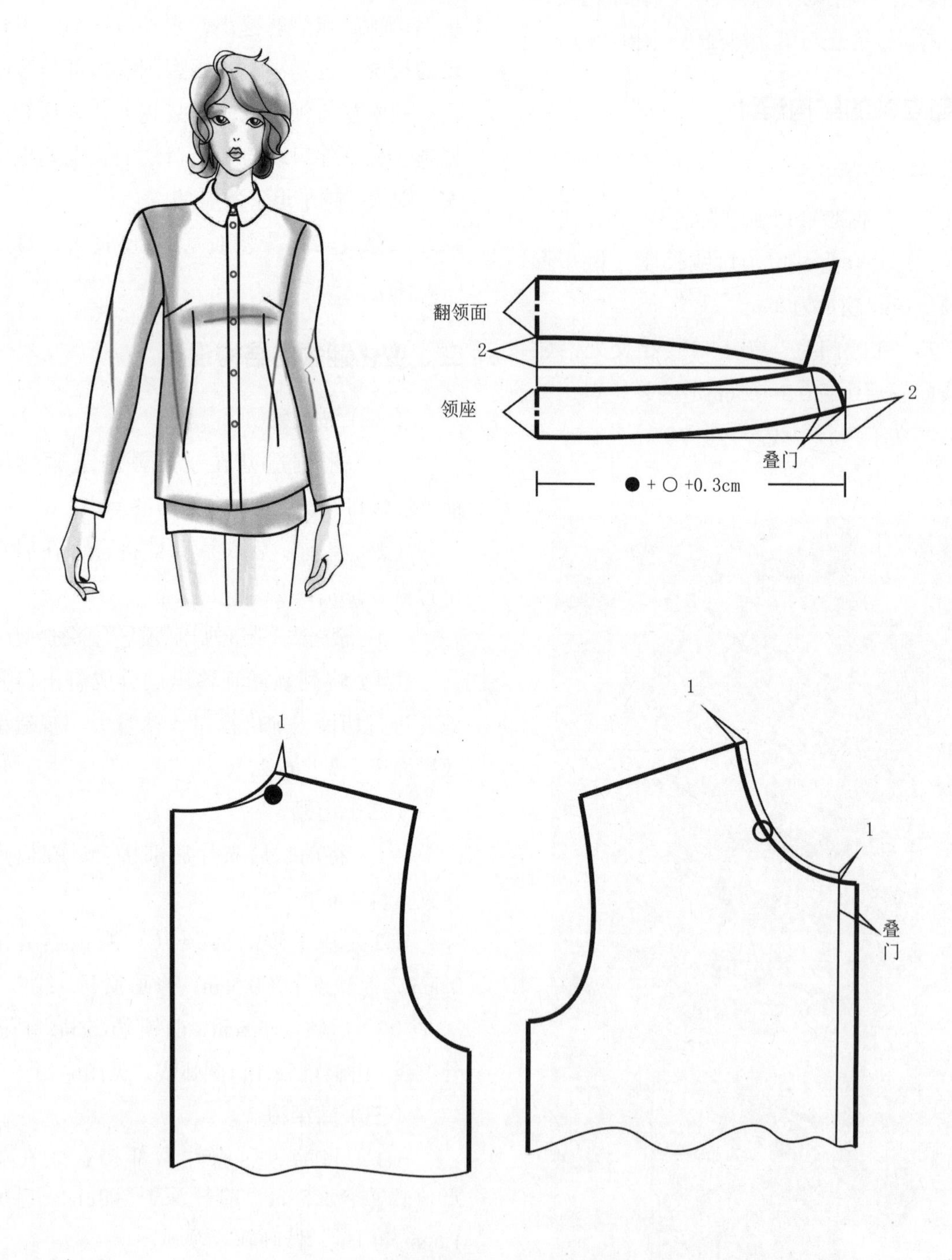

图6-20 分体式翻领 单位：cm

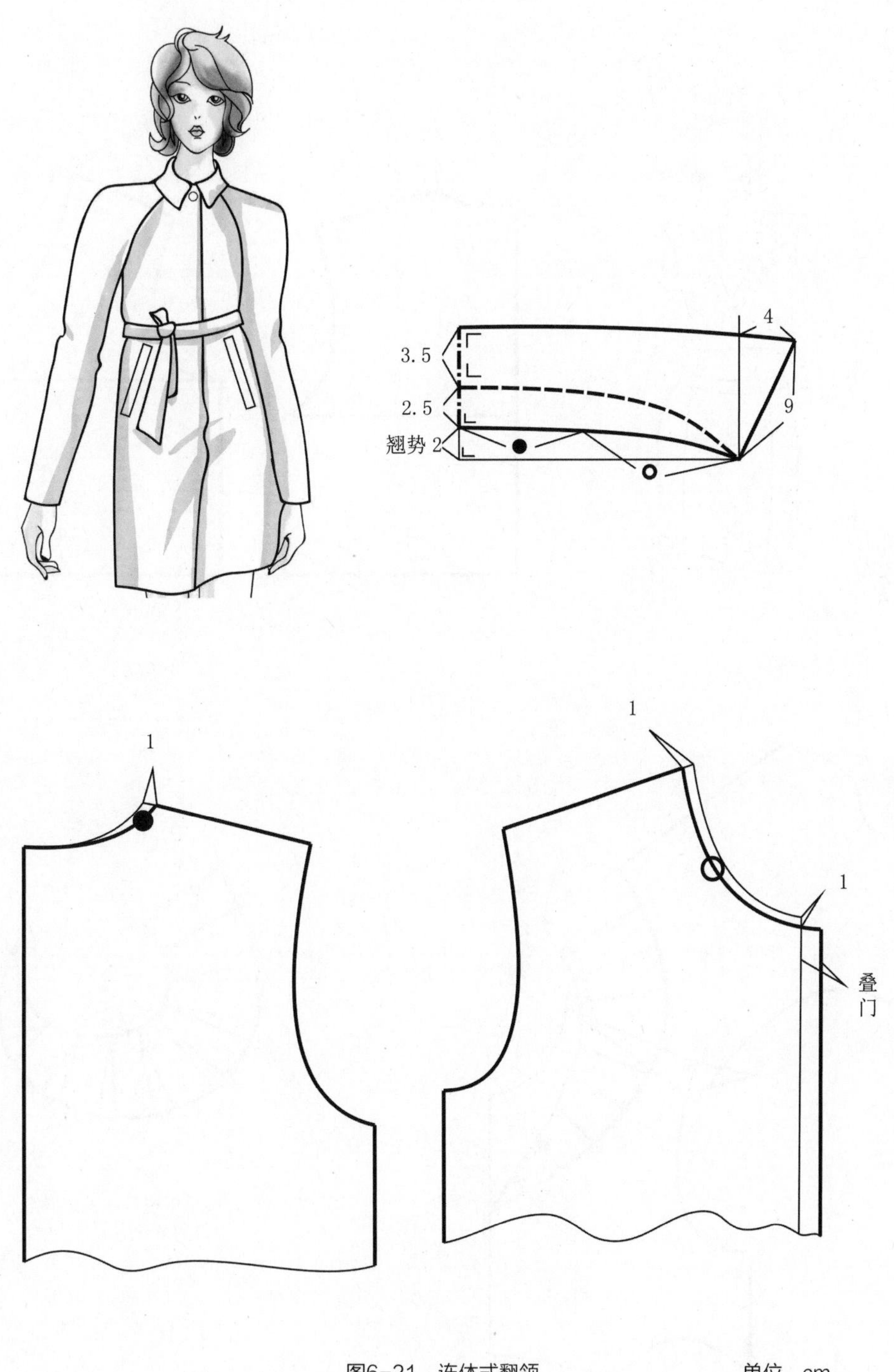

图6-21　连体式翻领　　　　单位：cm

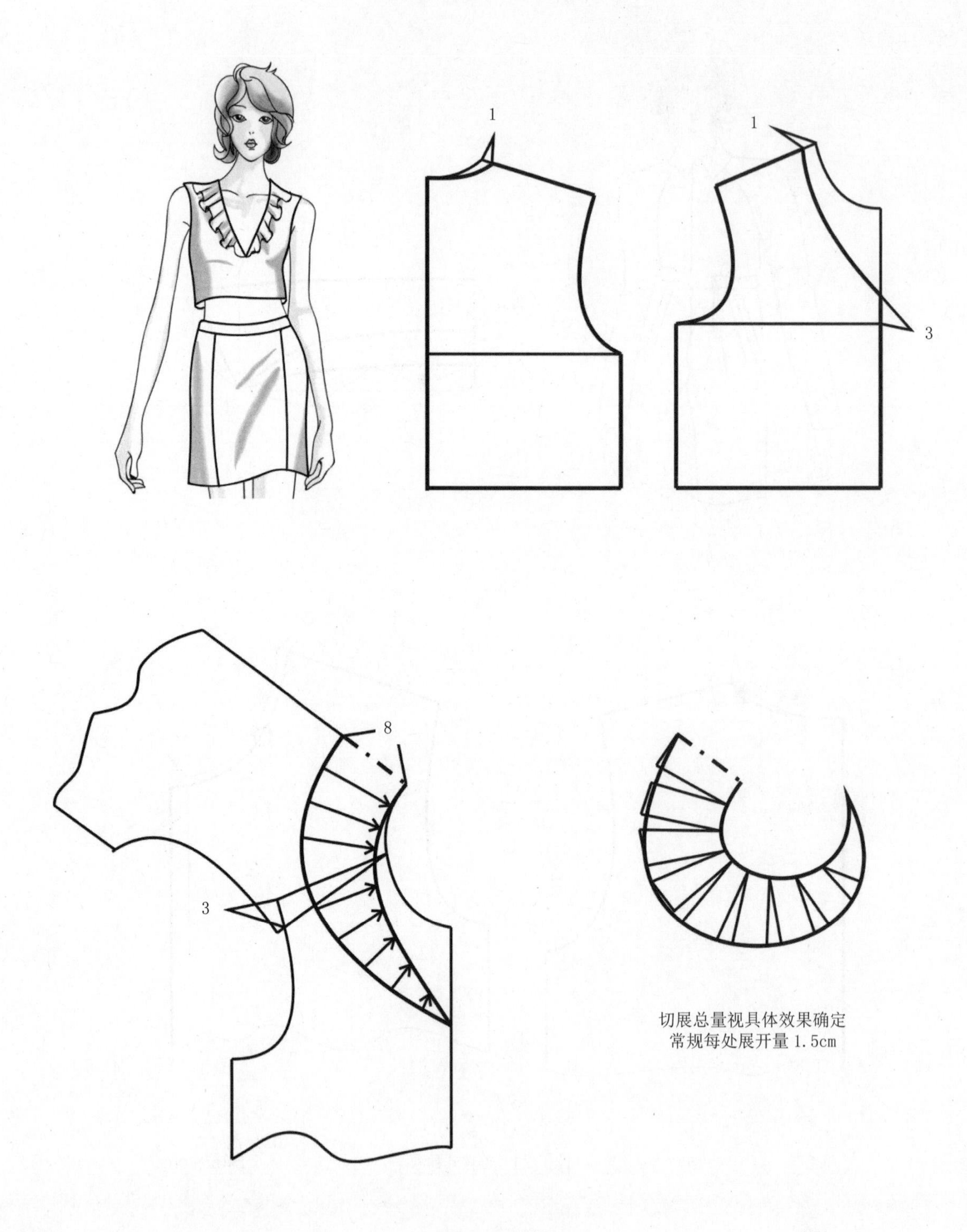

图6-22 波浪领 单位：cm

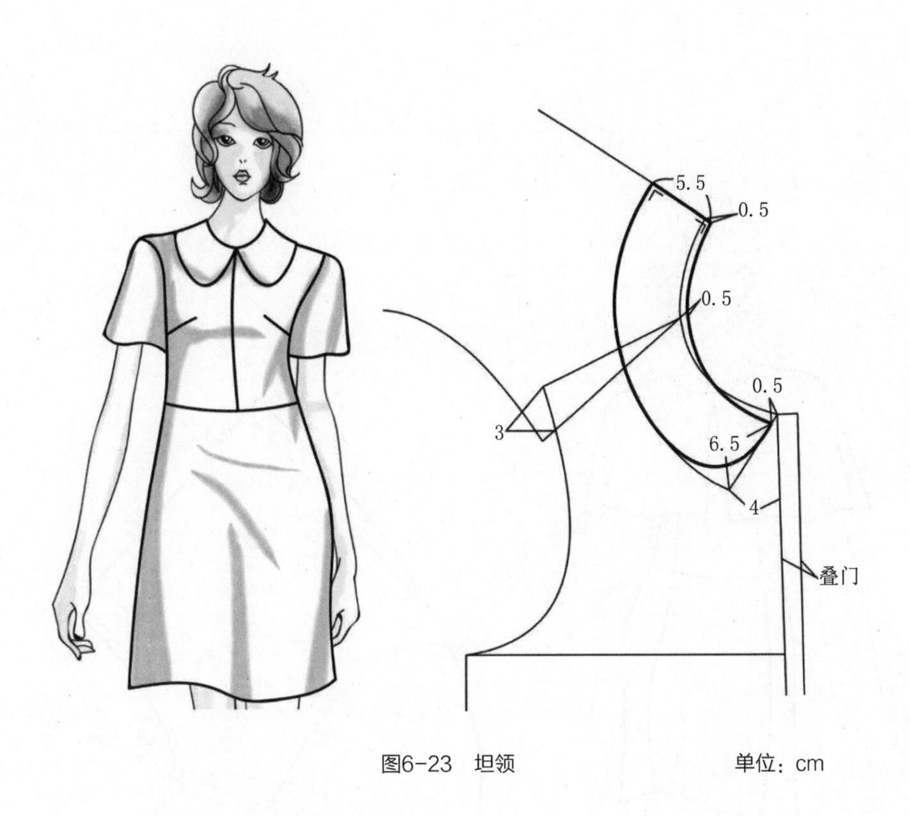

图6-23　坦领　　　　单位：cm

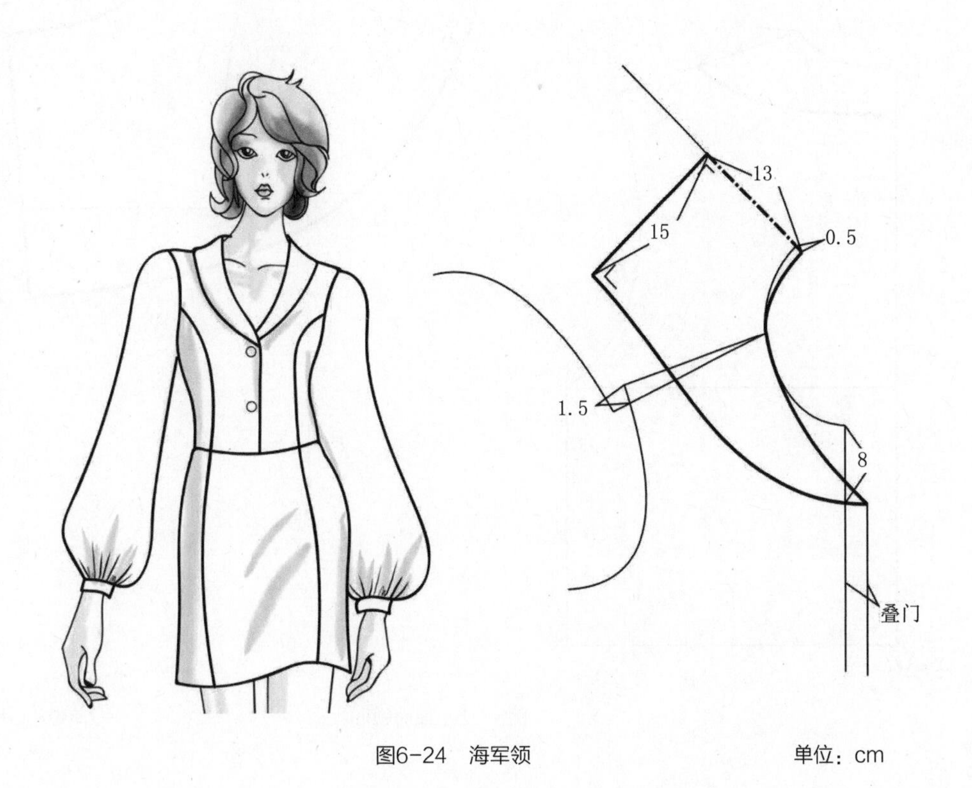

图6-24　海军领　　　　单位：cm

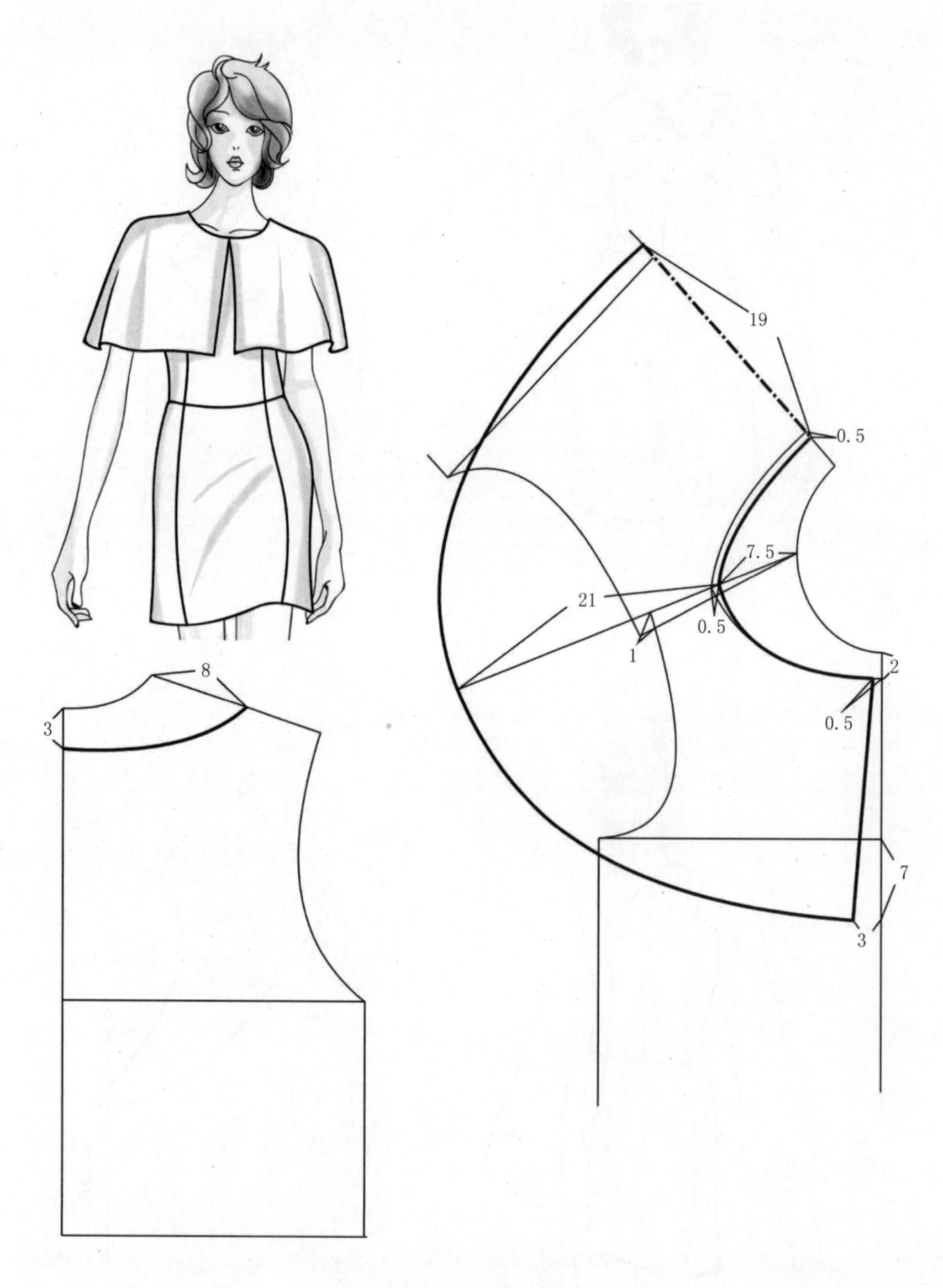

图6-25 披肩领 单位：cm

第四节 翻折领结构设计

翻折领是一种正式程度较高的领型，常用在西服上，也称为西服领。它由两部分组成，一部分是由衣身直接延伸覆盖在胸部，称为“驳头”，另一部分是拼接在驳头串口线上的翻领部分。

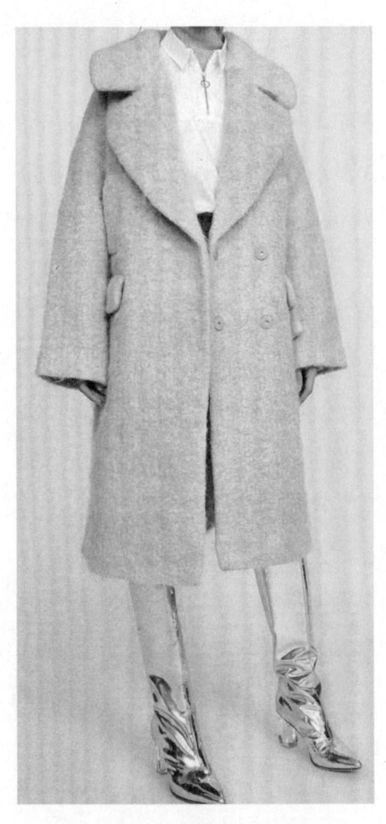

图6-26 翻折领成衣图

一、翻折基点的确定

翻折基点是翻折领重要的设计要素之一，翻折点首先决定了翻折线的位置，并将作为翻折领制图的基础。图6-22分别是领座侧倾角小于90°、等于90°、大于90°的三种情况，见图6-27。

二、翻领松量

翻领松量是配制各类翻领时必须掌握的重要数据之一，通常根据领型条件通过计算得出。

后领部位安装在衣身上后，形成的立体形态外轮廓线长与领座下口线长（即领窝线）之间有差值，这个差值即称为翻领松量。在绘制前领身结构图时，根据领面宽为b，领座宽为a，可采取公式（b−a）×1.8cm来计算翻领松量。

三、翻折领基本型结构制图

（1）按图6−28(a)作基础领窝。

（2）在基础领窝线上按 $\frac{\delta-95°}{5°}\times 0.2$ 开大领窝，并按实际领座宽、领面宽的关系作图AB，确定A’B=AB，见图6−28(b)。

（3）过A’点作翻折线，并在其左侧作出领前造型图，并将其图型翻转至右侧成领前型结构图，见图6−28(c)。

（4）从侧颈点作翻折线的平行线，长度为领面宽（b）+领座宽（a），再作垂直线，长度为（b−a）×1.8cm为翻领松量。

（5）将侧颈点与翻领松量点连接并延长，在该线条上量取后领弧长+0.3cm，再向上作垂直，长度为领面宽+领座宽，见图6−28(d)。

（6）根据款式造型要求，在串口线处将领嘴造型绘制后画顺领外口线。

四、翻折领变化结构制图

1. 立翻折领

（1）为立领与驳头相组合的领型，因无翻领面部分，故结构设计方法略有特殊。

（2）在基础领窝线上按 $\frac{\delta-95°}{5°}\times 0.2$ 开大领窝。

（3）从开宽点作肩线的反向延长，长度为0.8a，并接驳端点画出翻折线。

（4）以实际领窝线1/2处为切点画切线，在切线上量取后领弧长+0.3cm，再做垂直线取领座高。

（5）根据款式造型要求，确定驳头宽度后画顺领外口线，见图6-29。

2. 叠翻折领

（1）按图6-30(a)作基础领窝。

（2）在基础领窝线上按 $\frac{\delta-95^\circ}{5^\circ}\times 0.2$ 开大领窝，并按实际领座宽、领面宽的关系作图AB，确定A’B=AB，见图6-30(b)。

（3）从侧颈点作翻折线的平行线，长度为领面宽（b）+领座宽（a），再作垂直线，长度为（b-a）×1.8cm为翻领松量。

（4）将侧颈点与翻领松量点连接并延长，在该线条上量取后领弧长+0.3cm，再向上作垂直线，长度为领面宽+领座宽。

（5）根据款式造型要求，在串口线处将领嘴造型绘制后画顺领外口线，见图6-30(c)。

3. 连挂面翻折领（青果领）

（1）按图6-31(a)作基础领窝。

（2）在基础领窝线上按 $\frac{\delta-95^\circ}{5^\circ}\times 0.2$ 开大领窝，并按实际领座宽、领面宽的关系作图AB，确定A’B=AB，见图6-31(b)。

（3）从侧颈点作翻折线的平行线，长度为领面宽b+领座宽a，再作垂直线，长度为（b-a）×1.8cm为翻领松量。

（4）将侧颈点与翻领松量点连接并延长，在该线条上量取后领弧长+0.3cm，再向上作垂直，长度为领面宽+领座宽。

（5）根据款式造型要求，在串口线处将领嘴造型绘制后画顺领外口线，见图6-31(c)。

（6）青果领的外观表面虽然没有串口线，但从内部结构上看，必须设置串口线，才能保证青果领结构的合理性，见图6-31(d)、图6-31(e)。

4. 戗驳领

（1）按图6-32（a）作基础领窝。

（2）在基础领窝线上 $\frac{\delta-95^\circ}{5^\circ}\times 0.2$ 开大领窝，并按实际领座宽、领面宽的关系作图AB，确定A’B=AB，见图6-32（b）。

（3）过A’点作翻折线，从侧颈点做翻折线的平行线，长度为领面宽（b）+领座宽（a），再作垂直线，长度为（b-a）×1.8cm为翻领松量。

（4）将侧颈点与翻领松量点连接并延长，在该线条上量取后领弧长+0.3cm，再向上作垂直，长度为领面宽+领座宽。

（5）在串口线端点沿驳头向长延长6cm，沿串口线进5cm连接开成三角状，并在连接线处量进1.5~2cm且张开0~0.5cm，画顺领外口线，见图6-32（C）。

5. 弯驳领

（1）按领围作基础领窝，按领座宽、领面宽、领侧角作出翻折基点A’，按款式造型画出翻折线，见图6-33（a）。

（2）在翻折线左侧作翻折领外轮廓造型见图6-32（a），将翻折线中直线部分延长作为左侧造型的反射基准线，将其对称至右侧，A’点对称至G点，见图6-33（b）。

（3）连接B’G并延长至C，使GC=领座宽，将C点连接至驳端点，见图6-33（b）。

（4）以C点为圆心，后领弧长为半径画弧，以B’为圆心，以●+0~0.3（领面宽-领座宽）为半径画弧，取二圆弧的切点为后领宽（领面宽+领座宽），见图6-33（b）。

（5）将领外轮廓线画顺，见图6-33(c)。

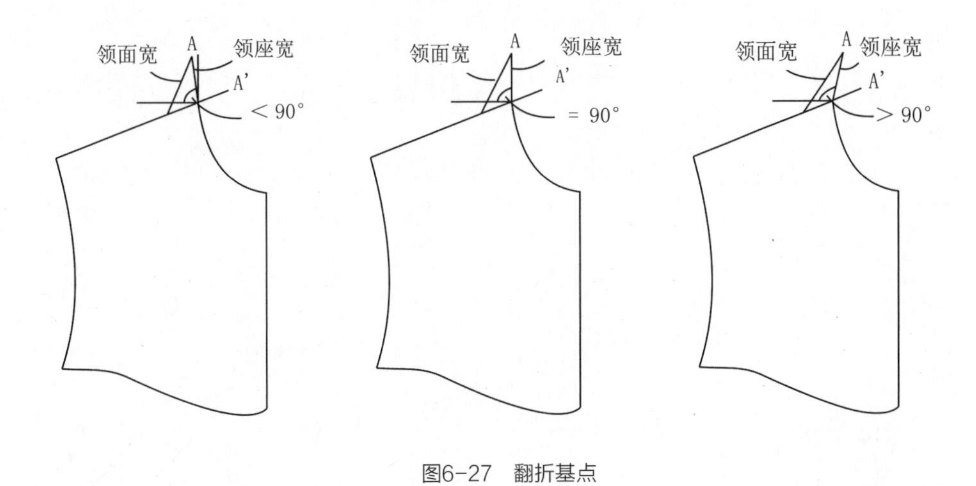

图6-27　翻折基点

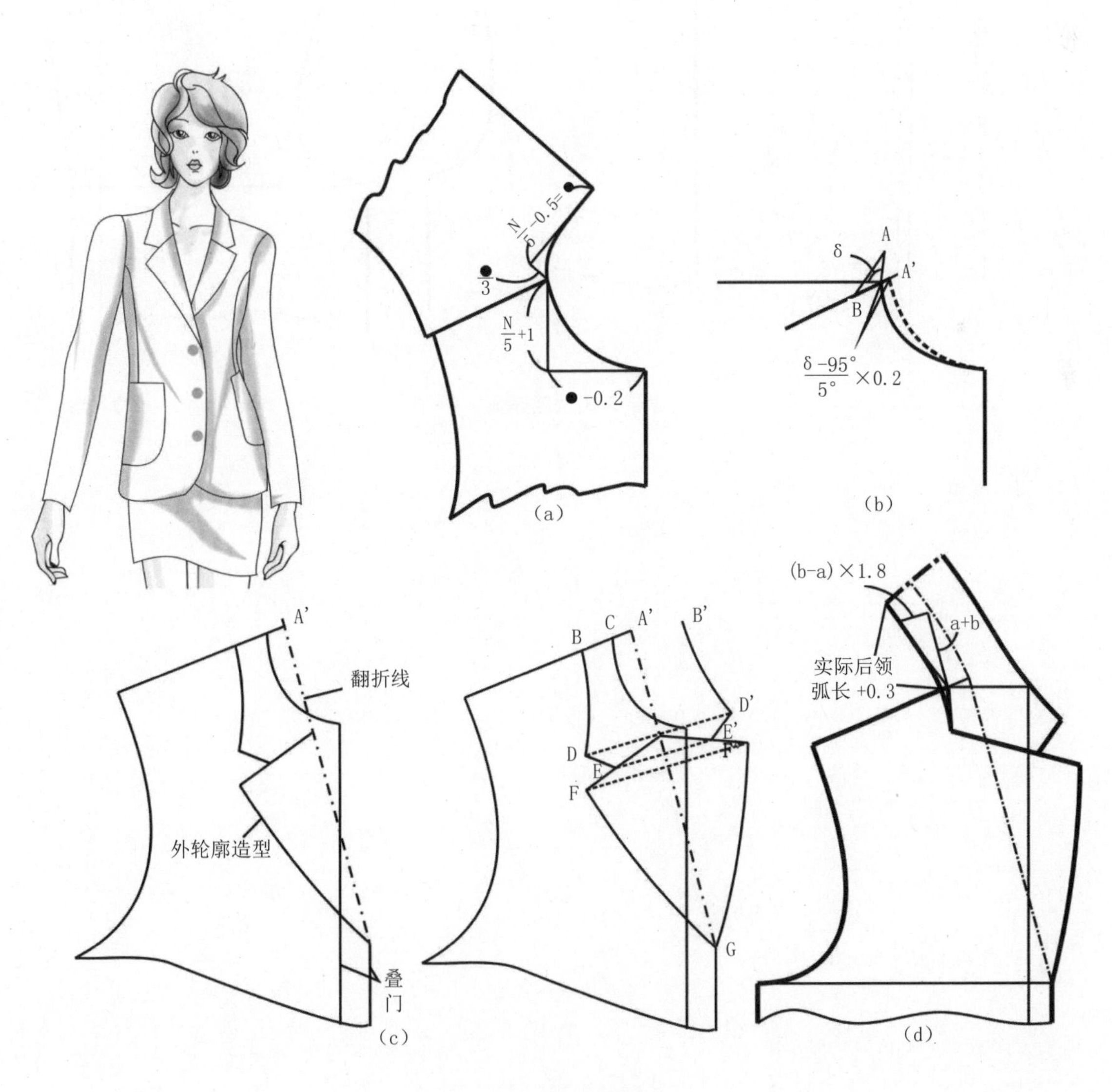

图6-28　翻折领基本型　　单位：cm

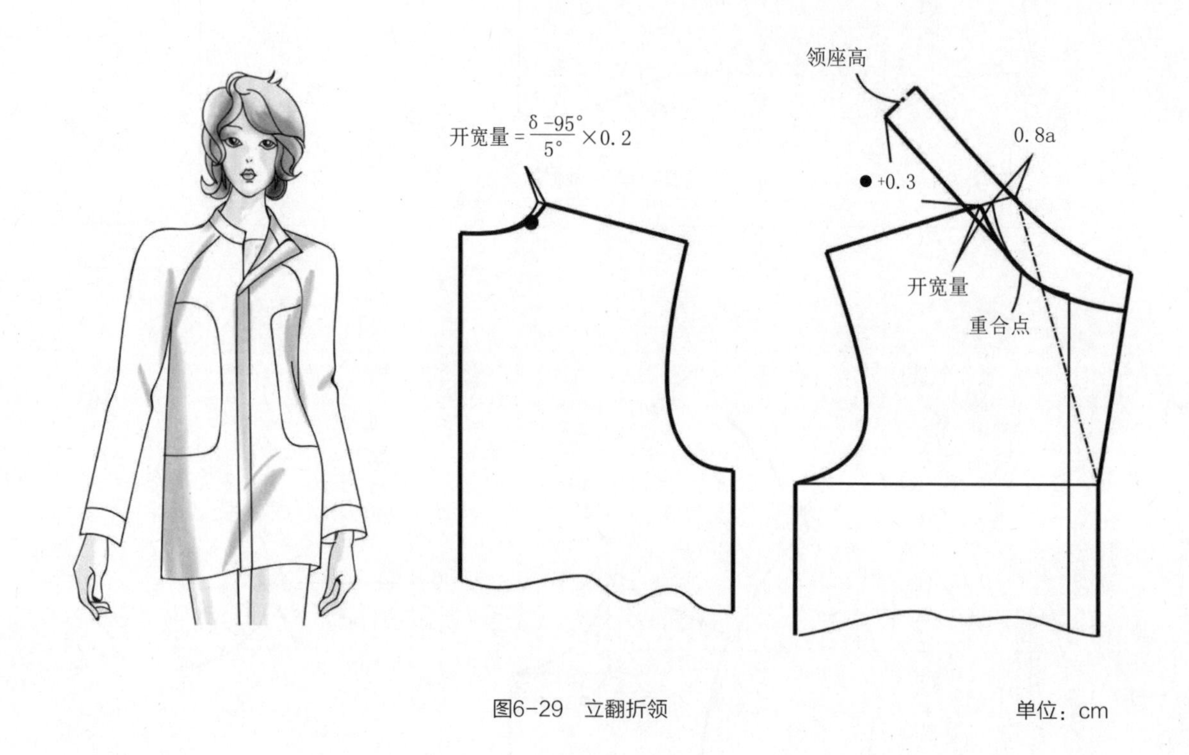

图6-29 立翻折领 单位：cm

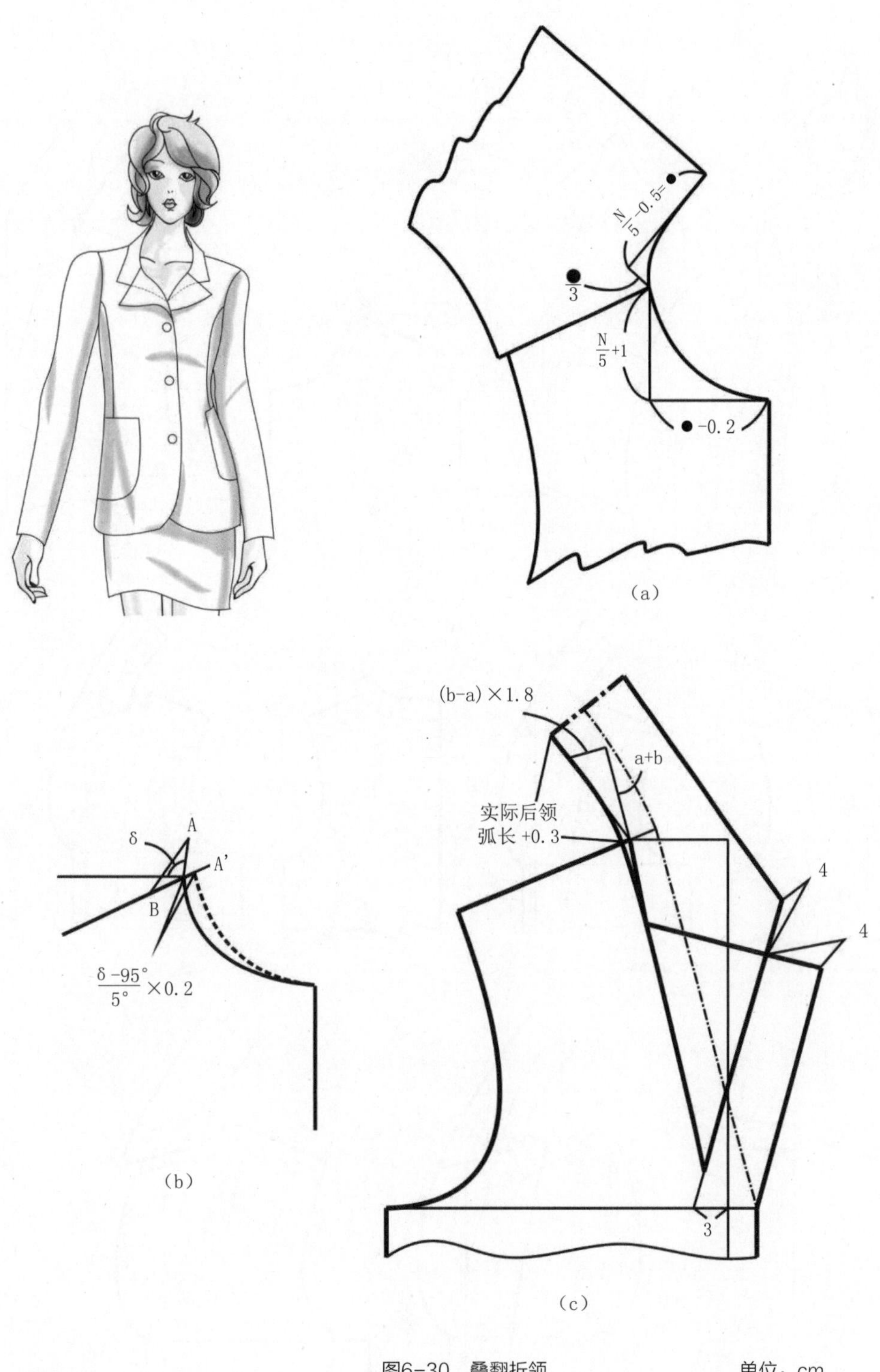

图6-30　叠翻折领　　单位：cm

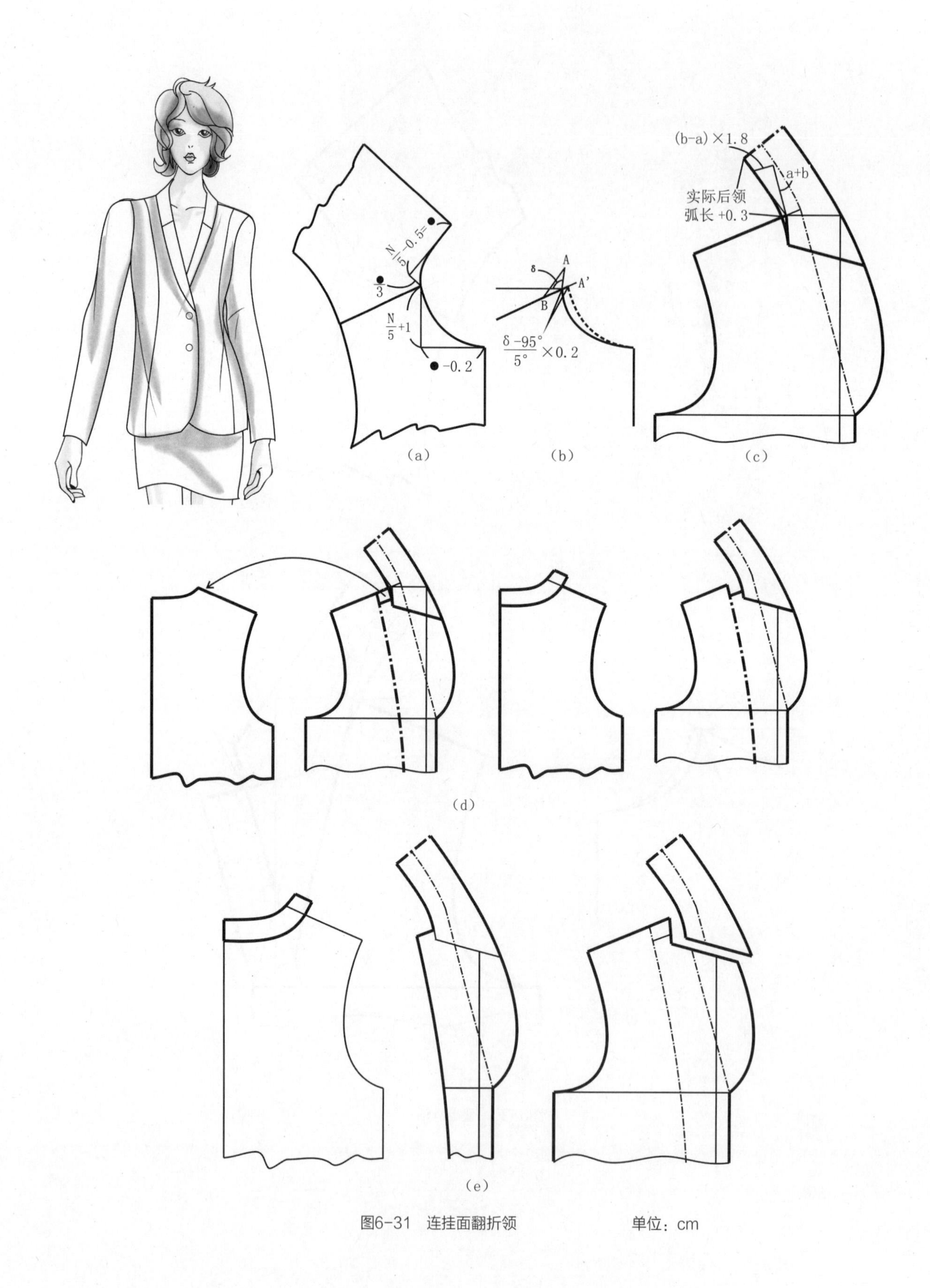

图6-31 连挂面翻折领 单位：cm

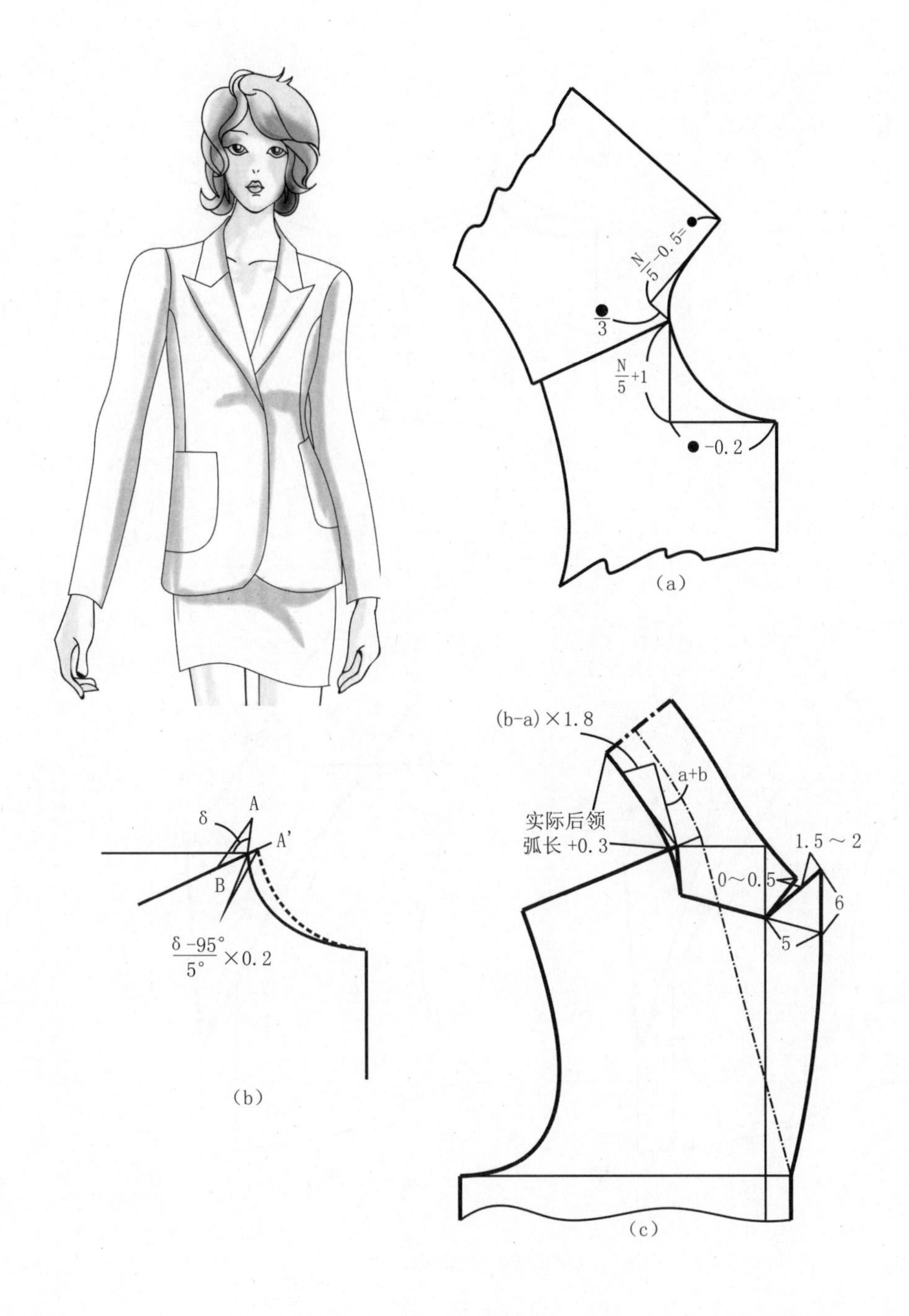

图6-32 戗驳领 单位：cm

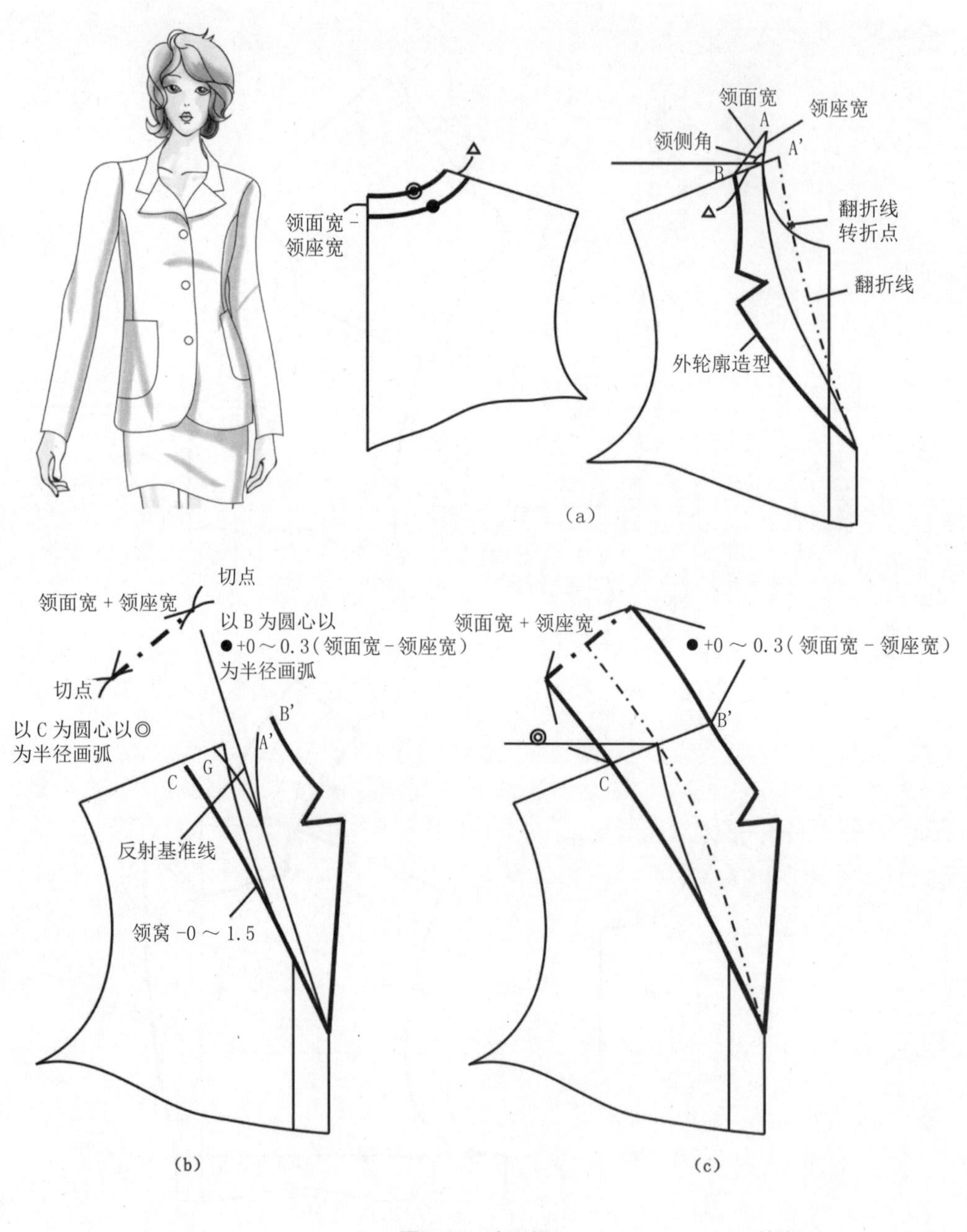

图6-33 弯驳领 单位：cm

第七章　衣袖结构设计

衣袖是上衣中的重要组成部分，衣袖的变化直接影响服装款式造型的变化。衣袖包括袖窿和袖身两部分，单独以袖窿做为衣袖结构的一般为无袖，采用袖窿和袖身组合基本分为两种形式，一种为装袖即圆袖；一种为连袖。

第一节 衣袖结构设计分类

衣袖结构种类较多，根据不同袖山、袖形等可分成若干种类。

一、基础袖的分类

（一）圆袖

又称圆装袖，即袖山呈现的形状为圆弧状，衣身与袖身分开设计，在袖窿处进行缝合组装的衣袖。根据其袖山高及袖肥的风格可分为宽松袖、较宽松袖、较贴体袖以及贴体袖四类，根据袖身的弯曲可分为直身袖和弯身袖，见图7–1。

（二）连袖

又称连身袖，是将衣身袖窿与袖身连成整体，在衣身袖窿处不需要缝合的袖型。按其袖中线的水平倾斜度可分为宽松、较宽松和较贴体三种风格，角度一般在0~45°，见图7–2。

图7–1 圆袖

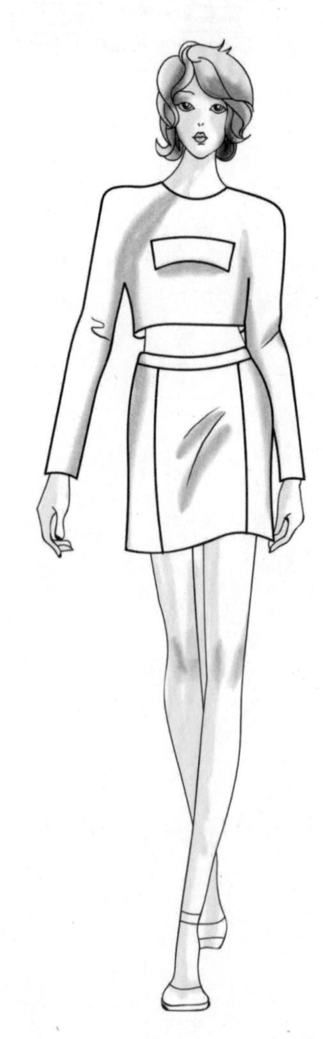

图7–2 连袖

（三）分割袖

是在连袖的结构基础上，按款式造型要求对衣身和衣袖重新分割，可将衣身的部分与袖身组合形成新的衣袖结构，如插肩袖、半插肩袖、全插肩袖等；也可将袖身袖山部分与衣身组合形成新的衣袖结构，如落肩袖，见图7–3。

二、变化袖的分类

在基本结构上运用抽褶、垂褶、波浪等造型，即形成了变化繁多的变化结构，见图7–4。

（一）抽褶袖

在袖山、袖口部位单独或同时抽缩，形成皱褶的袖，又称为泡泡袖。

（二）波浪袖

在袖口部位拉展、扩张形成飘逸的波浪状袖，又称为喇叭袖。

（三）垂褶袖

在袖山部位作横向折叠，袖中线处拉展形成自然的垂褶袖。

（四）折裥袖

在袖山部位或袖身部位上做折裥，形成有立体感的折裥袖。

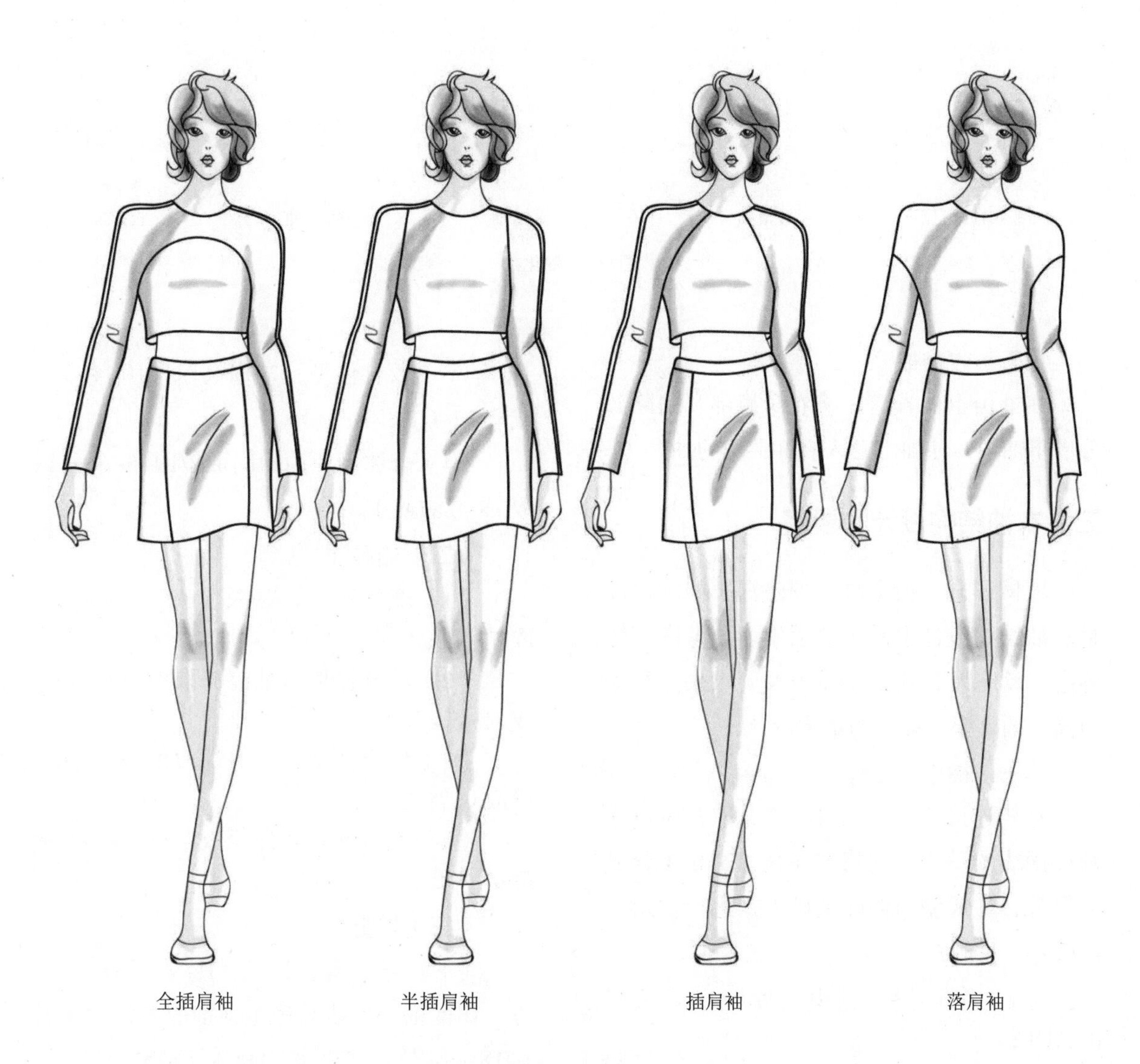

图7–3 分割袖

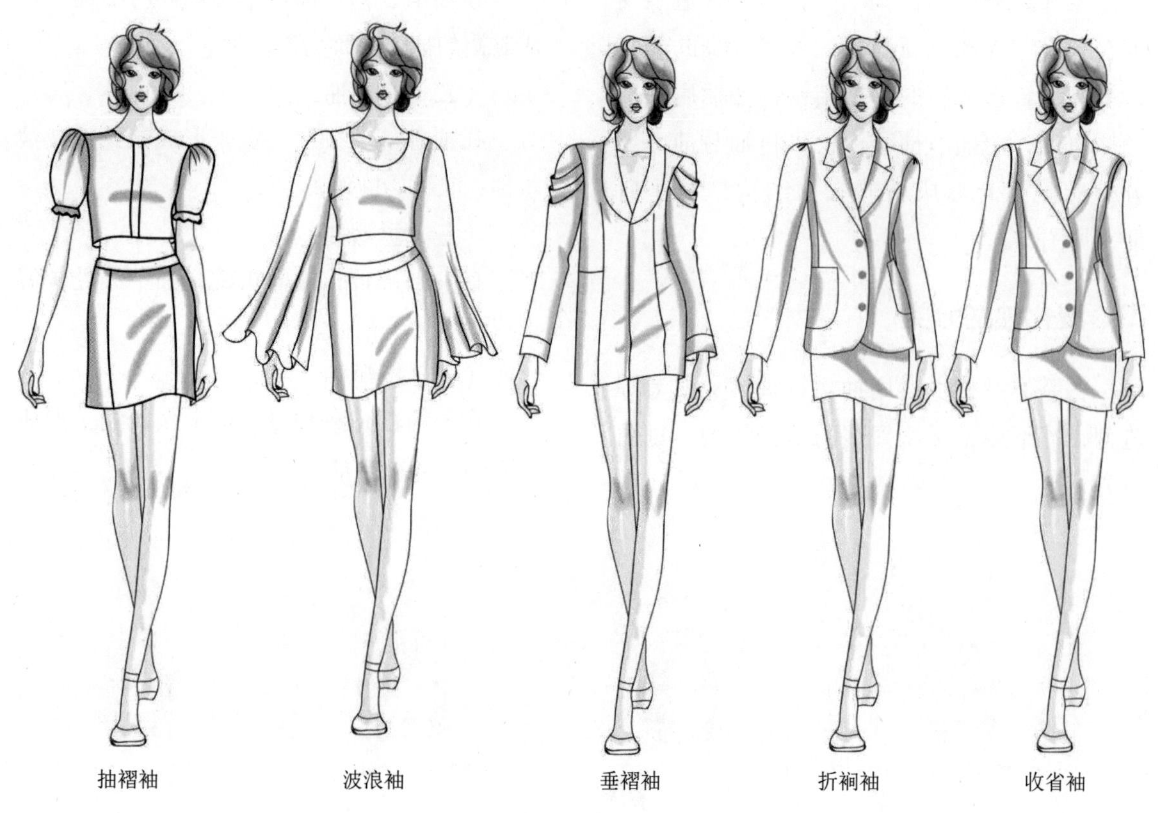

图7-4 变化袖

（五）收省袖

在袖山上做省道，将衣身肩部及袖窿部分借于袖山，使袖山套入肩部形成的袖。

三、衣袖结构设计的要点

人体形态、袖山高、袖窿深、袖肥设计是衣袖结构设计中的重要因素。要考虑人体静态、动态及款式造型特点及要求来进行袖山高、袖窿深、袖肥的结构设计。

（一）袖山高

直线连接前、后衣身肩点，取其中点作袖窿深线的垂线，并将袖窿高（AHL）分成五等分，在成型的袖窿基础上，进行袖山高的确定，见图7–5。

（1）宽松型：袖山高取B/10≤或取0.6AHL；

（2）较宽松型：袖山高取B/10+0~3cm或取0.6~0.7AHL；

（3）较合体型：袖山高取B/10+4~5cm或取0.7~0.8AHL；

（4）合体型：袖山高取B/10+5~6cm 或取0.8~0.87AHL。

（二）袖窿深

（1）宽松型：袖窿深取B/5+6 ~ 7cm或取2/3背长；

（2）较宽松型：袖窿深取B/5+5 ~ 6cm或取3/5 ~ 2/3背长；

（3）较合体型：袖窿深取B/5+4 ~ 5cm或取3/5背长；

（4）合体型：袖窿深取B/5+3 ~ 4cm或取≤3/5背长。

（三）袖肥

（1）宽松型：以前AH–≤1.1cm+吃势，作前袖山斜线长确定前袖肥，以后AH–≤0.8cm+吃势，作后袖山斜线长确定后袖肥，或是取B/5+2~3cm确定袖肥，见图7–6（a）。

（2）较宽松型：以前AH-1~1.3cm+吃势，作前袖山斜线长确定前袖肥，以后AH-0.8~1cm+吃势，作后袖山斜线长确定后袖肥，或是袖肥取B/5+1~2cm确定袖肥，见图7-6（b）。

（3）较合体型：以前AH-1.3~1.5cm+吃势，作前袖山斜线长确定前袖肥，以后AH-1~1.2cm+吃势，作后袖山斜线长确定后袖肥，或是袖肥取B/5 ± 1cm确定袖肥，见图7-6（c）。

（4）合体型：以前AH-1.5~1.7cm+吃势，作前袖山斜线长确定前袖肥，以后AH-1.2~1.4cm+吃势，作后袖山斜线长确定后袖肥，或是袖肥取B/5-1 ~ 3cm确定袖肥，见图7-6（d）。

（四）人体上肢形态

人体上肢的立体形态是微向前倾的。由肩端点向下画垂直线与人体上肢的前倾立体形态可得出三个数据，见图7-7：

（1）肩端点向下垂直线与手腕中点之间的水平距离为5cm。

（2）肩端点向下垂直线与肩端点至手腕中点直线形成的夹角为6.2°。

（3）肩端点向下垂直线在手臂肘部集团与手腕中线的夹角为12°。

为使袖身符合手臂的前倾形态，袖身亦需设计成前倾形态。根据袖身前倾形态展开身结构则得出前袖缝线呈内凹形，后袖缝线呈外凸形，由于凹凸的形态不一，前、后袖缝线会产生长度差，可采取收省或缩缝的方式来处理长度差，见图7-8。

人体的前倾形态主要在手臂肘部以下，因此在肘线与袖中线的交点处向袖口作偏量，称为偏袖量。不同的袖型其偏袖量略有不同，其相对应的数值通常设定为：

①直身袖型，偏袖量为0~1cm；

②较直身袖型，偏袖量为1~2cm；

③女装弯身袖型，偏袖量为2~3cm；

④男装弯身袖型，偏袖量为3~4cm。

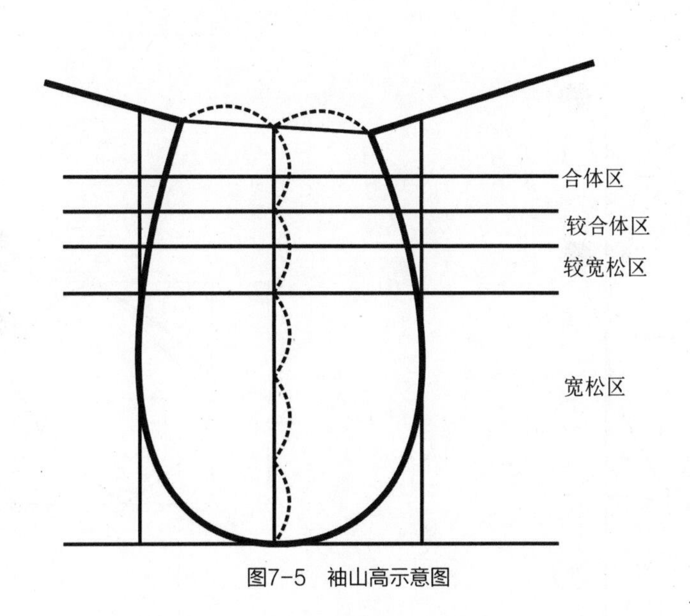

图7-5 袖山高示意图

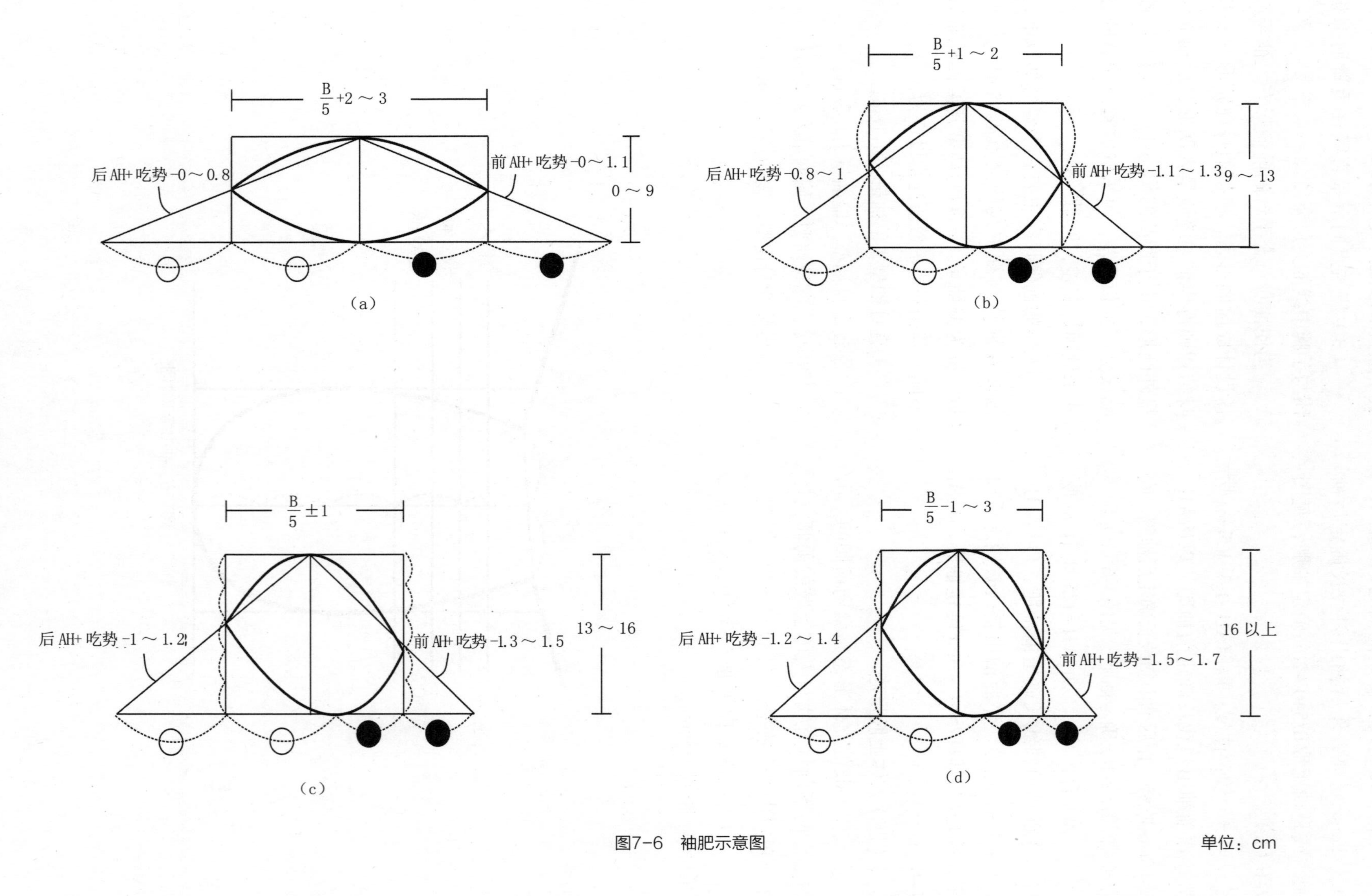

图7-6 袖肥示意图

单位：cm

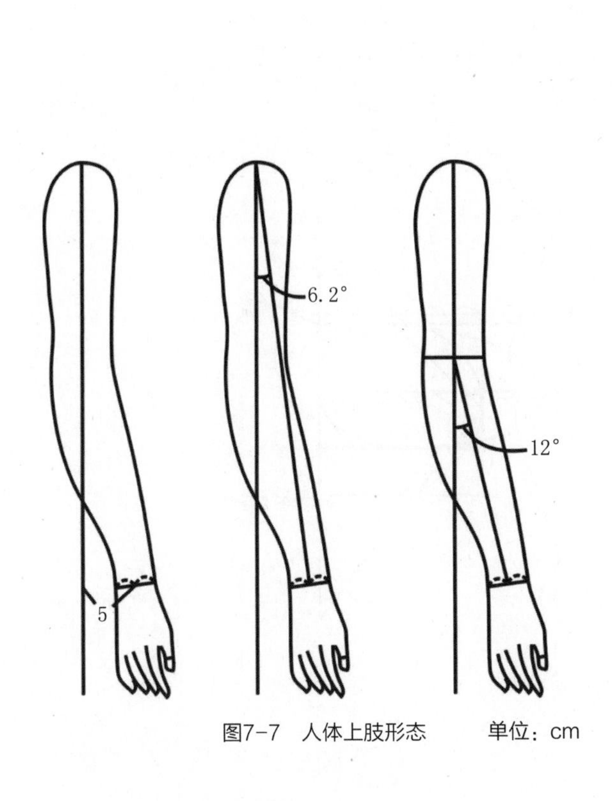

图7-7 人体上肢形态 单位：cm

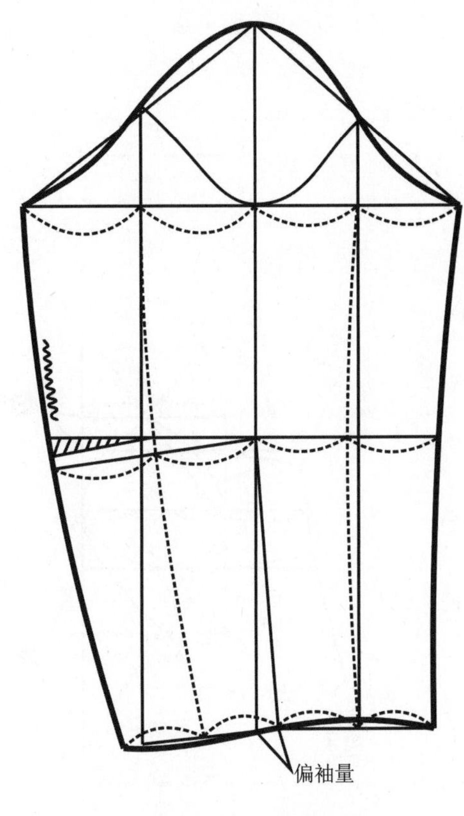

图7-8 一片袖偏袖量

四、袖山弧与袖窿弧的匹配

（一）袖山与袖窿的形状匹配

将袖山折叠后，上、下袖山之间形成的图形，由于与眼睛形状相似，故称为袖眼，其袖山与袖窿的匹配结构有以下四种。

1. 宽松型

袖山高取0~9cm（或袖肥取B/5+2~3cm），袖山斜线长取前AH+吃势-≤1.1cm，后AH+吃势-≤0.8cm。前、后袖山点分别位于1/2袖山高的位置。袖肥与袖窿宽之差前、后分配比为1：1，袖眼整体呈扁平状，见图7-9（a）。

2. 较宽松型

袖山高取9~13cm（或袖肥取B/5+1~2cm），袖山斜线长取前AH+吃势-1.1~1.3cm，后AH+吃势-0.8~1cm。前袖山点在1/2袖山高向下0.2cm处，后袖山点在1/2袖山高向上0.4cm处。袖肥与袖窿宽之差前、后分配比为1：2，袖眼整体呈扁圆状，见图7-9（b）。

3. 较合体型

袖山高取13~16cm（或袖肥B/5取±1cm），袖山斜线长取前AH+吃势-1.3~1.5cm，后AH+吃势-1~1.2cm。前袖山点1/2在袖山高向下0.4cm处，后袖山点1/2在袖山高向上0.6cm处。袖肥与袖窿宽之差前、后分配比为1：3，袖眼整体呈杏圆状，见图7-9（c）。

4. 合体型

袖山高取16cm以上（或袖肥取B/5-1~3cm），袖山斜线长取前AH+吃势-1.5~1.7cm，后AH+吃势-1.2~1.4cm。前袖山点在2/5袖山位置，后袖山点在3/5袖山高位置。袖肥与袖窿宽之差前、后分配比为1：4，袖眼整体呈圆状，见图7-9（d）。

（二）袖山与袖窿弧长的匹配

袖山与袖窿弧长的匹配是指缝缩量的大小和分配，袖山、袖窿上分别有相关的对位点。

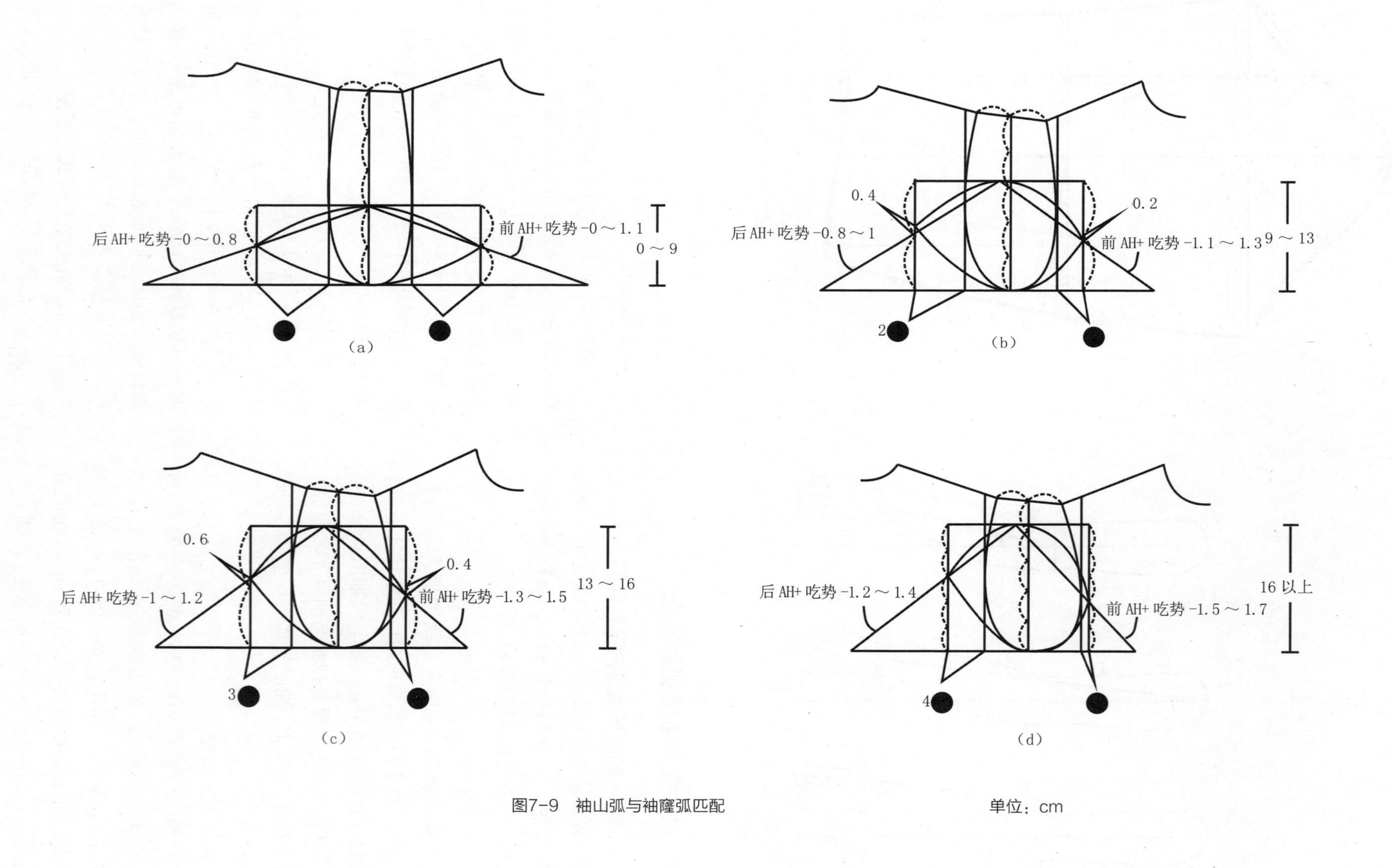

图7-9 袖山弧与袖窿弧匹配

单位：cm

1. 袖山弧量的控制

袖山上段弧线按合体风格的袖山前弧量为1.8~1.9cm，后弧量为1.9~2cm；较合体、较宽松、宽松风格的袖山前、后弧量则分别逐减0.1~0.2cm，画圆顺上段袖山弧线。

袖山下段弧线须分别与前、后袖窿弧成基本相似形，合体程度越高，两者的相似性就越大。

2. 吃势量的计算

吃势量=（面料厚度系数+袖山风格系数）×AH×1%

例如：薄型材料，宽松风格，AH=50cm。

吃势量=（1+1）×50×1%=1cm。

表7-1　材料厚度与袖山风格系数表　　单位：cm

面料	材料厚度系数	袖山风格系数
薄型面料	0 ~ 1	宽松风格 1 较宽松风格 2 较合体风格 3 合体风格 4
较薄型面料	1.1 ~ 2	
较厚型面料	2.1 ~ 3	
厚型面料	3.1 ~ 4	
特厚面料	4.1 ~ 5	

3.吃势量的分配

吃势量的分配需要与衣袖的风格相对应。不同风格类型的衣袖，吃势量的大小及需吃势的部位各不相同。

宽松型：前袖山吃势量为总吃势量的49%~50%，后袖山吃势量为总吃势量的51%~50%，见图7-10（a）。

较宽松型：前袖山吃势量为总吃势量的48%~49%，后袖山吃势量为总吃势量的52%~51%，见图7-10（b）。

较合体型：前袖山吃势量为总吃势量的47%~48%，后袖山吃势量为总吃势量的53%~52%，见图7-10（c）。

贴体衣袖：前袖山吃势量为总吃势量的46%~47%，后袖山吃势量为总吃势量的54%~53%，见图7-10（d）。

五、袖山弧与袖窿弧对位点的设置

为保证袖山弧与袖窿弧缝合时能够相互吻合且符合款式造型风格，则在袖山弧与袖窿弧设置相应的对位点，以控制每个袖山弧各部位的吃势量，见图7-11。

对位点一般为4~5对，其设置的位置通常为：

第一对对位点为袖山前袖缝与袖窿对应点；

第二对对位点为袖山前袖标点与袖窿前弧点；

第三对对位点为袖山肩点与袖窿肩点；

第四对对位点为袖山后袖缝与袖窿后弧点；

第五对对位点为袖山最低点与袖窿最低点。

六、袖身的结构设计

袖身结构根据袖身的弯曲可分为直身袖和弯身袖；按袖片的数量可分为一片袖、两片袖、多片袖。

（一）一片直身袖

直身袖即袖身为直筒形，见图7-12。

（1）画袖身成型外轮廓图。

（2）将袖中缝至两侧外轮廓线处之间距离沿袖肘线和袖口线水平向两侧量取等量距离展开。

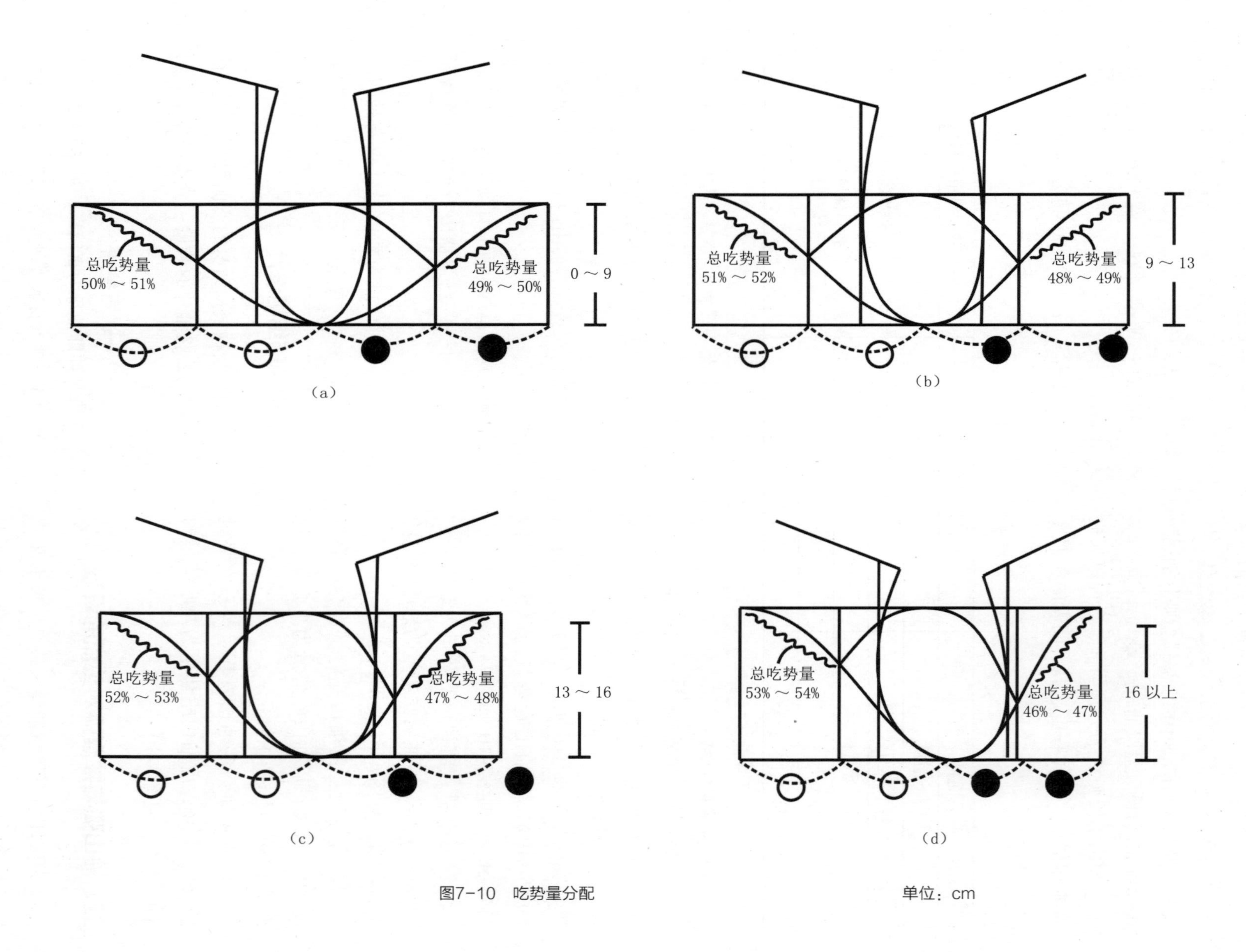
总吃势量
50%～51%
总吃势量
49%～50%
0～9
（a）
总吃势量
51%～52%
总吃势量
48%～49%
9～13
（b）
总吃势量
52%～53%
总吃势量
47%～48%
13～16
（c）
总吃势量
53%～54%
总吃势量
46%～47%
16以上
（d）
单位：cm

图7-10 吃势量分配

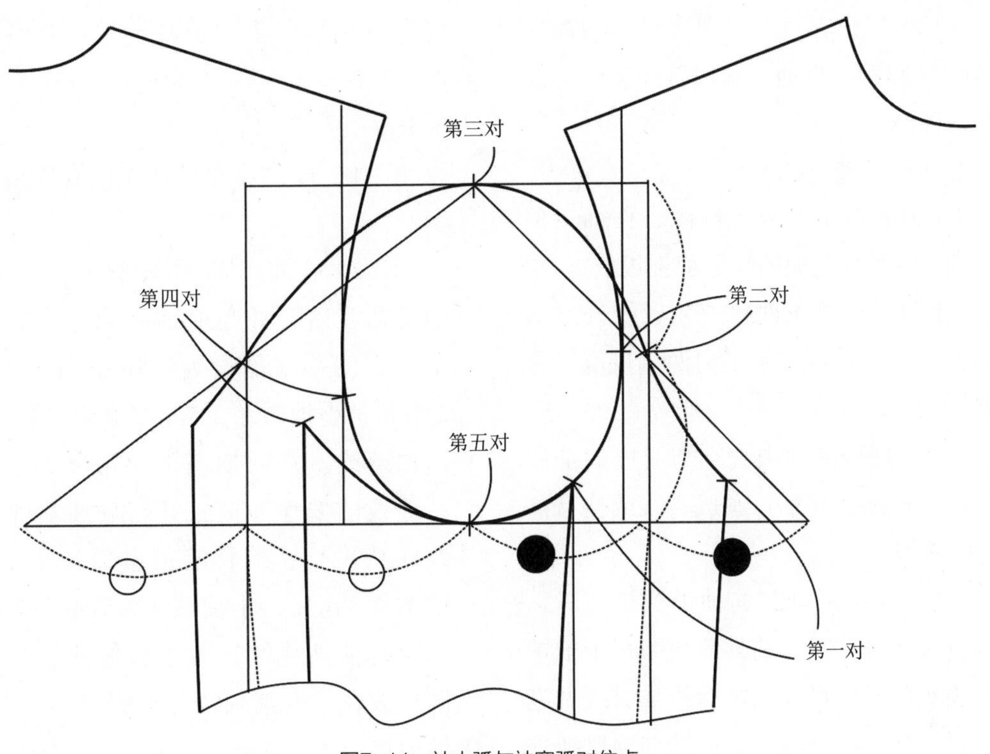

图7-11 袖山弧与袖窿弧对位点

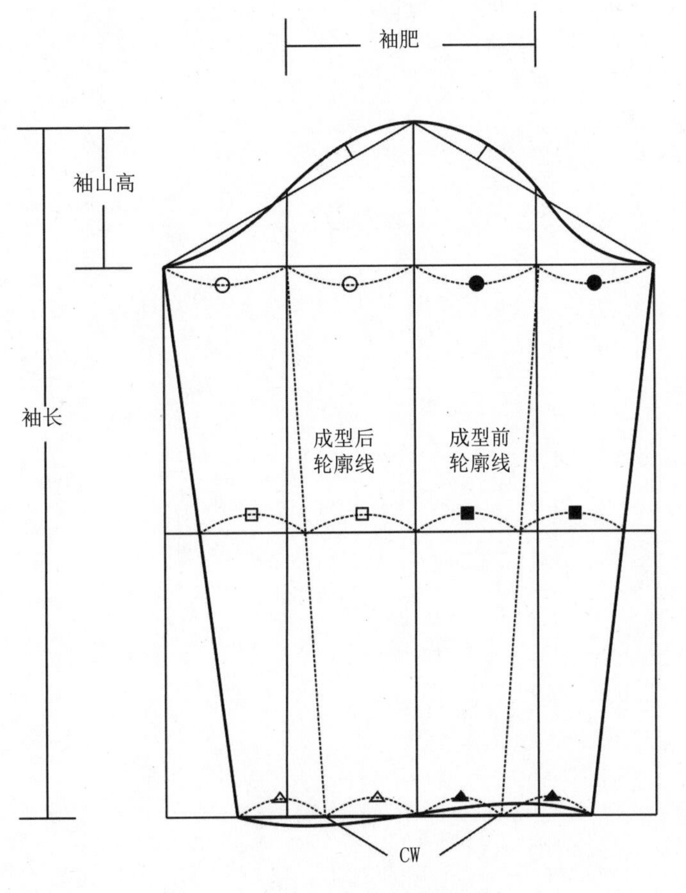

图7-12 一片直身袖

（3）将展开的袖山分别与对应的袖底图形等同地画顺，将袖口画成直线或略有前高后低的弧线。

（二）一片弯身袖

（1）画袖身成型外轮廓图，作袖口偏袖量，袖口、袖肘与偏袖线呈垂直状态。

（2）将袖中缝至两侧外轮廓线处之间距离沿袖肘线和袖口线水平向两侧量取等量距离展开。

（3）将展开的袖山分别与对应的袖底图形等同地画顺，将袖口画成直线或略有前高后低的弧线。

（4）当前、后袖缝向袖中线折叠时，后袖缝会长于袖中线，前袖缝会略短于袖中线，解决此问题，可在后袖缝线袖肘线处进行省道设计或归拢处理，前袖缝在袖肘线处可采取拔开处理，见图7–13。

（三）两片弯身袖

在一片弯身袖的基础上，将前、后袖缝进行偏移互借，前袖缝偏移互借量可控制在1.5~3cm，后袖缝偏移互借量可控制在0~3cm，见图7–14。

（1）按一片弯身袖作袖身成型外轮廓图。

（2）在前袖基础外轮廓线上作前袖缝线的偏移互借，并与前袖基础外轮廓线保持平行，偏移互借量为2.5cm，即大袖增加2.5cm，小袖减小2.5cm，画顺大、小袖片前袖缝线。在后袖基础外轮廓线上作前、后缝线的偏移互借，并与后袖基础外轮廓线保持平行，偏移互借量为2.5cm，即大袖增加2.5cm，小袖减小2.5cm，画顺大、小袖片前袖缝线。由于后偏袖量上下可不同，故在后袖基础线与袖肥相交处作2.5cm偏袖量。

（3）将袖山弧线向两侧对称展开，并画顺袖山、袖口。

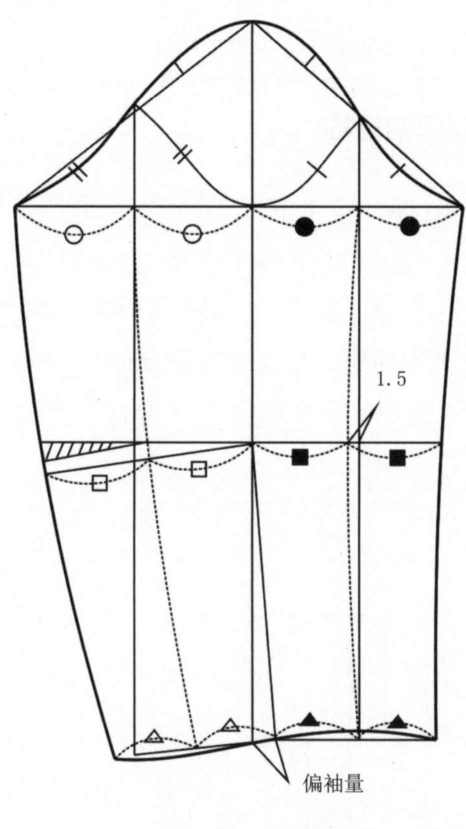

图7-13　一片弯身袖　　单位：cm

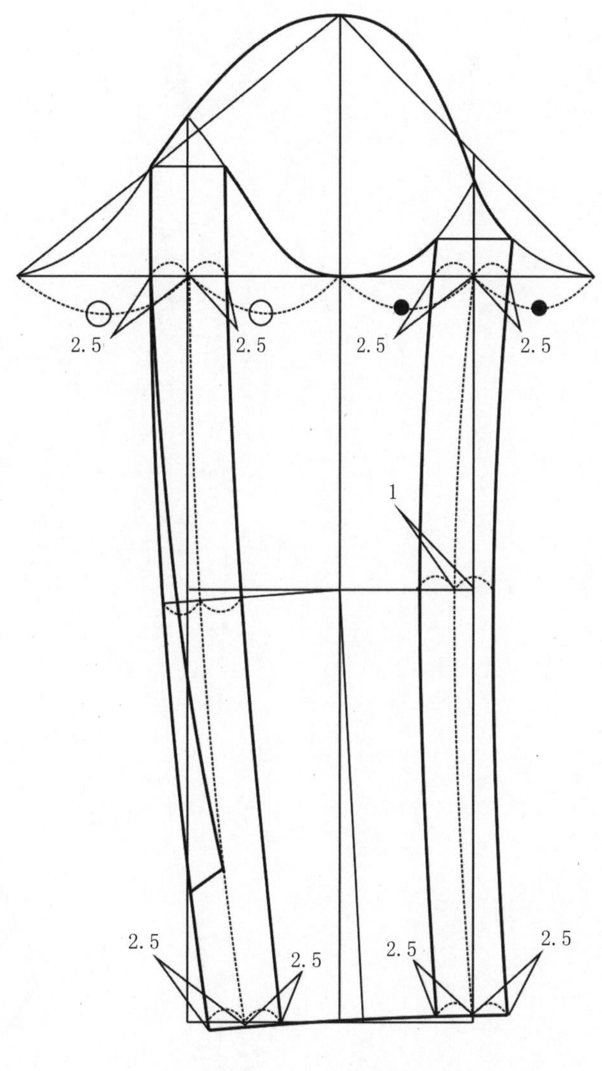

图7-14　二片弯身袖　　单位：cm

第二节 变化袖结构设计

一、袖山抽褶袖

（1）按一片直身袖画圆袖基本结构图。

（2）根据造型需要在袖山袖褶的部位进行剪开并拉展出抽褶量。总抽褶量可按具体款式风格要求而定，常规抽褶量取20%～30%袖山弧长，见图7-15。

二、袖口抽褶袖

（1）按一片直身袖画圆袖基本结构图。

（2）根据造型需要在袖口袖褶的部位剪开并拉展出抽褶量。抽褶量可按具体款式风格要求而定，常规抽褶量取50%～70%袖口大，见图7-16。

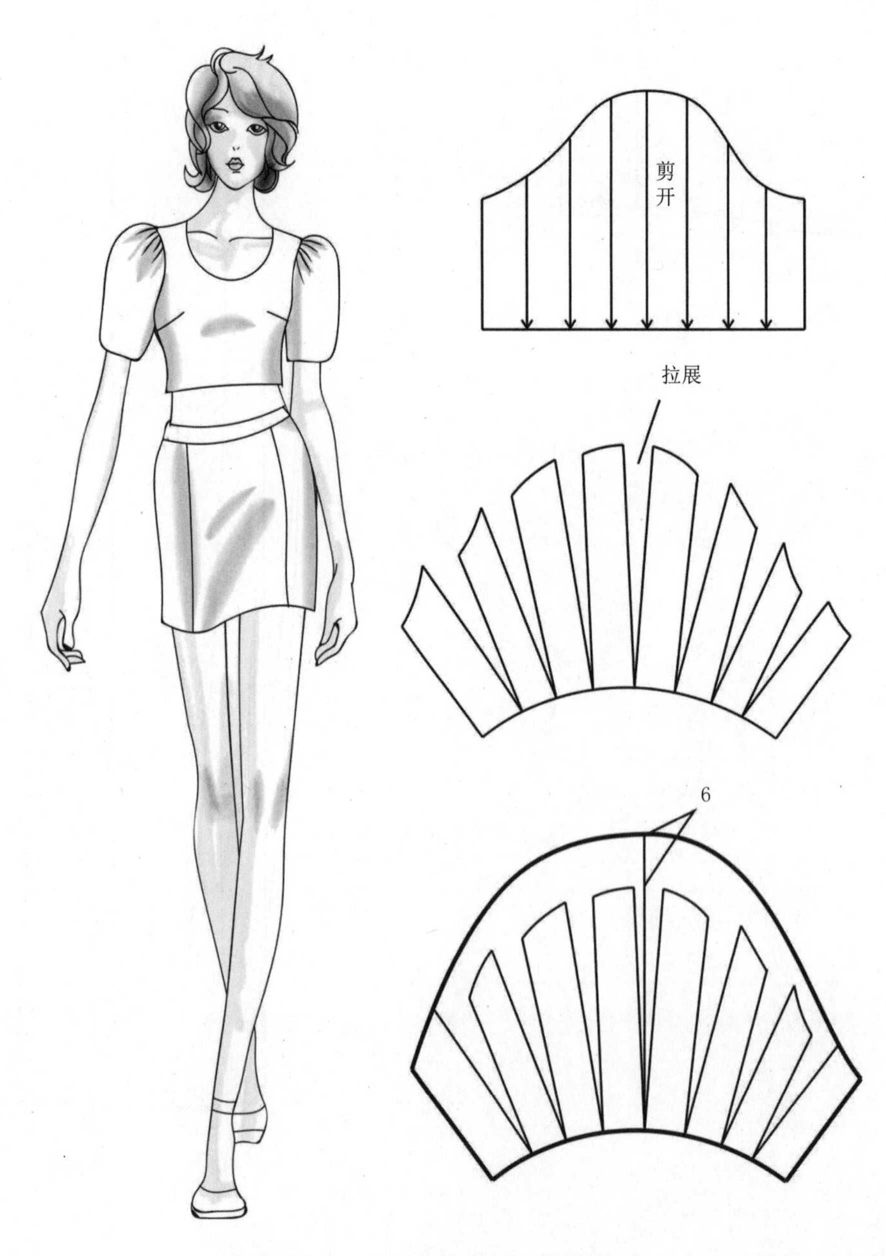

图7-15 袖山抽褶袖效果图与结构图 单位：cm

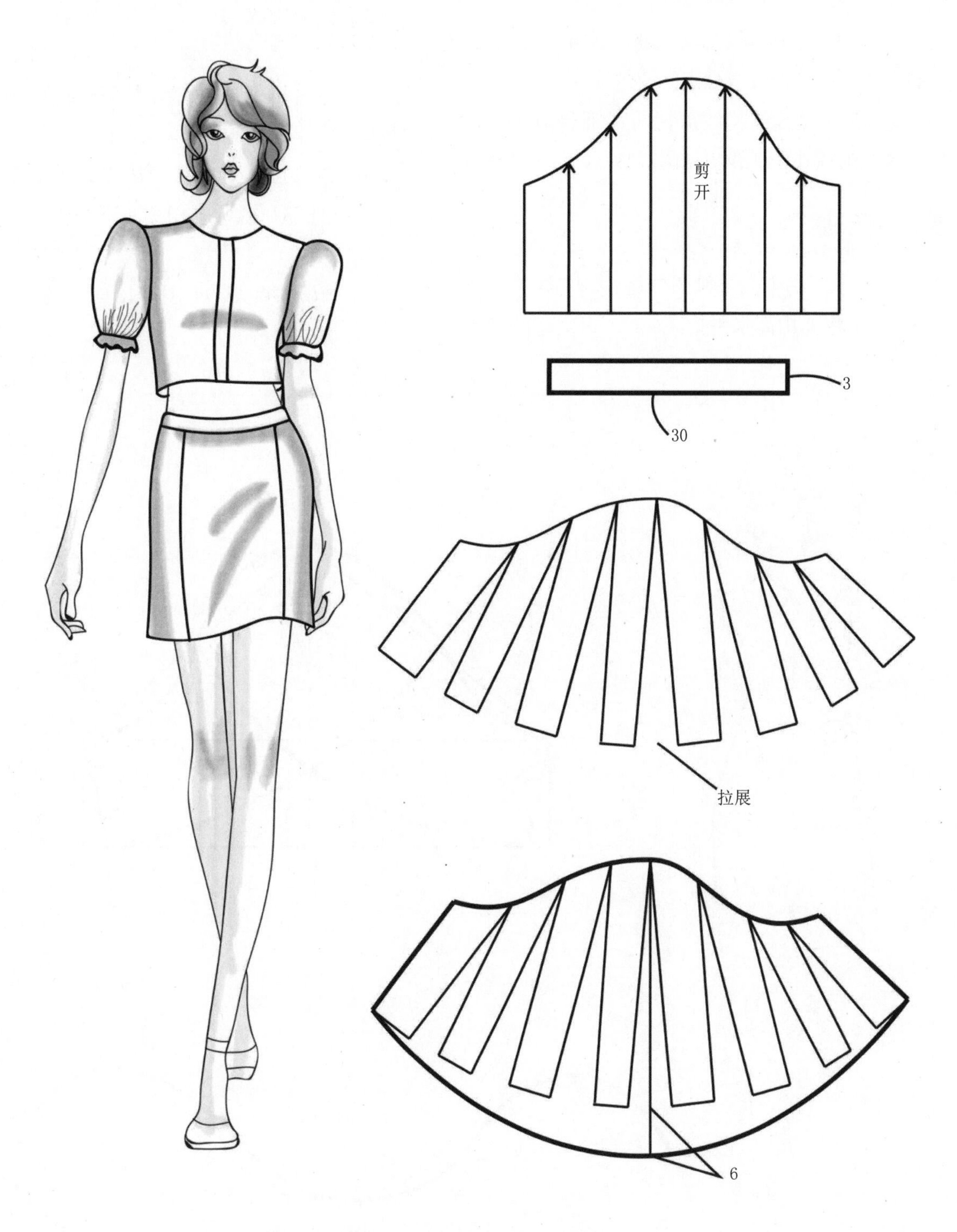

图7-16　袖口抽褶袖效果图与结构图　　单位：cm

三、花瓣袖

（1）按一片直身袖画圆袖基本结构图。

（2）确定袖山顶部交叉重叠的部位，以袖山顶点沿袖山弧线分别向两边量取。

（3）按设计结构线剪切后，拼合前后袖缝线并画顺外轮廓线，见图7–17。

四、灯笼袖

（1）按一片直身袖画圆袖基本结构图。

（2）将袖山高水平抬高4cm，相交于两端袖山弧线，纵向取袖山高水平抬高线至袖口线1/2长度处，用弧线进行横向分割。

（3）把袖肥纵向分成若干等分，进行切展。

（4）左右拉展袖山部分褶量，袖山顶点加高1cm，沿袖中线向下量取4.5cm。

（5）左右拉开下袖部分褶量，袖山部分与下袖部分拉开褶量应相等，下袖上口加长4.5cm。

（6）画出袖克夫，见图7–18。

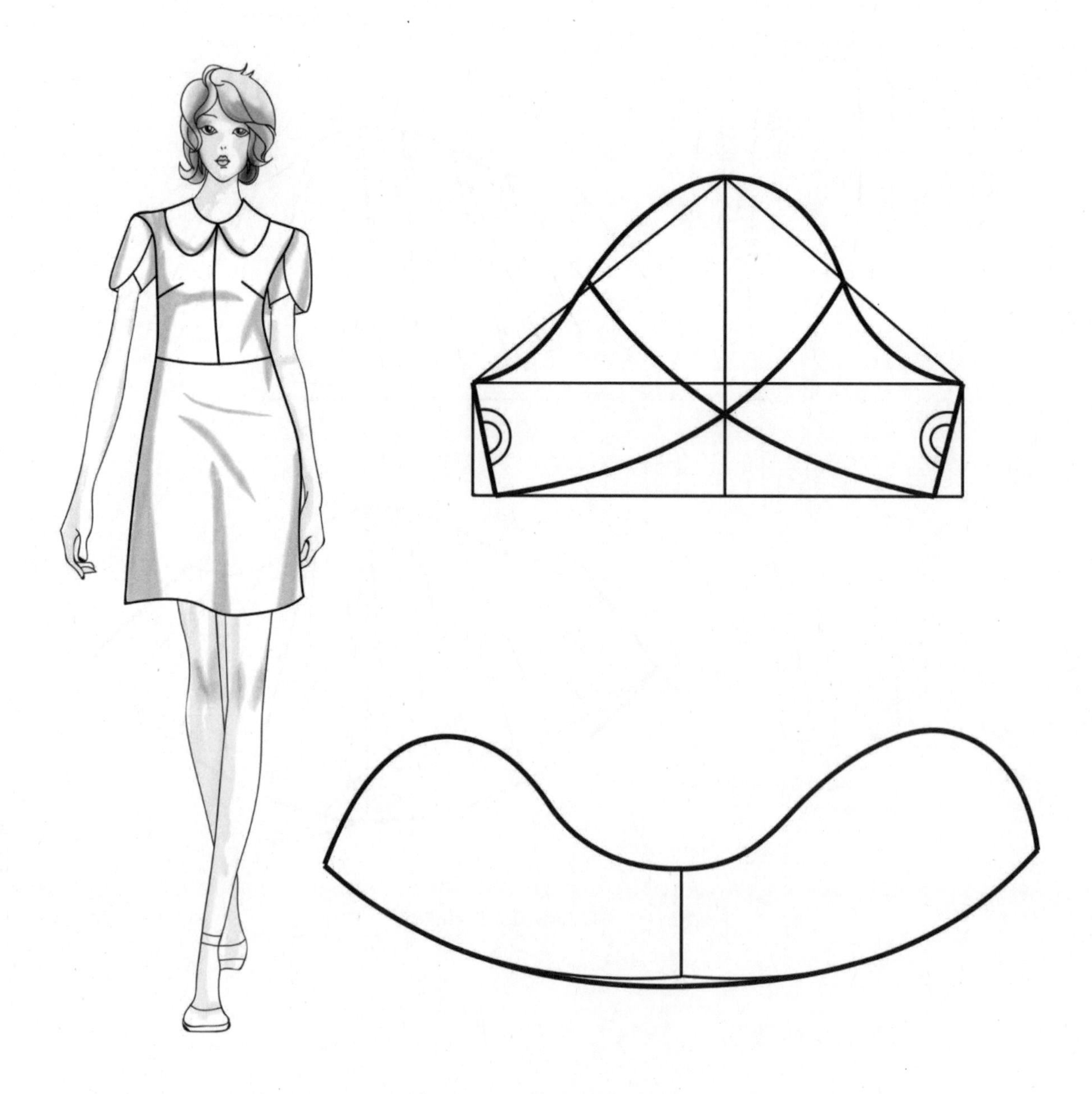

图7–17 花瓣袖效果图与结构图

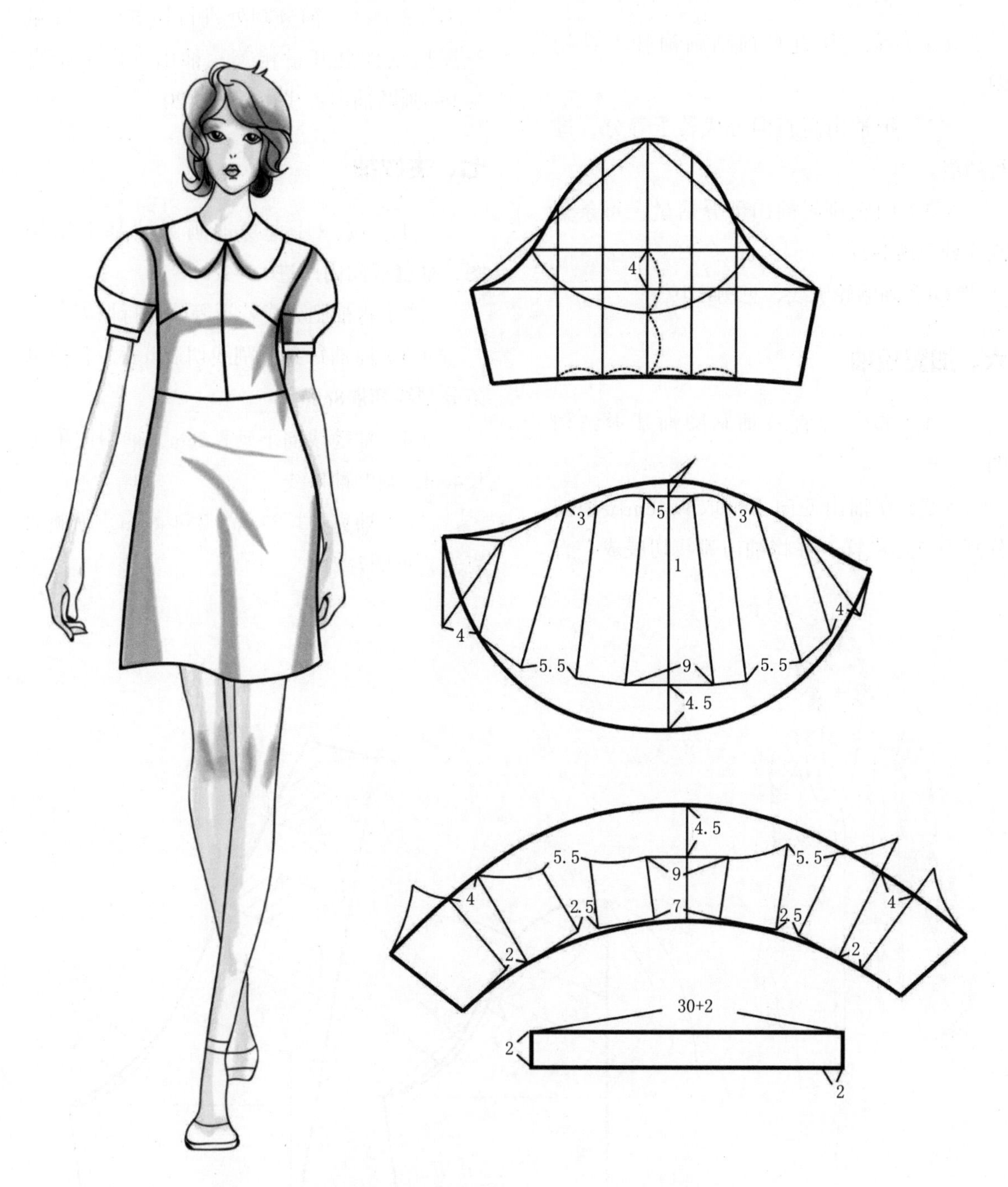

图7-18　灯笼袖效果图与结构图　　　　单位：cm

五、垂褶袖

（1）按一片直身袖画圆袖基本结构图。

（2）把袖山高斜向分成若干等分，进行切展。

（3）向上拉展袖山部分褶量，每条分割线处拉展4~5cm。

（4）画顺轮廓线，见图7-19。

六、加翼短袖

（1）按一片直身袖画圆袖基本结构图。

（2）在袖山处向下量取3~4cm做横向分割为翼形纸样，并将袖山弧线切展成一直线。

（3）将短袖分割处进行切展，展开量与翼形纸样展开量相等，袖山处向上抬高3~4cm画顺袖山弧线，见图7-20。

七、主教袖

（1）按一片直身袖画圆袖基本结构图，袖缝线向内凹进0.7~1cm。

（2）将袖肥分成若干等分进行切展。

（3）前袖每条分割线切展4cm，后袖每条分割线切展8cm。

（4）袖缝线向下延长2cm，袖中向下延长4cm，画顺袖口线。

（5）袖克夫长23cm，高4~6cm，画顺袖克夫，见图7-21。

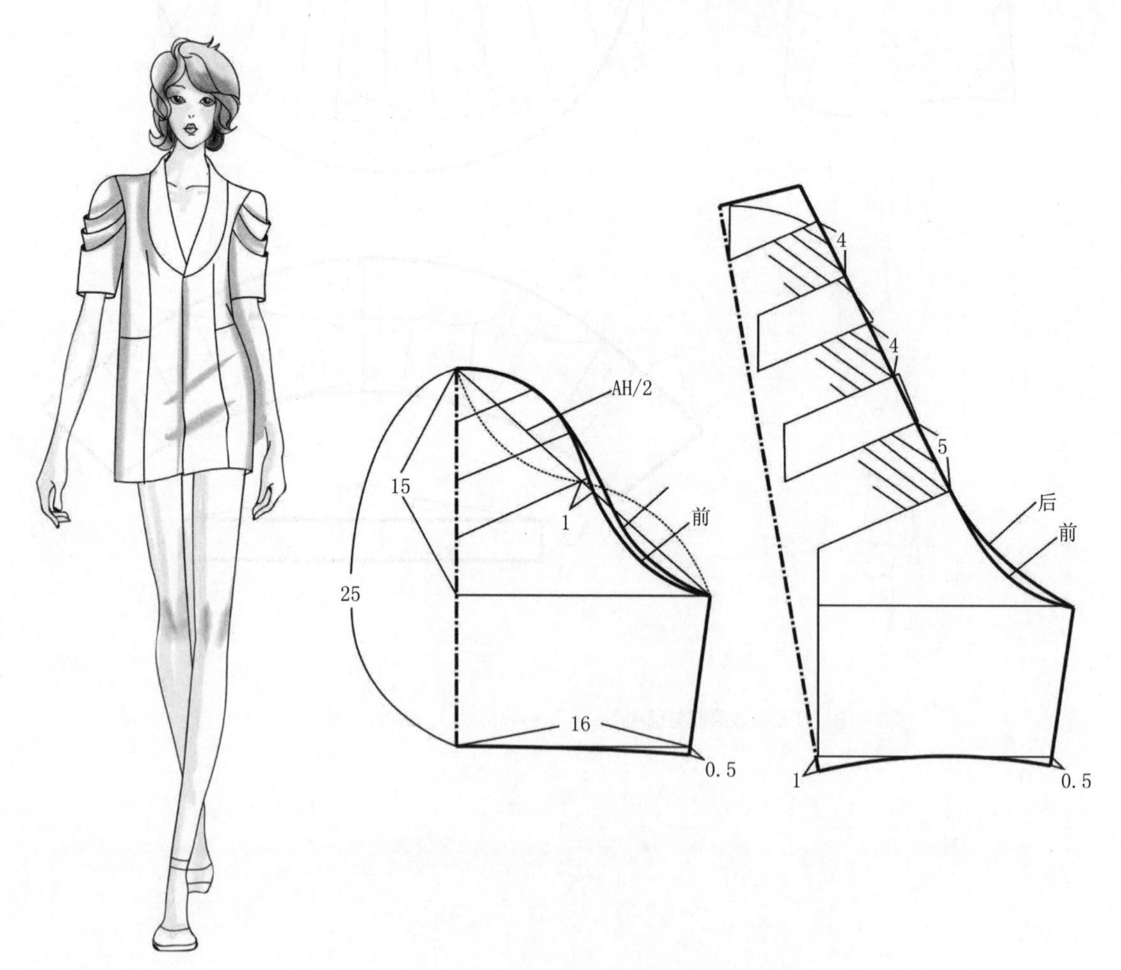

图7-19 垂褶袖效果图与结构图

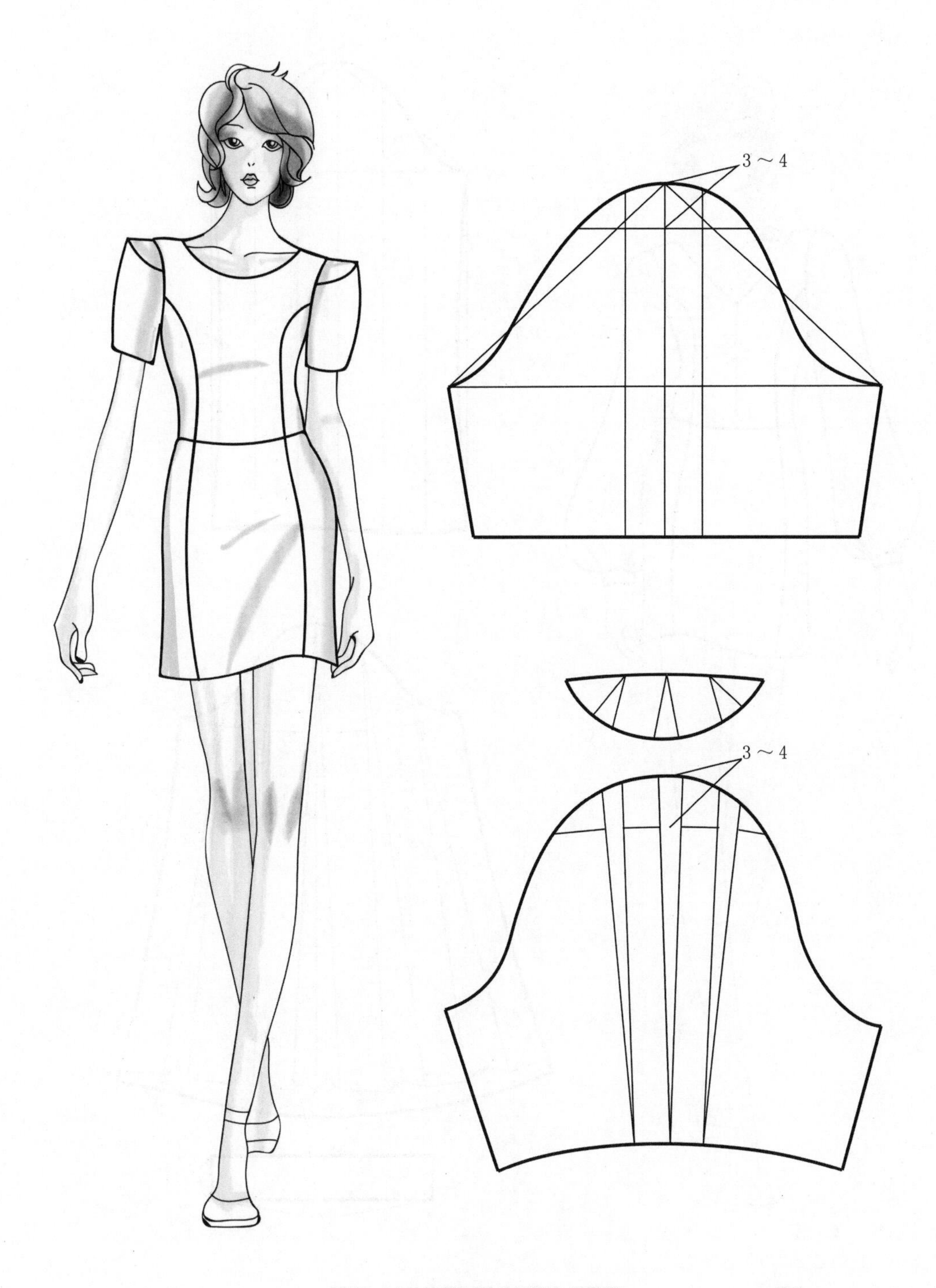

图7-20　加翼短袖效果图与结构图　　　　单位：cm

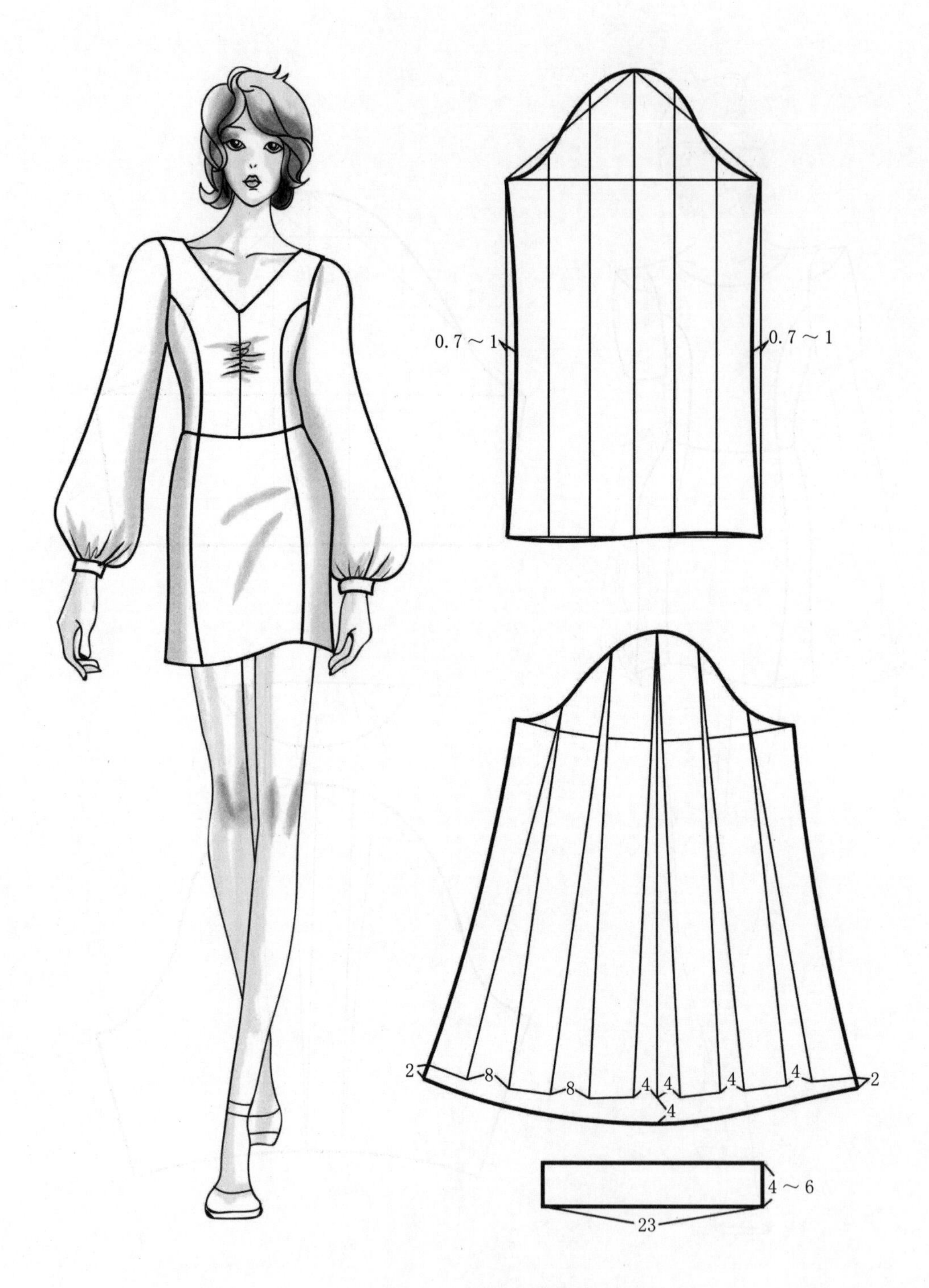

图7-21 主教袖效果图与结构图 单位：cm

第三节 连袖结构设计

连袖是将衣身袖窿与袖身连成整体，在衣身袖窿处不需要缝合的袖型。

一、平连袖

平连袖指袖中线与水平线形成的夹角为0°，穿着后人体手臂下垂时，腋下有大量褶皱产生，造型为宽松风格，见图7-22。

二、斜连袖

斜连袖指袖中线与水平线形成的夹角大于0°，当夹角≤21°时，袖中线与肩线连为一条直线，当夹角>21°时，袖中线与肩线连成弯弧状，见图7-23。

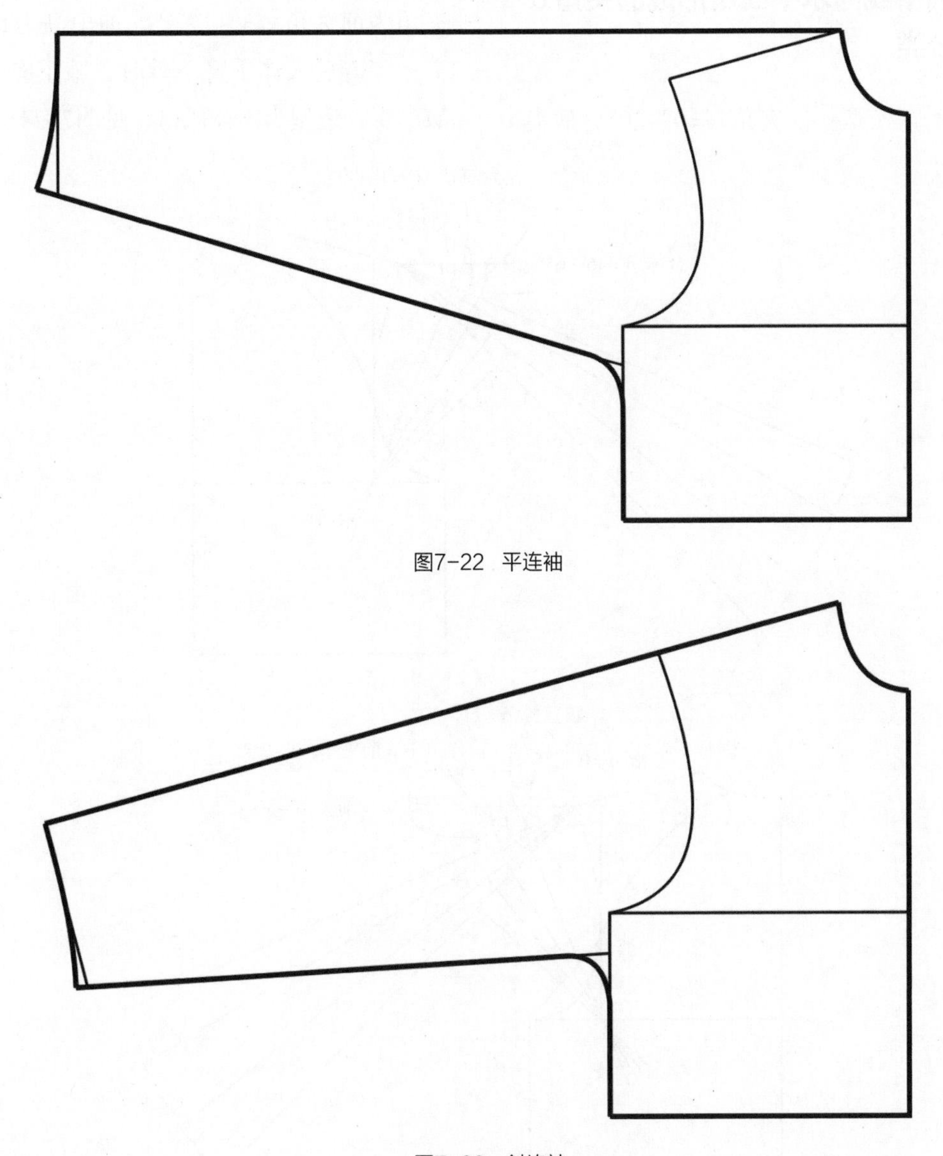

图7-22 平连袖

图7-23 斜连袖

第四节 分割袖结构设计

分割袖是在连袖的结构基础上，按款式造型要求对衣身和衣袖重新分割，可将衣身的部分与袖身组合形成新的衣袖结构，也可将袖身袖山部分与衣身组合形成新的衣袖结构。

一、按袖中线与水平线所形成的夹角α的大小分类

（1）宽松型：前夹角α=0°~20°，后夹角与前夹角相等，袖山高为0~9cm，穿着后人体手臂下垂时，腋下有大量褶皱产生，造型为宽松风格。

（2）较宽松型：前夹角α=21°~30°，后夹角与前夹角相等，袖山高为9~13cm，穿着后人体手臂下垂时，腋下有较多褶皱产生，造型为较宽松风格。

（3）较合体型：前夹角α=31°~45°，后夹角为前夹角减0°~2.5°，袖山高为13~16cm，穿着后人体手臂下垂时，腋下有较少褶皱产生，造型为较贴体风格。

（4）合体型：前夹角α=46°~65°，后夹角为前夹角减3°~12.5°，袖山高为16cm以上，穿着后人体手臂下垂时，腋下有少量褶皱产生，造型为贴体风格，见图7-24。

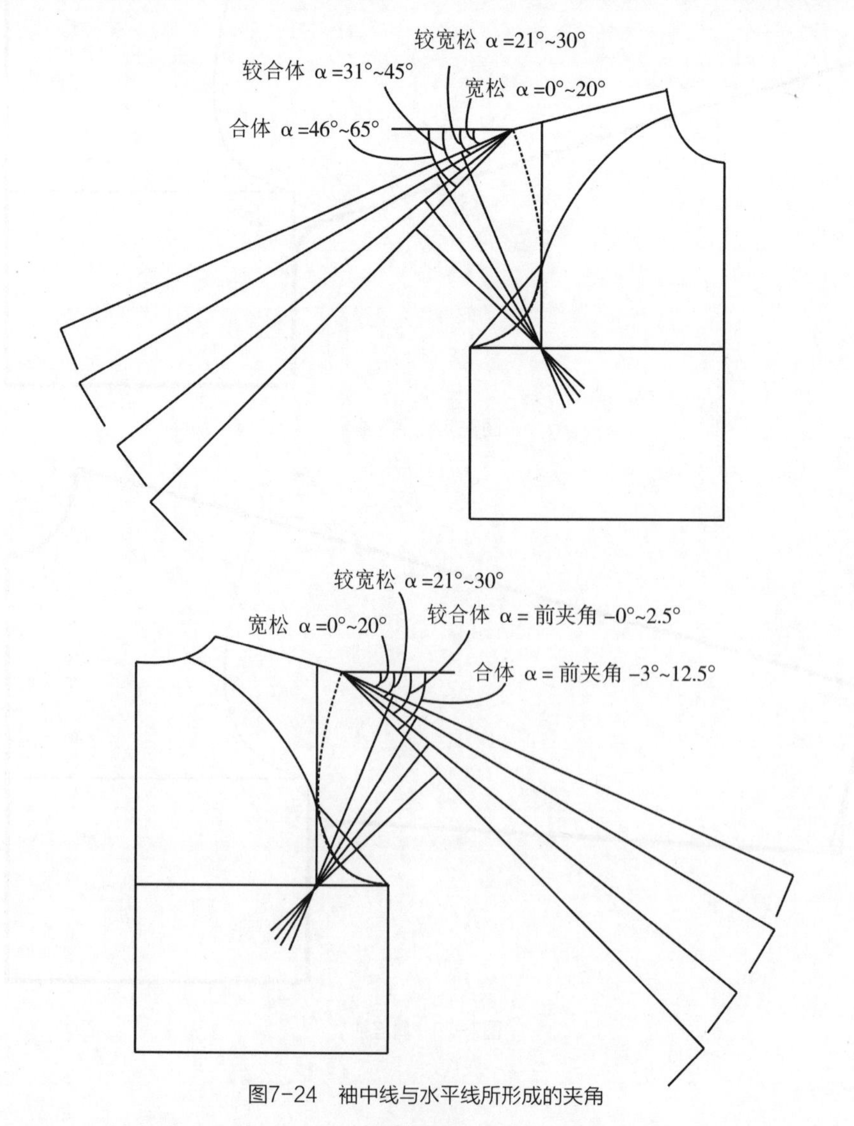

图7-24 袖中线与水平线所形成的夹角

二、插肩袖的结构设计

（1）以袖长、袖口、前后夹角30°，作插肩袖袖中线。

（2）按款式造型效果绘制插肩袖分割位置，衣身与袖身的分割线长度要相等，见图7–25。

三、按分割线形式分类

（1）插肩袖：在领口线上做分割将衣身的肩部与袖山进行拼合，形成新的袖形，见图7–25。

（2）半插肩袖：在肩线上做分割将衣身的部分肩部与袖山进行拼合，形成新的袖形见图7–26。

（3）全插肩袖：在前、后中心线上做分割将衣身的肩和领口与袖山进行拼合，形成新的袖形，见图7–27。

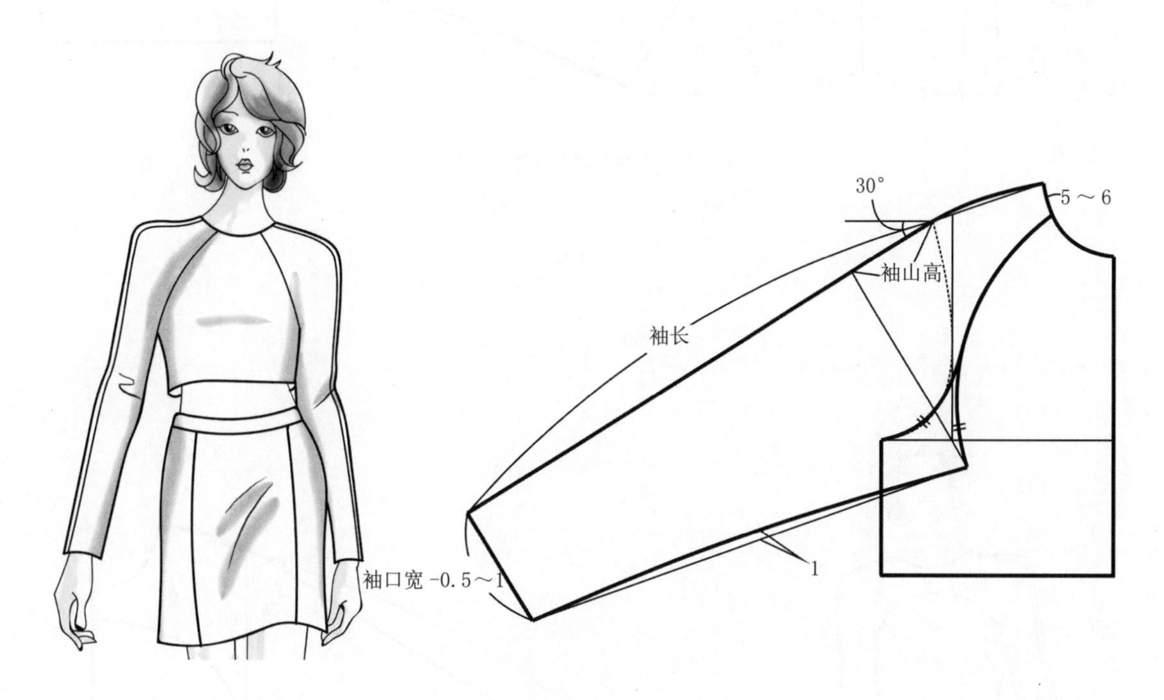

图7–25　插肩袖效果图与结构图　　单位：cm

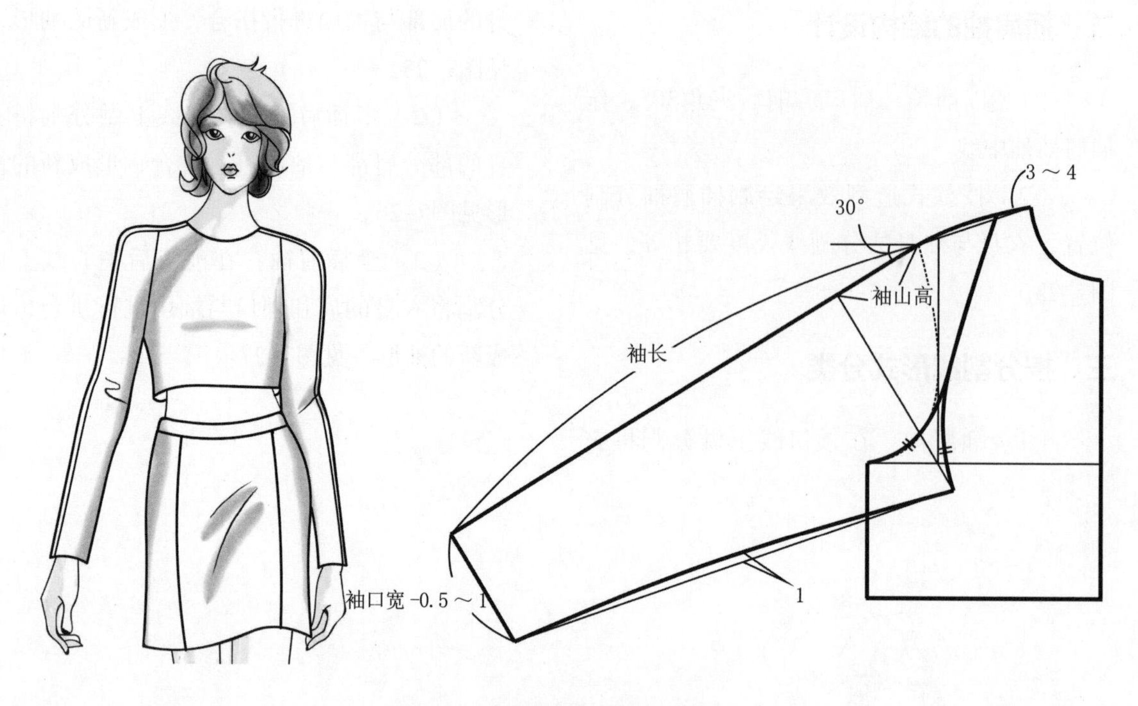

图7-26 半插肩袖效果图与结构图 单位：cm

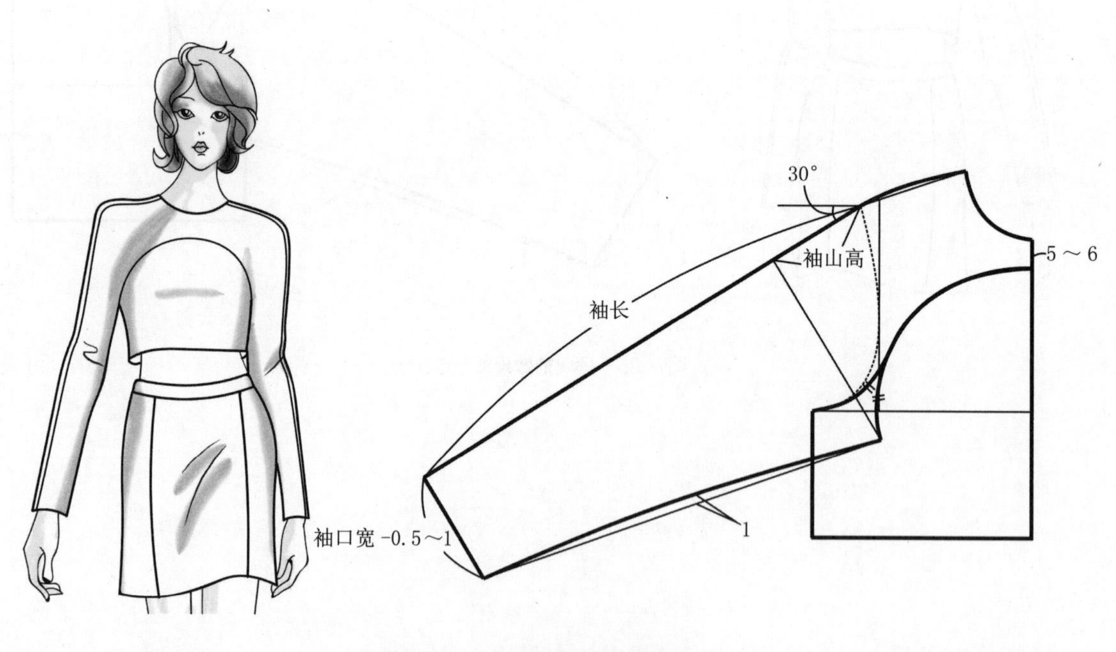

图7-27 全插肩袖效果图与结构图 单位：cm

第五节 变形袖结构设计

一、羊腿袖

（1）一片弯身袖基本结构图。

（2）沿袖中线剪开，沿袖肥线和袖肘线剪开，袖肥处左右拉开10cm，袖肘和袖肥处上下各拉开2cm，袖山高增加3cm，画顺外轮廓线，见图7-28。

二、袖山收省袖

（1）在衣身肩部收进3~5cm，并绘制一片基本袖结构。

（2）将袖山收进部分分别与基本袖袖山拼合。

（3）将前、后收进部分内侧拉展，使其与基本袖山弧线长形成≤1.5cm的差量，此量为袖山吃势，袖山收省量≥2cm。

（4）画顺并修正前后袖山弧线，使之与前后袖窿弧线等长，见图7-29 。

三、分割线套装礼服袖

（1）画好带袖口省的合体一片袖结构图。

（2）在完成的袖山上确定需要分割线的位置及尺寸。

（2）对袖山头进行切展，切展量可依据设计进行。

（4）完成袖山部位的轮廓线，具体袖型完成，见图7-30。

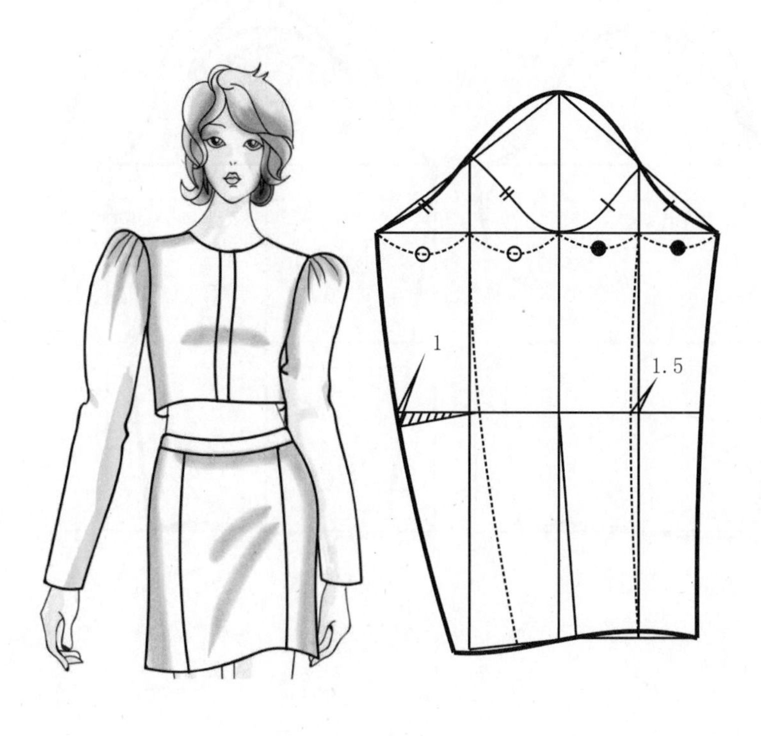

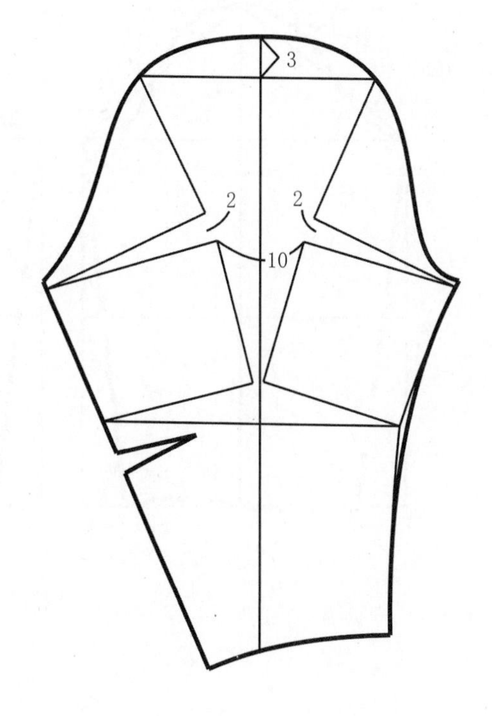

图7-28　羊腿袖效果图与结构图　　单位：cm

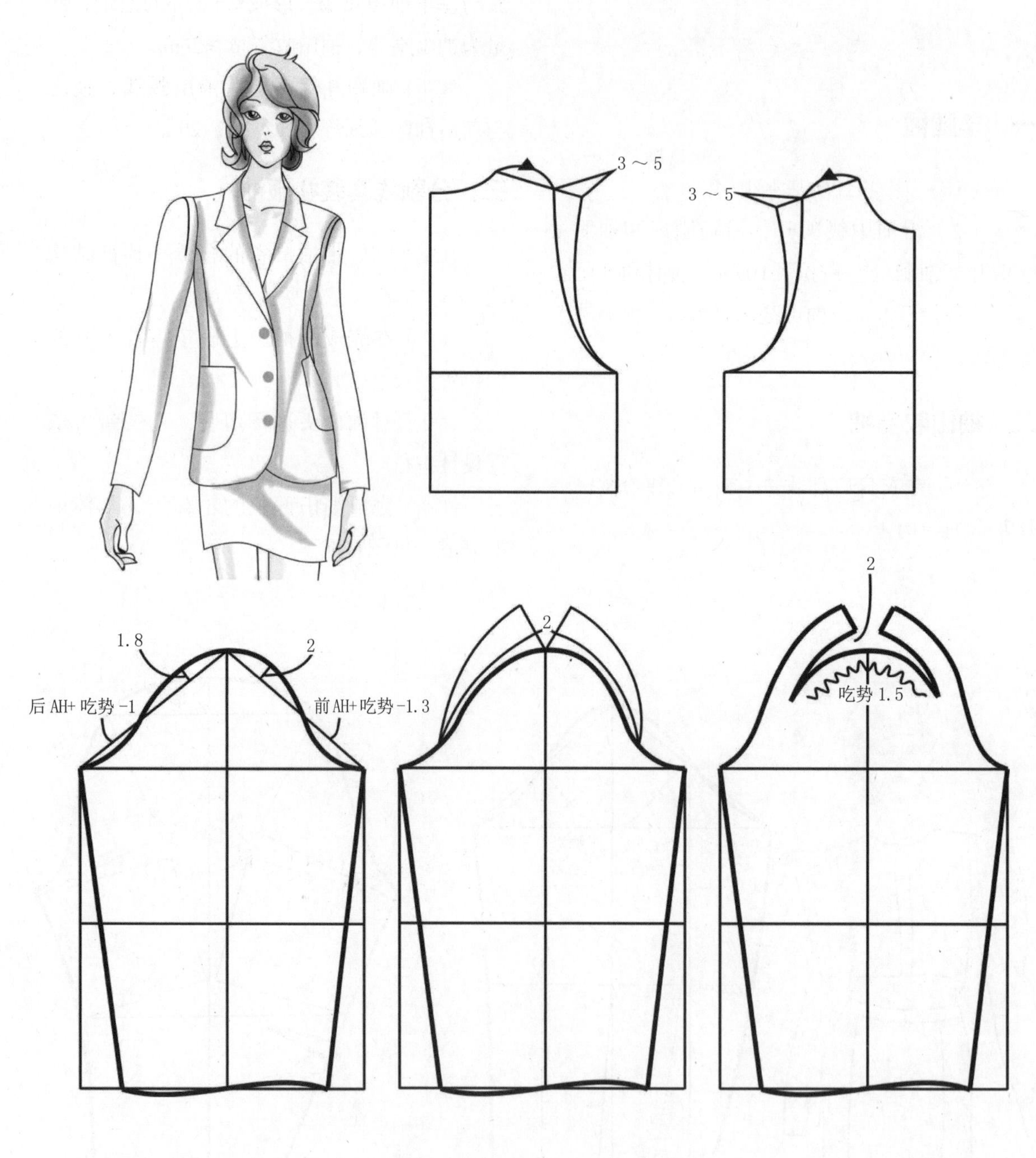

图7-29 袖山收省袖效果图与结构图 单位：cm

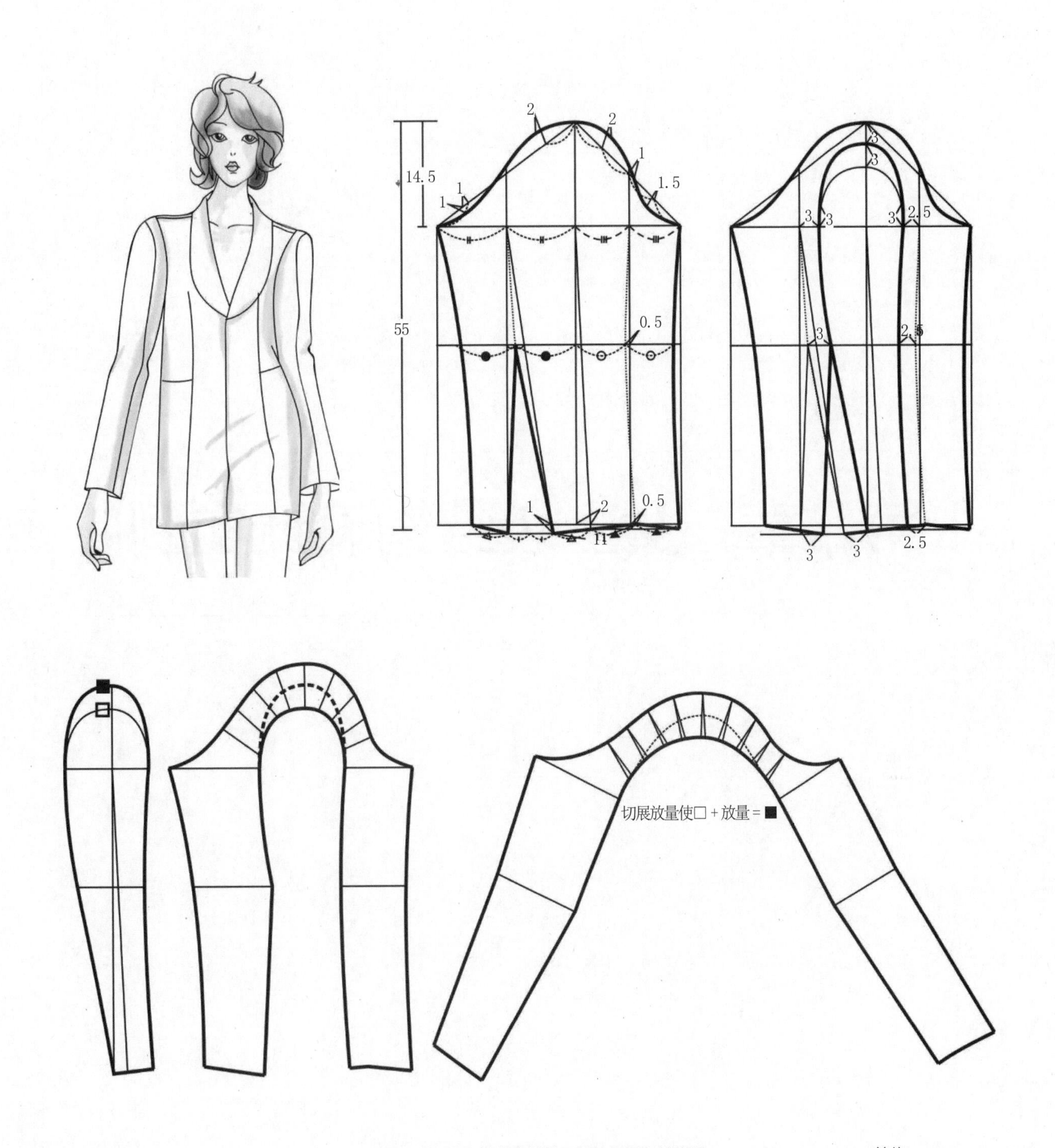

图7-30　分割线套装礼服袖效果图与结构图　　单位：cm

第八章　女上装结构设计实例

第一节 女上装造型风格分类

一、按穿着方式分类

（1）内穿式：将衣襟下摆放入下装内。

（2）外穿式：将上衣放在裤或裙子的外面。

二、按着装目的、用途分类

（1）职业装：根据不同的职业、工种的需要而设计，便于职业场合的需要，较为正式，见图8-1。

（2）休闲装：人们在非正式场合，即闲暇生活时随便穿着的便于活动的服装，见图8-2。

（3）礼服：线条优美的礼服式上衣，用于结婚、典礼、集会、宴会和社交时穿用的服装，见图8-3。

（4）家居服：适应家庭中的各种活动需要，造型上线条简洁，色彩上清新淡雅，见图8-4。

（5）防雨服：顾名思义是刮风下雨的天气穿着，目的性较强，用于防风防雨，见图8-5。

三、按胸围松量分类

（1）合体型：胸围加放松量较小，只需满足人的呼吸量，通常加放0~9cm。

（2）较合体型：胸围加放松量比合体型大些，通常加放10~14cm的松量。

（3）较宽松型：胸围加放松量在较合体和宽松之间，通常加放15~19cm的松量。

（4）宽松型：胸围加放松量在20cm以上。

图8-1 职业装

图8-2 休闲装

图8-3 礼服

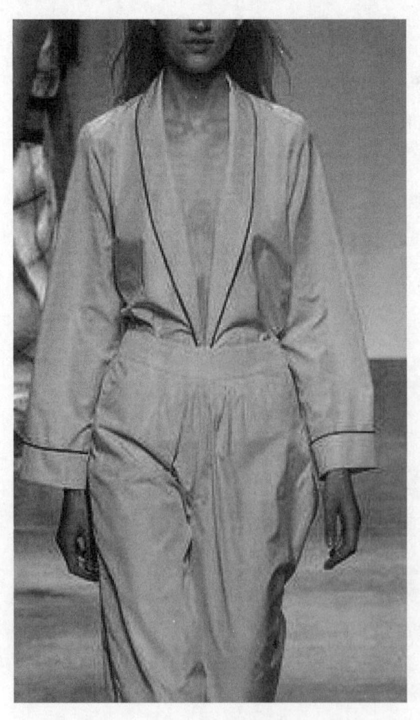

图8-4 家居服

图8-5 防雨服

四、按衣长分类

（1）长上衣：是指衣服的长度在臀围线以下的上衣。

（2）中上衣：衣服的衣长线在臀围线上下进行浮动的上衣。

（3）短上衣：根据个人或款式的需要来设定衣长，一般在腰围线附近。

五、按上衣廓型分类

上装的廓型，是指服装成型后，正面或侧面的外轮廓形状。

上衣的廓型通常是用与廓型类似的几何图形和与其相对应的英文字母来命名的，日常生活中常见的廓型有：矩形（H型）、梯形（A型）、倒梯形（T型）、椭圆形（O型）、人体模型形（X型）五种，见图8-6。

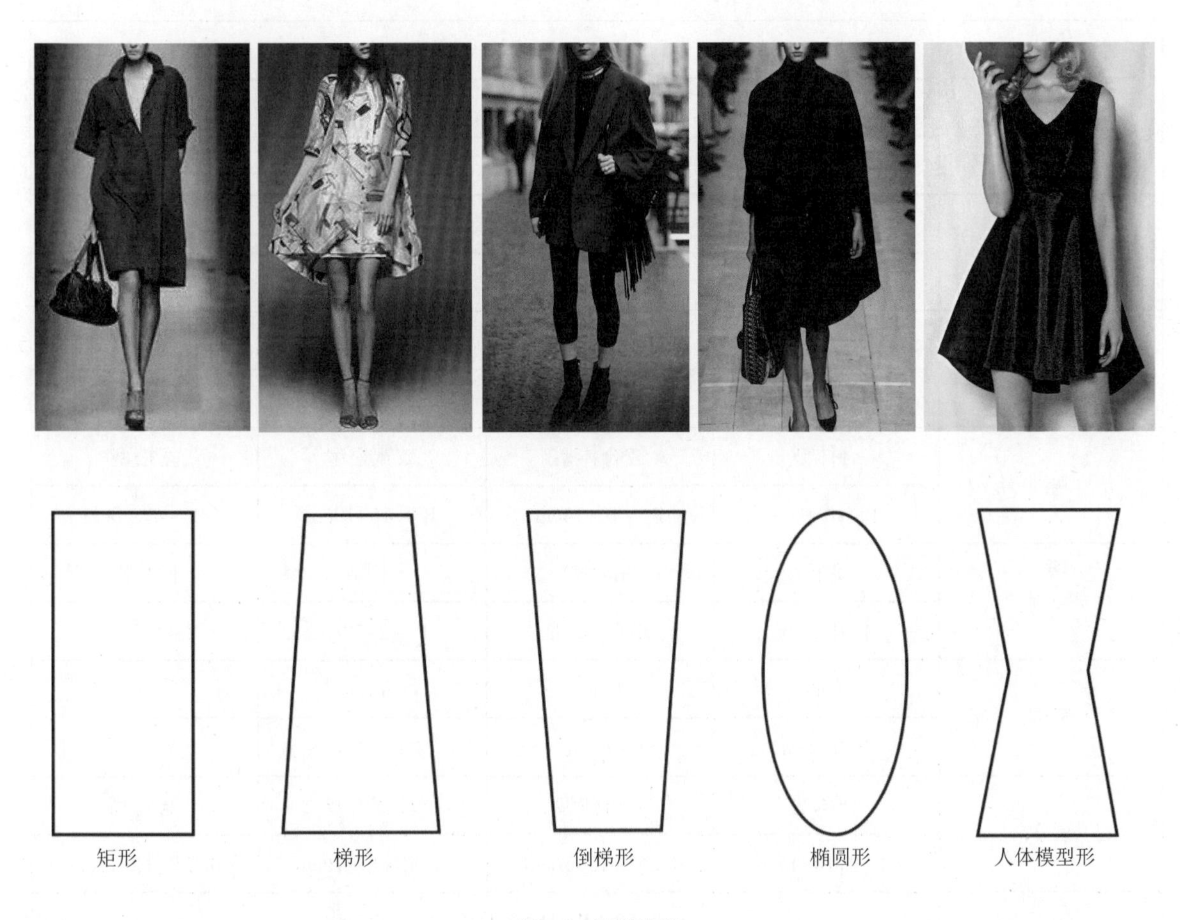

图8-6　服装廓型

第二节
女上装规格设计

上装的规格设计的方法主要有三种，即人体测量、根据国家号型标准进行推算以及按样衣进行实测。

表 8-1 各部位规格设计公式

单位：cm

名称	规格设计			
衣长	短上衣	中长上衣	长上衣	
	0.4h ± a	0.5h ± a	0.6h+a	
袖窿深	合体型	较合体型	较宽松型	宽松型
	0.2B+3+0~2	0.2B+3+2~3	0.2B+3+3~4	0.2B+3+>4
袖长	夏装	秋装	冬装	
	0.25h+15~16cm	0.25h+16~17cm	0.25h+ ≥ 18cm	
胸围	合体型	较合体型	较宽松型	宽松型
	B* +0~9cm	B* +10~14cm	B* +15~19cm	B*+ ≥ 20cm
腰围	宽腰	稍收腰	卡腰	极卡腰
	B–0~6cm	B–6~12cm	B–12~18cm	B– ≥ 18cm
臀围	T 形	H 形	A 形	
	B–0~2cm	B+0~2cm	B+ ≥ 3cm	
肩宽	合体型	较合体型	较宽松型	宽松型
	0.25B+14~15cm	0.25B+15~16cm	0.25B+15~16cm	0.25B+16~17cm
领围	0.2（B*+ 内衣厚度）+19~25cm			
前腰节长	0.2h+9cm ± a			

注：h 为身高；a 为常数，可视具体效果或个人穿衣习惯增减；B 为成品胸围；B* 为净体胸围。

第三节 女上装结构设计实例

一、翻领曲摆直身袖较合体风格衬衫

1. 款式特点

翻领，曲摆，一片直身袖，较合体衣身，见图8-7。

2. 规格设计

L=0.4h+4=0.4×160+4=68cm

SL=0.3h+8cm=56cm

B=B*+14cm=84+14=98cm

S=0.25B+14～15cm=0.25×98+14～15=39.5cm

3. 结构制图（图8-7）

二、翻领平摆直身袖较合体风格衬衫

1. 款式特点

翻领，平摆，一片直身袖，较合体衣身，见图8-8。

2. 规格设计

L=0.4h−4=0.4×160−4=60cm

SL=0.3h+8cm=56cm

B=B*+14cm=84+14=98cm

S=0.25B+14～15cm=0.25×98+14~15=39.5cm

3. 结构制图（图8-8）

三、立领直身袖合体风格旗袍

1. 款式特点

立领，一片直身短袖，下摆开衩摆，合体衣身，见图8-9。

2. 规格设计

L=0.8h=0.8×160=128cm

SL=0.1h+5cm=21cm

B=B*+内衣厚度+2cm=84+4+2=90cm

S=0.25B+15～16cm=0.25×90+15~16=38cm

3. 结构制图（图8-9）

四、青果领圆摆弯身袖合体风格八片女西服

1. 款式特点

青果领，圆摆，两片弯身袖，合体衣身，见图8-10。

2. 规格设计

L=0.4h+4=0.4×160+4=68cm

SL=0.3h+9cm=57cm

B=B*+内衣厚度+8cm=84+4+8=96cm

S=0.25B+14～15cm=0.25×96+14~15=39cm

CW=0.1（B*+内衣厚度）+5~6cm≈14cm

3. 结构制图（图8-10）

五、平驳领弯身袖较宽松风格六片女西服

1. 款式特点

平驳领，二片弯身袖，贴袋，较宽松衣身，见图8-11。

2. 规格设计

L=0.4h=0.4×160=64cm

SL=0.3h+10.5cm=58.5cm

B=B*+内衣厚度+16cm=84+4+16=104cm

S=0.25B+13~14cm=0.25×104+13~14=40cm

CW=0.1（B*+内衣厚度）+5~6cm≈14cm

3. 结构制图（图8-11）

六、插肩袖宽松风格大衣

1. 款式特点

插肩袖，暗门襟，插袋，翻领，宽松衣身，见图8-12。

2. 规格设计

L=0.6h−3cm=0.6×160−3=93cm

SL=0.3h+11.5cm=59.5cm

B=B*+内衣厚度+20cm=84+4+20=108cm

N=0.2（B*+内衣厚度）+24cm=42cm

S=0.25B+13~14cm=0.25×108+13~14=41cm

CW=0.1（B*+内衣厚度）+6~7cm≈15cm

3. 结构制图（图8-12）

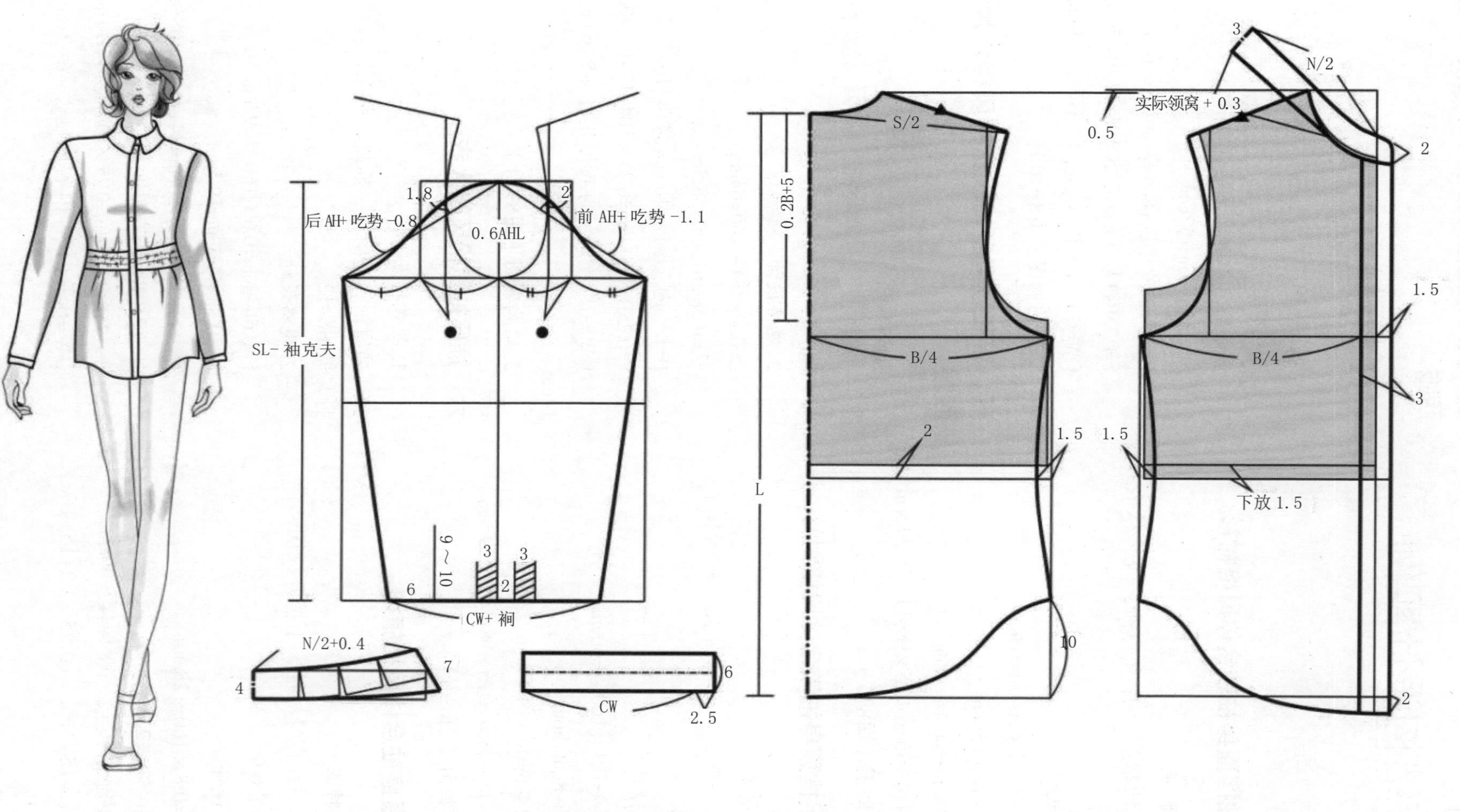

图8-7 翻领曲摆直身袖较合体风格衬衫效果图与结构图

单位：cm

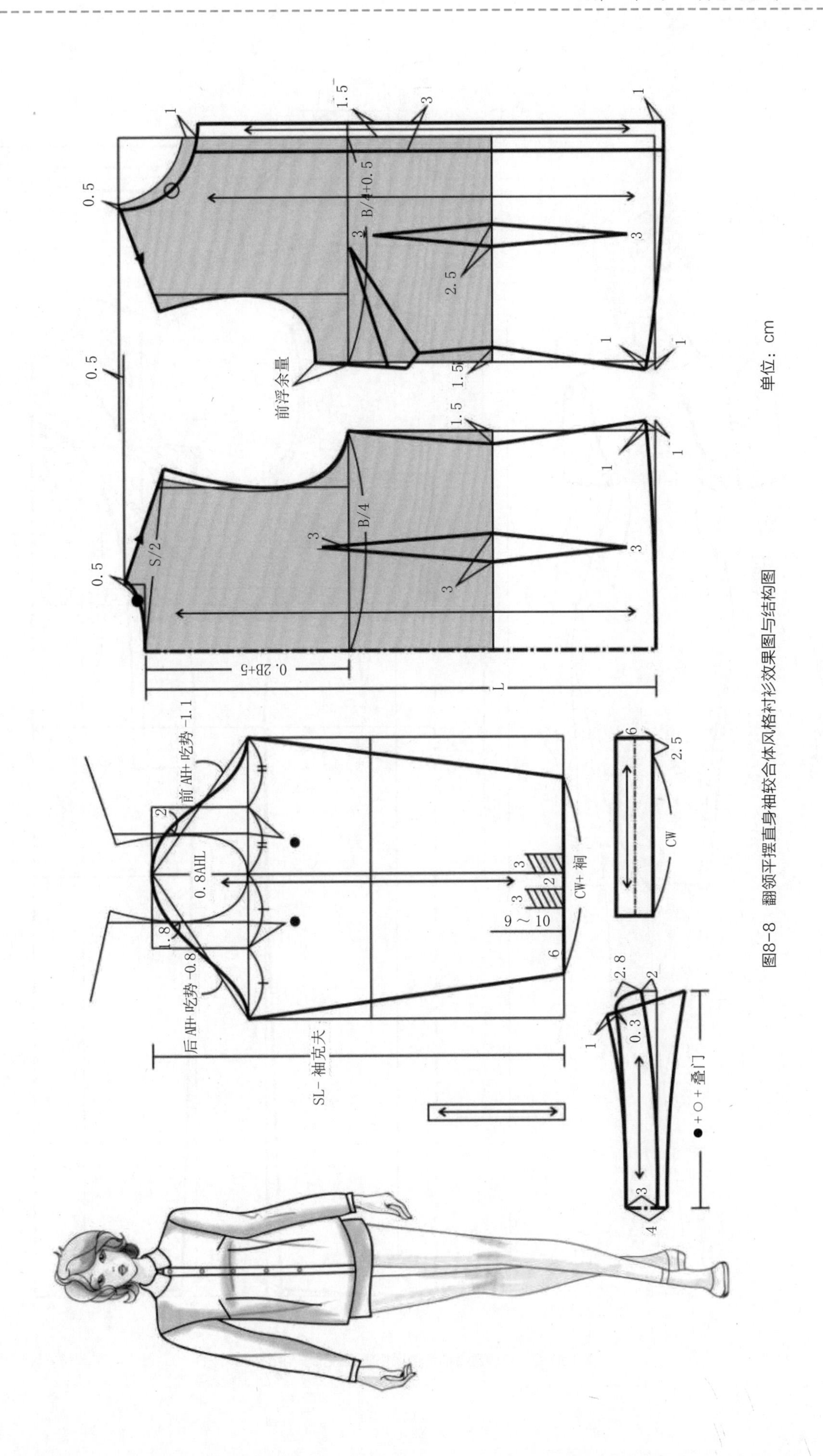

图8-8　翻领平摆直身袖较合体风格衬衫效果图与结构图

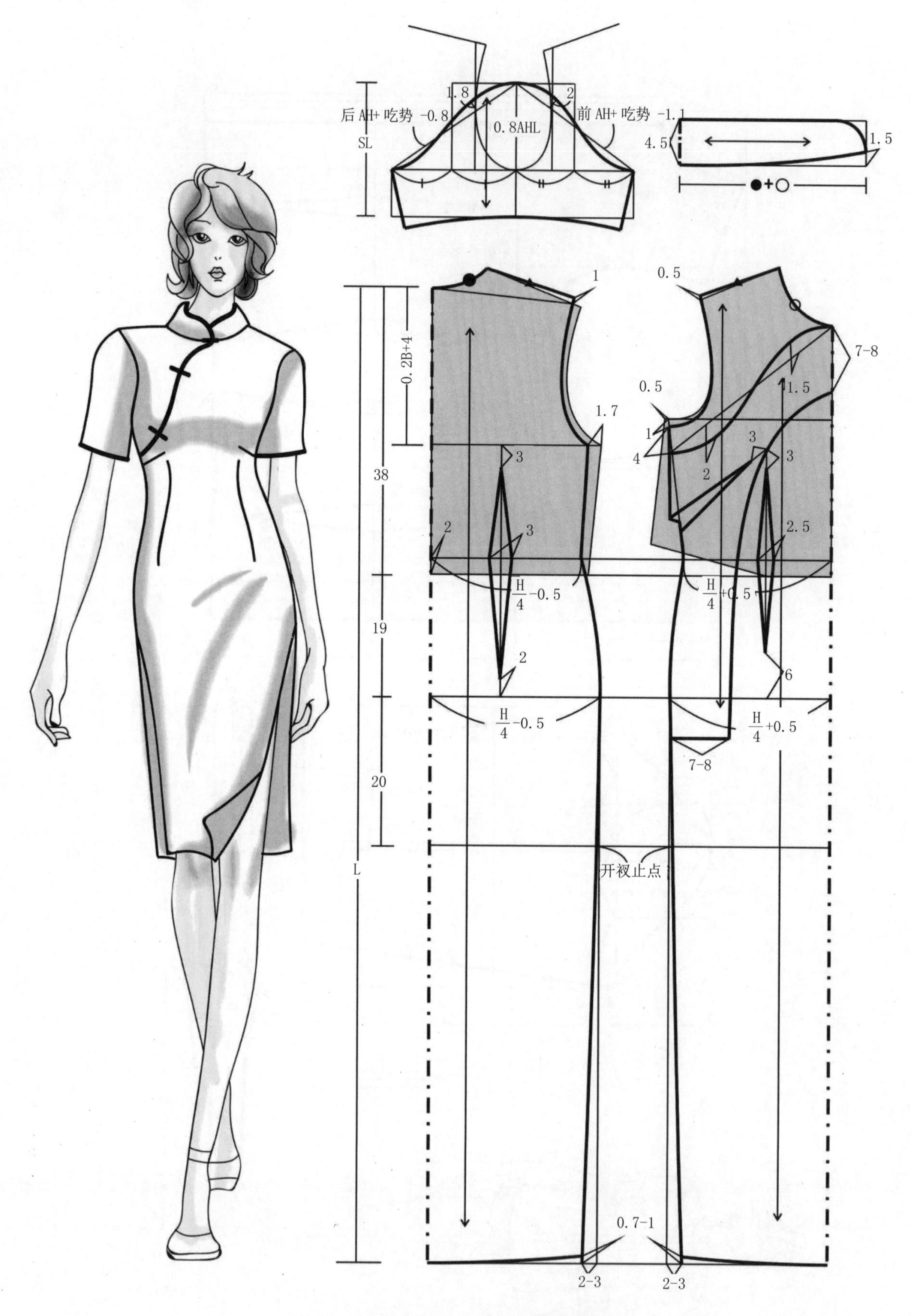

图8-9 立领直身袖合体风格旗袍效果图与结构图 单位：cm

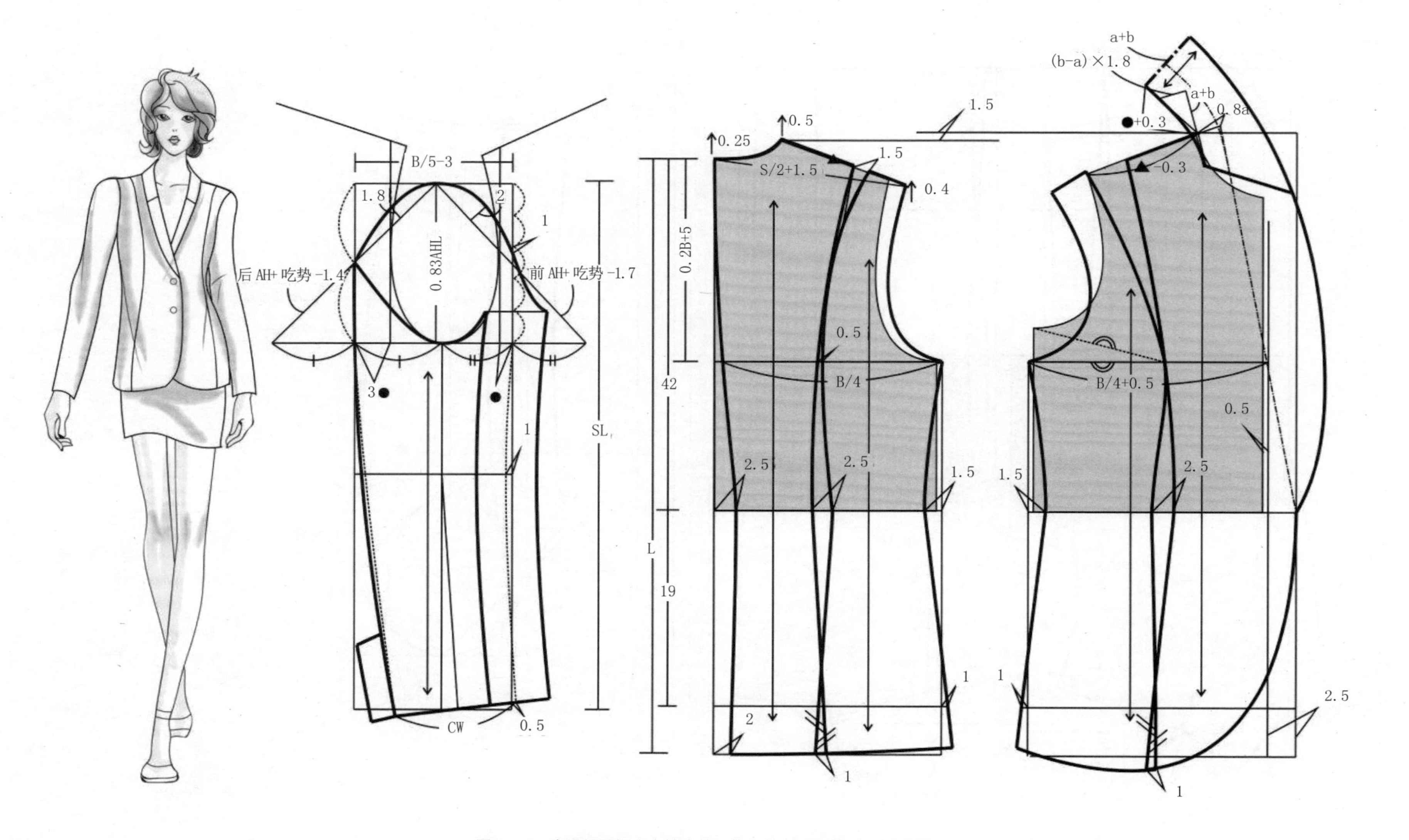

图8-10 青果领圆摆弯身袖合体风格八片女西服效果图与结构图

单位：cm

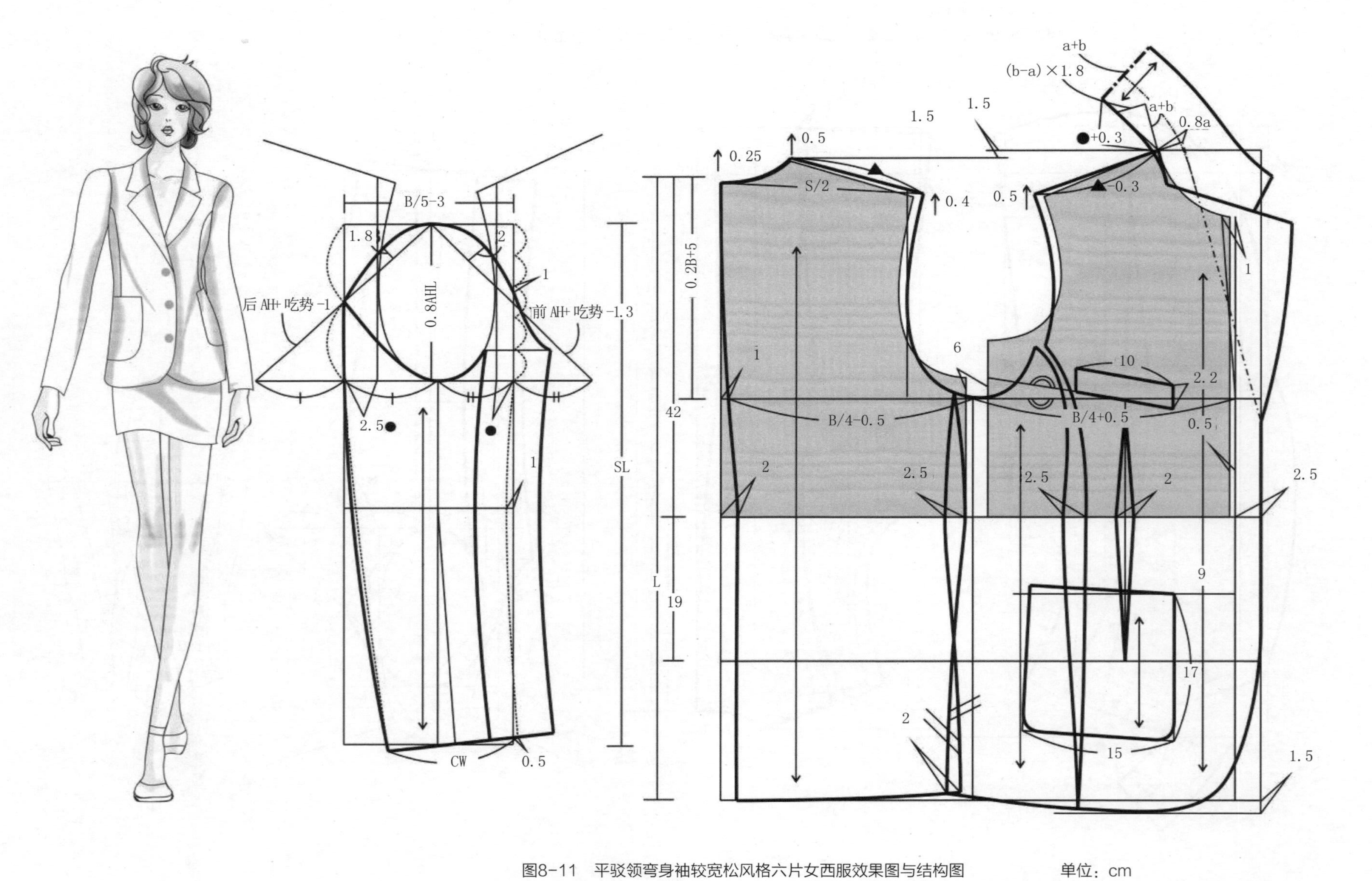

图8-11 平驳领弯身袖较宽松风格六片女西服效果图与结构图 单位：cm

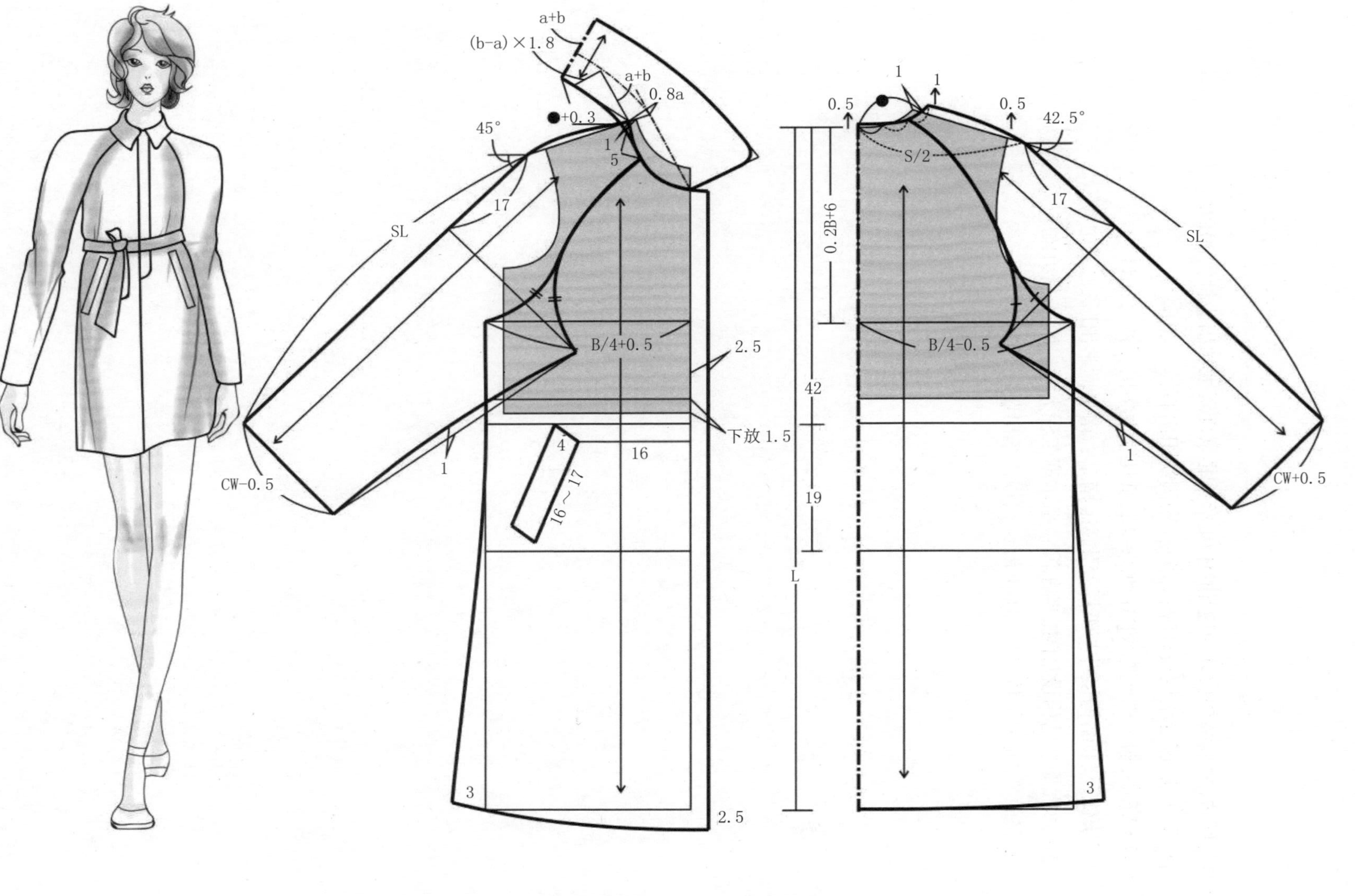

图8-12　插肩袖宽松风格大衣效果图与结构图　　单位：cm

参考文献

[1] 闵悦. 服装结构设计与应用[M]. 北京：北京理工大学出版社，2010.
[2] 张文斌. 服装结构设计[M]. 北京：中国纺织出版社，2014.
[3] 袁惠芬. 服装构成原理[M]. 北京：北京理工大学出版社，2011.
[4] 宋伟. 服装结构设计与纸样变化[M]. 南京：南京大学出版社，2011.
[5] 张雨. 服装结构设计[M]. 哈尔滨：哈尔滨工程大学出版社，2010.
[6] 张向辉. 女装结构设计[M]. 上海：东华大学出版社，2016.